高职高专土木与建筑规划教材

建筑工程招投标与合同管理

王小召　李德杰　主　编

清華大學出版社
北　京

内 容 简 介

本书根据教学大纲的特点和要求，突出以能力培养为目的的高等职业教育特色，采用国家最新颁布的法规、标准和规范，组织各高校老师编写而成。为了便于教学和学习，本书采用理论与实践相结合的方法组织编写，每章都设有适量的案例，同时在每章的开始，还设有学习目标、教学要求以及相关章节的项目案例导入和问题导入，注重培养和提高学生的应用能力，帮助学生更好地学习建筑工程招投标与合同管理这门课程。

本书分为 9 章，首先介绍了建设工程招投标概述和建筑市场的基本知识，在此基础上又介绍了建设工程招标、建设工程投标的相关知识，然后介绍了建设工程合同管理、建设合同里的建设施工合同和施工合同的管理，并深入地讲解了建设工程索赔与反索赔的相关知识，最后讲解了 FIDIC《施工合同条件》的有关知识。每章后设置了“实训工作单”供学生课后练习使用，帮助学生巩固所学内容。

本书是高等职业技术教育土建类专业新编系列教材之一，可作为高职高专建筑工程技术、工程管理、工程造价、工程监理等土建施工类专业的教材，也可作为从事工程项目投资决策、规划、设计、施工与咨询等工作的工程管理人员、工程技术人员和工程经济专业人员学习培训用书，还可供建筑工程技术管理人员和有关岗位培训人员学习参考。

图书在版编目(CIP)数据

建筑工程招投标与合同管理/王小召，李德杰主编. —北京：清华大学出版社，2019（2024.7重印）
(高职高专土木与建筑规划教材)
ISBN 978-7-302-51577-7

Ⅰ. ①建… Ⅱ. ①王… ②李… Ⅲ. ①建筑工程—招标—高等职业教育—教材 ②建筑工程—投标—高等职业教育—教材 ③建筑工程—合同—管理—高等职业教育—教材 Ⅳ. ①TU723

中国版本图书馆 CIP 数据核字(2018)第 257411 号

责任编辑：桑任松
封面设计：刘孝琼
责任校对：王明明
责任印制：沈　露
出版发行：清华大学出版社
　　网　　址：https://www.tup.com.cn, https://www.wqxuetang.com
　　地　　址：北京清华大学学研大厦 A 座　　**邮　　编**：100084
　　社 总 机：010-83470000　　**邮　　购**：010-62786544
　　投稿与读者服务：010-62776969, c-service@tup.tsinghua.edu.cn
　　质量反馈：010-62772015, zhiliang@tup.tsinghua.edu.cn
　　课件下载：https://www.tup.com.cn, 010-62791865
印 装 者：三河市少明印务有限公司
经　　销：全国新华书店
开　　本：185mm×260mm　　**印　　张**：14.75　　**字　　数**：360 千字
版　　次：2019 年 3 月第 1 版　　**印　　次**：2024 年 7 月第 8 次印刷
定　　价：46.00 元

产品编号：078034-01

前　言

工程招投标是市场经济特殊性的表现，其以竞争性发承包的方式，为招标方提供择优方案，为投标方提供竞争平台。招投标制度在推进市场经济、规范市场交易行为，提高投资效益上发挥了重要的作用。伴随着《中华人民共和国招标投标法》的深入实施，工程招投标在工程建设、货物采购和服务等领域得到了广泛应用。建设工程招投标作为建筑市场中的重要工作内容，在建设工程交易中心依法按程序进行。面对当前快速发展的建筑业，公平竞争、公正评判与高效管理是建筑市场健康发展的保证。

高等职业教育的根本就是要从市场的实际出发，坚持以全面素质教育为基础，以就业为导向，培养高素质的应用型、技能型人才。高等职业教育的快速发展要求加强以市场的实用内容为主的教学。因此，建筑工程类教材的编制应紧跟时代步伐，及时准确地反映国家现行的相关法律法规、规范和标准等。为此，本书在编写时尽量做到内容通俗易懂、理论概述简洁明了、案例清晰实用，特别注重教材的实用性。

本书在编写的过程中，理论联系实际，突出实践，与同类书相比具有以下显著特点。

(1) 新：案例和内文串讲，生动形象，形式新颖；

(2) 全：知识点分门别类，包含全面，由浅入深，便于学习；

(3) 系统：知识讲解前呼后应，结构清晰，层次分明；

(4) 实用：理论和实际相结合，举一反三，学以致用；

(5) 赠送：除了必备的电子课件，每章习题答案外，还相应地配有大量的讲解音频、动画视频、模拟测试AB试卷等，通过扫描二维码的形式再次拓展建筑工程招投标与合同管理的相关知识点，力求让学生最高效地达到学习目的。

本书由河南城建学院王小召任第一主编，由云南建投第四建设有限公司李德杰任第二主编，参加编写的还有商丘工学院土木工程学院张兰、河南路安公路工程有限公司郭德乾、郑州财经学院于学资。具体的编写分工：王小召负责编写第1章、第3章、第4章的4.1与4.2节，并对全书进行统稿，李德杰负责编写第2章、第5章、第6章的6.1与6.2节，张兰负责编写第4章的4.3与4.4节、第6章的6.3与6.4节、第7章的7.1与7.2节，郭德乾负责编写第7章的7.3与7.4节、第8章，于学资负责编写第9章，在此对本书的全体合作者和相关人员表示衷心的感谢！

本书在编写过程中，得到了许多同行的支持与帮助，在此一并表示感谢。由于编者水平有限，书中难免有错误和不妥之处，望广大读者批评指正。

编　者

建筑工程招投标与合同管理试卷 A.pdf

建筑工程招投标与合同管理试卷 A 答案.pdf

建筑工程招投标与合同管理试卷 B.pdf

建筑工程招投标与合同管理试卷 B 答案.pdf

目　录

电子课件获取方法.pdf

第 1 章　建设工程招投标概述.pdf

第 1 章　建设工程招投标概述　01

第 1 章　建设工程招投标概述.avi

【学习目标】

1. 了解建设工程招投标的发展
2. 掌握建设工程项目招投标的概念及特点
3. 理解实行招投标制度的原则与意义
4. 熟悉建设工程项目招投标的类型
5. 掌握建设工程项目招投标适用范围

【教学要求】

本章要点	掌握层次	相关知识点
招标与投标的概念及特点	1. 了解招标与投标的概念 2. 掌握招投标的特点	建设工程项目投标的发展 法制管理阶段
建设工程招投标制度的原则与意义	1. 掌握建设工程招投标制度的原则 2. 掌握建设工程招投标制度的意义	公平、公开、公正原则， 诚实守信原则
建设工程项目招投标的类型	1. 掌握按照工程建设程序分类 2. 掌握按工程项目承包的范围分类	咨询招投标工程分包招标 专项工程承包招标
建设工程招投标的适用范围	1. 掌握建设工程项目招标方式 2. 掌握必须进行招标的项目	公开招标的优缺点

【项目案例导入】

某工程项目批准立项后进行公开招标。经招标工作领导小组研究决定了招标工作程序，招标工作中有五家单位参加投标，其中 A 公司、B 公司为长期合作伙伴，作为不同的法人单位多次参加投标，都采取你高我低的合作方法争取中标，均取得较明显效果。

【项目问题导入】

实施招投标制度有利于规范建筑市场主体的行为，加强互相监督，促进合格建筑市场主体的形成。请思考一下 A、B 这两家公司的行为违背了招标投标法的什么原则，容易导致什么样的后果？

1.1 建设工程项目招投标的发展

招投标制度的施行在国外已有 200 余年的历史，各方面的法规也相对规范成熟，已经发展成为一种重要的经济形式。而我国招投标事业起步相对较晚，从 1983 年国家城乡建设环境保护部印发《建筑安装工程招标投标试行办法》至今也不过 30 多年。另外受到我国社会主义市场经济体制的影响，使得政府在招投标事业的发展过程中扮演了重要角色。总体来讲，我国招投标事业的发展经历了以下四个阶段。

1.1.1 试行推广阶段

20 世纪 80 年代，我国招标投标经历了试行——推广——兴起的发展过程，招标投标主要侧重在宣传和实践，还属于社会主义计划经济体制下的一种探索。

20 世纪 80 年代初，深圳等城市推出了建设单位邀请几家施工单位通过“商议”“评定”来选择工程承包单位的做法，国家城乡建设环境保护部等便及时总结各地招标投标的做法，于 1983 年印发了《建筑安装工程招标投标试行办法》，并在全国试行。

1984 年 9 月，国务院印发的《关于改革建筑业和推行建设管理体制若干问题的暂行规定》指出：要大力推行工程招标承包制；要改革单纯行政手段分配建设任务的老办法，实行招标投标；由发包单位择优选定勘察设计单位、建筑安装企业。这就是我国政府第一次出台有关工程建设招标投标的法规性文件。

1.1.2 全面执行阶段

进入 20 世纪 90 年代，政府有关部门不断制定、完善工程建设招标投标的方法和制度。建设部于 1992 年 12 月底正式印发《工程建设施工招标投标管理办法》。该办法指出，凡政府和公有制企、事业单位投资的新建、改建、扩建和技术改造工程项目的施工，除某些不适宜招标的特殊工程外，均应按本办法实行招标投标。1994 年 6 月，建设部、监察部印发了《关于在工程建设中深入开展反对腐败和不正当竞争的通知》；1996 年 4 月，国务院办公厅也转发了建设部、监察部、国家计委、国家工商行政管理局《关于开展建设工程项目执法监察意见》，明确了执法监察的范围和重点，进一步规范建筑市场。

1.1.3　规范操作阶段

20 世纪 90 年代初期到中后期，全国各地普遍加强对招标投标的管理和规范工作，也相继出台一系列法规和规章，招标方式已经从以议标为主转变到以邀请招标为主，这一阶段是我国招标投标发展史上最重要的阶段，招标投标制度得到了长足的发展，全国的招标投标管理体系基本形成，为完善我国的招标投标制度打下了坚实的基础。

为了进一步深化工程建设管理体制改革，探索适应社会主义市场经济体制的工程建设管理方式，1997 年 2 月，建设部印发了《关于建立建设工程交易中心的指导意见》。1998 年 3 月 1 日，《中华人民共和国建筑法》在全国施行，正式确定了建筑工程发包与承包招标投标活动的法律地位。1998 年 8 月，建设部又印发了《关于进一步加强工程招标投标管理的规定》。规定要求，凡未建立有形建筑市场的地市级以上城市，在年内要建立起有形建筑市场。有形建筑市场(即建设工程交易中心)的建立，规范了工程建设招标投标的工作管理，结束了工程建设招标投标工作各自为政、执法监察不力等状况。

1.1.4　法制管理阶段

随着建设工程交易中心的有序运行和健康发展，全国各地开始推行建设工程项目的公开招标。2000 年 1 月 1 日起，《中华人民共和国招标投标法》(以下简称《招标投标法》)在全国施行。《招标投标法》根据我国投资主体的特点已明确规定我国的招标方式不再包括议标方式，这是个重大的转变，它标志着我国的招标投标的发展进入了全新的历史阶段。

《招标投标法》规定，工程建设项目的勘察、设计、施工、监理以及与工程建设有关的重要设备、物资材料等的采购都必须进行招标投标。为此，我国的工程建设招标投标工作开始全面进入了法制管理的轨道。2011 年 12 月 20 日，时任国务院总理温家宝签署第 613 号国务院令公布《中华人民共和国招标投标法实施条例》(以下简称《条例》)于 2012 年 2 月 1 日起正式施行。《条例》的出台、施行将《招标投标法》的规定进一步具体化，增强了可操作性，并针对新情况、新问题充实完善了有关规定，进一步巩固了招标投标活动的法制化管理。

1.2　招投标的概念及特点

招投标是一种有序的市场竞争交易方式，也是一种规范选择合同主体、订立交易合同的法律程序。招标人发出招标公告(邀请)和招标文件，公布采购或出售标的物内容、标准要求和交易条件，满足条件的投标人按招标要求进行公平竞争，招标人依法组建的评标委员会按照招标文件规定的评标方法和标准公正审查，择优确定中标人并与中标人签订合同。

招投标的概念.mp3

招标.mp3

1.2.1 招标与投标的概念

招标是指招标人通过招标公告或投标邀请书等形式，邀请具有法定条件和具有承建能力的投标人参与投标竞争。招标这种择优竞争的采购方式完全符合市场经济的要求，它是通过事先公布采购条件和要求，使众多的投标人按照同等条件进行平等竞争，来选择合适的项目承包人。

投标.mp3

与招标相对应的是投标，投标是指经资格审查合格的投标人，按招标文件的规定填写投标文件，按招标文件要求编制投标报价，在招标限定的时间内送达招标单位的行为。项目的投标是投标人在激烈的竞争中，凭借本企业的实力和优势、经验和信誉，以及投标的水平和技巧获得项目承包任务。投标人是响应招标并参与竞争的法人或其他组织。

招投标的特点.mp3

1.2.2 招投标的特点

与传统的计划经济体制下的承发包制以及其他交易方式相比，建设工程招标投标活动是市场经济体制下的产物，有着自身的特点。

1. 招投标制是市场经济的产物

处于传统的计划经济体制下的承发包，建设单位和承包单位不是买卖关系，而是由有关领导布置任务，施工单位接受任务，不存在竞争，这样订立出来的合同称之为计划合同，是计划经济的产物。计划合同的订立和履行有强制性，有悖于平等互利、协商一致的合同订立原则。随着经济体制改革的深入，这种形式将逐步消失，而由更加先进合理、符合市场经济体制要求的招投标制所取代。

2. 招投标制是一种市场竞争方式

招投标制是工程建设领域建立社会主义市场经济体制的过程中培育和发展起来的一种重要的改革措施。正是由于招投标制是市场经济的产物，因此它不可避免地受市场经济规律(如价值规律、商品经济规律等)的影响，从而表现出商品经济中的激烈竞争、优胜劣汰的特点。只有那些有实力、敢于竞争、制度严格、管理科学、不断创新的企业才能生存和发展。因此，招投标制的这一特点是为公共建设市场的法制化、科学化以及规范化提供了有力的保障。

3. 招投标制符合合同订立方式

招标投标是建筑产品价格的形成方式之一，是价格机制(价值规律和供求规律)在建设市场产生作用的表现。因此，招标投标是承包合同的订立方式，同样也是承包合同的形成过程。

4. 招标投标是一种法律行为

招标的转型.avi

根据我国的法律规定，合同的订立程序包括要约和承诺两个阶段。招标投标的过程是要约和承诺实现的过程(在招标投标过程中，投送标书是一种要约行为，签发中标通知书是一种承诺行为)，是当事人双方合同法律关系产生的过程。正因为招标投标是一种法律行为，所以其必然要受到法律的规范和约束，也必须服从法律的规范和要求。

1.3　建设工程招投标制度的原则与意义

1.3.1　建设工程招投标活动的原则

招投标活动的原则.mp3

根据《中华人民共和国招标投标法》总则第五条规定：招标投标活动应当遵循公开、公平、公正和诚实信用的原则。

1. 公开原则

招标投标活动的公开原则，首先要求进行招标活动的信息要公开。采用公开招标方式，应当发布招标公告，招标公告必须通过国家指定的报刊、信息网络或者其他公共媒介发布。无论是招标公告、资格预审公告，还是投标邀请书，都应当载明能大体满足潜在投标人决定是否参加投标竞争所需要的信息。另外开标的程序、评标的标准和程序、中标的结果等都应当公开。

2. 公平原则

招标投标活动的公平原则，要求招标人严格按照规定的条件和程序办事，同等地对待每一个投标竞争者，不得对不同的投标竞争者采用不同的标准。招标人不得以任何方式限制或者排斥本地区、本系统以外的法人或者其他组织参加投标。

【案例 1-1】 为了减少投标人帮助与自己有利益关系的公司中标，某建设项目的招标方提前跟与自己相熟的 A 投标公司打好招呼并于 5 月 8 日起发出招标文件，文件中特别强调由于时间较紧要求各投标人不迟于 5 月 23 日之前提交投标文件(即确定 5 月 23 日为投标截止时间)，并于 5 月 10 日停止出售招标文件，最后只有 A 公司与 A 公司找的进行围标的 B、C、D 公司 4 家公司领取了招标文件。请根据本章内容进行分析并说明上述事件中存在的问题。

3. 公正原则

在招标投标活动中招标人行为应当公正，对所有的投标竞争者都应平等对待，不能有特殊。特别是在评标时，评标标准应当明确、严格，对所有在投标截止日期以后送到的投标书都应拒收，与投标人有利害关系的人员都不得作为评标委员会的成员。招标人和投标人双方在招标投标活动中的地位平等，任何一方不得向另一方提出不合理的要求，不得将自己的意志强加给对方。

【案例 1-2】 某地要新建一栋商业楼，A 公司的负责人发现自己与招标公司负责此事的人员关系要好。为了能够中标，A 公司的负责人给负责这个项目招标的工作人员好处费，帮助买通评审专家，使自己中标。请根据本章内容分析案例中都有哪些人员违背了招投标活动的原则。

4. 诚实信用原则

诚实信用是民事活动的一项基本原则，招标投标活动是以订立采购合同为目的的民事活动，当然也适用这一原则。诚实信用原则要求招标投标各方都要诚实守信，不得有欺骗、背信的行为。

招投标.avi

1.3.2 招投标制度实施的意义

在当今市场经济大环境下，招投标制度已经越来越被我国建筑行业所青睐。

(1) 实施招投标制度有利于市场经济体制的完善。建设项目开展招投标活动，可以深化建设体制的改革，规范建筑市场行为，完善工程建设管理体制，从根本上遏制腐败行为发生。

(2) 实施招投标制度有利于规范建筑市场主体的行为，加强互相监督，促进合格建筑市场主体的形成。

(3) 实施招投标制度有利于实现资源优化配置，有利于建设单位择优选用施工企业，有利于降低工程造价，有利于提高工程质量及保证按工期交付。招投标活动的开展使价格真实反映市场供求情况，真正显示企业的实际消耗和工作效率，使实力强的承包商的产品更具实力，从而提高招标项目的质量、经济效益和社会效益。

(4) 实施招投标制度有利于建筑业与国际接轨。西方市场经济国家的招标投标已成为一项事业，不断地被发展和完善，随着我国的招投标制度和社会主义市场经济体制的不断健全和完善，我国的建筑工程领域也日趋规范化、标准化和制度化。

(5) 实施招投标制度有利于承包商提高企业管理水平，促进投标经营机制，提高创新活力，提高技术和管理水平，推动投融资管理体制。

1.4 建设工程项目招投标的类型

1.4.1 按工程建设程序分类

按照工程建设程序，可以将建设工程招标投标分为建设项目前期咨询招标投标、勘察设计招标投标、材料设备采购招标投标、工程施工招标投标。

1. 建设项目前期咨询招标投标

建设项目前期咨询招标投标是指对建设项目的可行性研究任务进行的招标投标。投标方一般为工程咨询企业，中标的承包方要根据招标文件的要求，向发包方提供拟建工程的可行性研究报告，并对其结论的准确性负责。承包方提供的可行性研究报告，应获得发包方的认可。认可的方式通常为专家组评估鉴定。

项目投资者有的缺乏建设管理经验，可以通过招标选择项目咨询者及建设管理者，即工程投资方在缺乏工程实施管理经验时，通过招标方式选择具有专业管理经验的工程咨询单位，为其制定科学、合理的投资开发建设方案，并组织控制方案的实施。这种集项目咨询与管理于一体的招标类型的投标人一般也为工程咨询单位。

2. 勘察设计招标投标

勘察设计招标指根据批准的可行性研究报告，择优选择勘察设计单位来招标的行为。勘察和设计是两种不同性质的工作，可由勘察单位和设计单位分别完成。勘察单位最终提出施工现场的地理位置、地形、地貌、地质、水文等在内的勘察报告。设计单位最终提供设计图纸和成本预算结果。设计招标还可以进一步分为建筑方案设计招标、施工图设计招标。当施工图设计不是由专业的设计单位承担，而是由施工单位承担时，一般不进行单独招标。投标人是响应招标参加投标竞争的法人或者其他组织。

3. 材料设备采购招标投标

材料设备采购招标是指在工程项目初步设计完成后，对建设项目所需的建筑材料和设备(如电梯、供配电系统、空调系统等)采购任务进行的招标。投标方通常为材料供应商、成套设备供应商。

4. 工程施工招标投标

工程施工招标投标指在工程项目的初步设计或施工图设计完成后，用招标的方式选择施工单位。投标是施工单位最终向业主交付按招标设计文件规定的建筑产品。

国内外招投标现行做法中经常将工程建设程序中各个阶段合为一体进行全过程招标，通常又称为总包。

1.4.2 按工程项目承包的范围分类

按工程承包的范围可将工程招标划分为项目全过程总承包招标、工程分承包招标和专项工程承包招标。

招投标按工程项目承包的范围分类.mp3

1. 项目全过程总承包招标

即选择项目全过程总承包人招标，这种又可分为两种类型，其一是指工程项目实施阶段的全过程招标；其二是指工程项目建设全过程的招标。前者是在设计任务书完成后，从项目勘察、设计到施工交付使用进行的一次性招标；后者则是从项目的可行性研究到交付使用进行的一次性招标，业主只需提供项目投资和使用要求及竣工、交付使用期限，其可行性研究、勘察设计、材料和设备采购、土建施工设备安装调试、生产准备和试运行、交付使用，均由一个总承包商负责承包，即所谓“交钥匙工程”。承揽“交钥匙工程”的承包商被称为总承包商，绝大多数情况下，总承包商要将工程部分阶段的实施任务分包出去。

无论是项目实施的全过程还是某一阶段或程序，按照工程建设项目的构成，可以将建设工程招标投标分为全部工程招标、单项工程招标、单位工程招标、分部工程招标、分项工程招标。全部工程招标，是指对一个建设项目(如一所学校)的全部工程进行的招标；单项工程招标，是指对一个工程建设项目中所包含的单项工程(如一所学校的教学楼、图书馆、食堂等)进行的招标；单位工程(招标是指对一个单项工程所包含的若干单位工程(实验楼的土建工程))进行招标；分部工程招标是指对一项单位工程包含的分部工程(如土石方工程、深基坑工程、楼地面工程、装饰工程)进行招标。

应当强调指出的是，为了防止对将工程肢解后进行发包，我国一般不允许对分部工程招标，但允许特殊专业工程招标，如深基础施工、大型土石方工程施工等。但是，国内工程招标中的所谓项目总承包招标往往是指对一个项目施工过程全部单项工程或单位工程进行的总招标，与国际惯例所指的总承包尚有相当大的差距，所以与国际接轨，提高我国建筑企业在国际建筑市场的竞争能力，深化施工管理体制的改革，造就一批具有真正总包能力的智力密集型的龙头企业，是我国建筑业发展的重要战略目标。

2. 工程分承包招标

工程分承包招标是指中标的工程总承包人作为其中标范围内的工程任务的招标人，将其中标范围内的工程任务，通过招标投标的方式，分包给具有相应资质的分承包人，中标的分承包人只对招标的总承包人负责。

3. 专项工程承包招标

专项工程承包招标指在工程承包招标中，对其中某项比较复杂、专业性强、施工和制作要求特殊的单项工程进行单独招标。

1.4.3 按行业或专业类别分类

按行业或专业类别分类.mp3

按与工程建设相关的业务性质及专业类别划分，可将工程招标分为土木工程招标投标、勘察设计招标投标、材料设备采购招标投标、安装工程招标投标、建筑装饰装修招标投标、生产工艺技术转让招标投标、工程咨询和建设监理招标投标等。

1. 土木工程招标

土木工程招标是指对建设工程中土木工程施工任务进行的招标投标。

2. 勘察设计招标投标

勘察设计招标投标是指对建设项目的勘察设计任务进行的招标投标。

3. 材料设备采购招标投标

材料设备采购招标投标是指对建设项目所需的建筑材料和设备采购任务进行的招标投标。

4. 安装工程招标投标

安装工程招标投标是指对建设项目的设备安装任务进行的招标投标。

5. 建筑装饰装修招标投标

建筑装饰装修招标投标是指对建设项目的建筑装饰装修的施工任务进行的招标投标。

6. 生产工艺技术转让招标投标

生产工艺技术转让招标投标是指对建设工程生产工艺技术转让进行的招标投标。

7. 工程咨询和建设监理招标投标

工程咨询和建设监理招标投标是指对工程咨询和建设监理任务进行的招标投标。

1.4.4 按工程承发包模式分类

随着建筑市场运作模式与国际接轨进程的深入，我国承发包模式也逐渐呈多样化，主要包括工程咨询承包、交钥匙工程承包模式、设计施工承包模式、设计管理承包模式、BOT 工程模式、CM 模式。

按承发包模式分类可将工程招标划分为工程咨询招标、交钥匙工程招标、设计施工招标、设计管理招标、BOT 工程招标。

1. 工程咨询招标

工程咨询招标是指以工程咨询服务为对象的招标行为。工程咨询服务的内容主要包括工程立项决策阶段的规划研究、项目选定与决策；建设准备阶段的工程设计、工程招标；施工阶段的监理、竣工验收等工作。

2. 交钥匙工程招标

“交钥匙”模式即承包商向业主提供包括融资、设计、施工、设备采购、安装和调试直至竣工移交的全套服务。交钥匙工程招标是指发包商将上述全部工作作为一个标的进行招标，承包商通常将部分阶段的工程分包，即全过程招标。

3. 工程设计施工招标

工程设计施工招标是指将设计及施工作为一个整体标的以招标的方式进行发包，投标人必须为同时具有设计能力和施工能力的承包商。我国由于长期采取设计与施工分开的管理体制，目前具备设计、施工双重能力的施工企业为数较少。

设计——建造模式是一种项目组管理方式：业主和设计——建造承包商密切合作，完成项目的规划、设计、成本控制、进度安排等工作，甚至负责项目融资：使用一个承包商对整个项目负责，避免了设计和施工的矛盾，可显著减少项目的成本和工期。同时，在选定承包商时，把设计方案的优劣作为主要的评标因素，可保证业主得到高质量的工程项目。

4. 工程设计——管理招标

工程设计——管理模式是指由同一实体向业主提供设计和施工管理服务的工程管理模式。这种模式时，业主只签订一份既包括设计也包括工程管理服务的合同，在这种情况下，设计机构与管理机构是同一实体。这一实体常常是设计机构施工管理企业的联合体。设计一

—管理招标即为以设计管理为标的进行的工程招标。

5. BOT 工程招标

BOT(Build-Operate-Transfer)即建造——运营——移交模式。这是指东道国政府开放本国基础设施建设和运营市场，吸收国外资金，授给项目公司以特许权由该公司负责融资和组织建设，建成后负责运营及偿还贷款，在特许期满时将工程移交给东道国政府。BOT 工程招标即是对这些工程环节的招标。

1.4.5 按工程是否具有涉外因素分类

按照工程是否具有涉外因素，可以将建设工程招标分为国内工程招标投标和国际工程招标投标。

1. 国内工程招标投标

国内工程招标投标是指对本国没有涉外因素的建设工程进行的招标投标。

2. 国际工程招标投标

国际工程招标投标是指对有不同国家或国际组织参与的建设工程进行的招标投标活动。国际工程招标投标，包括本国的国际工程(习惯上称涉外工程)招标投标和国外的国际工程招标投标两个部分。国内工程招标和国际工程招标的基本原则是一致的，但在具体做法上有差异。随着社会经济的发展和与国际接轨的深化，国内工程招标和国际工程招标在做法上的区别已越来越小。

1.5 建设工程招标的适用范围

1.5.1 建设工程项目招标方式

公开招标.mp3

招标的方式可以分为公开招标和邀请招标两种。

1. 公开招标

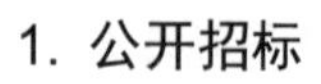

公开招标是指招标人以招标公告的方式邀请不特定的法人或者其他组织投标。公开招标，又叫竞争性招标，即由招标人在报刊、网络或其他媒体上刊登招标公告，吸引众多企业单位参加投标竞争，招标人从中择优选择中标单位的招标方式。按照竞争程度，公开招标可分为国际竞争性招标和国内竞争性招标两种。

1) 公开招标的优点

公开招标的优点在于能够在最大限度内选择投标商，竞争性更强，择优率更高。同时也可以在较大程度上避免招标活动中的贿标行为，因此，政府采购通常采用公开招标这种方式。

2)　公开招标的缺点

公开招标由于投标人众多，一般耗时较长，需花费的成本也较大，对于采购标的较小的招标来说，不宜采用公开招标的方式；另外还有些专业性较强的项目，由于有资格承接的潜在投标人较少，或者需要在较短时间内完成采购任务等，也不宜采用公开招标。

2. 邀请招标

邀请招标.mp3

邀请招标是指招标人以投标邀请的方式邀请特定的法人或其他组织投标。邀请招标也称为有限竞争招标，是一种由招标人选择若干供应商或承包商，向其发出投标邀请，由被邀请的供应商或承包商投标竞争，从中选定中标者的招标方式。邀请招标的特点是：邀请投标不使用公开的公告形式；接受邀请的单位才是合格投标人；投标人的数量有限。

1)　邀请招标的优点

邀请招标所需时间较短，工作量小、目标集中，且招标花费较少；被邀请的投标单位中标率高。

2)　邀请招标的缺点

不利于招标单位获得最优报价，取得最佳投资效益；投标单位的数量少，竞争性较差；投标单位在选择邀请人前所掌握的信息不可避免地存在一定的局限性，招标单位很难了解所有承包商的情况，因此常会忽略一些在技术、报价方面更具有竞争力的企业，使招标单位不易获取最合理的报价，有可能找不到最合适的供应商或承包商。

1.5.2　必须进行招标的项目

为了确定必须招标的工程项目，规范招标投标活动，提高工作效率，降低企业成本，预防腐败，国家发展改革委员会根据《中华人民共和国招标投标法》第三条的规定，印发《必须招标的工程项目规定》，该规定指出，下列工程项目必须进行招标。

(1)　大型基础设施、公用事业等关系社会公共利益、公众安全的项目。

(2)　全部或者部分使用国有资金投资或者国家融资的项目。

(3)　使用国际组织或者外国政府贷款、援助资金的项目。

项目的勘察、设计、施工、监理以及与工程建设有关的重要设备、材料等的采购，达到下列标准之一的，必须进行招标：

①　施工单项合同估算价在 400 万元人民币以上的。

②　重要设备、材料等货物的采购，单项合同估算价在 200 万元人民币以上的。

③　勘察、设计、监理等服务的采购，单项合同估算价在 100 万元人民币以上的。

1.5.3　需要邀请招标的项目

对于采购标的较小的招标来说，由于耗时较长，花费成本多，采用公开招标的方式有些得不偿失。另外有些专业性较强的项目，有资格承接的潜在投标人较少；或者是需要在较短时间内完成采购任务等，采用公开招标不太合适，这时候可以采用邀请招标的方式。邀请招标在一定程度上弥补了这些缺陷，同时又能够相对较充分地发挥招标的优势。

根据《中华人民共和国招标投标法》第八条规定：国有资金占控股或者主导地位的依法必须进行招标的项目，应当公开招标；但有下列情形之一的，可以邀请招标。

(1) 技术复杂、有特殊要求或者受自然环境限制，只有少量潜在投标人可供选择；

(2) 采用公开招标方式的费用占项目合同金额的比例过大。

有前款(2)所列情形，属于本条例第七条规定的项目，由项目审批、核准部门在审批、核准项目时作出认定；其他项目由招标人申请有关行政监督部门作出认定。

【案例 1-3】 某办公楼的招标人于 2016 年 8 月 3 日向具备承担该项目能力的 A、B、C、D、E 五家承包商发出投标邀请书，其中说明 8 月 17～18 日的 9～16 时在该招标人总工程师室领取招标文件，10 月 8 日 14 时为投标截止时间。请根据本章内容分析对于必须招标的项目，在哪些情况下可以采用邀请招标？

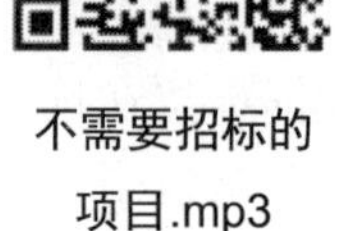

不需要招标的项目.mp3

1.5.4 不需要招标的项目

在建设工程中，如果不是法律规定必须招标的项目也可以不进行招标。根据《中华人民共和国招标投标法》第九条规定：除招标投标法第六十六条规定的可以不进行招标的特殊情况外，有下列情形之一的，可以不进行招标。

(1) 需要采用不可替代的专利或者专有技术；

(2) 采购人依法能够自行建设、生产或者提供；

(3) 已通过招标方式选定的特许经营项目投资人依法能够自行建设、生产或者提供；

(4) 需要向原中标人采购工程、货物或者服务，否则将影响施工或者功能配套要求；

(5) 国家规定的其他特殊情形。

本章小结

招投标制度在建设工程中发挥了重要的作用，本章从建设工程招投标的发展开始，依次学习了招投标的概念及特点、招投标制度的原则与意义、建设工程项目招投标的类型以及建设工程招标的适用范围，从以上几方面介绍了招投标制度，从而帮助学生更好地学习招投标制度。

实训练习

一、单选题

1. 在招投标制度发展的初期，受社会主义市场经济体制的影响，使得(　　)在招投标事业的发展过程中扮演了重要角色。

A. 招标人　B. 投标人　C. 政府　D. 行业主管部门

2. 《中华人民共和国招标投标法》在(　　)年开始实施。

A. 1997　B. 1998　C. 2000　D. 2011

3. 在建设工程招标投标的分类中，以下哪个选项不属于按照工程建设程序分类的(　　)。

A. 设计施工招标　B. 工程勘察设计招标投标

C. 材料设备采购招标投标　D. 施工招标投标。

4. 以下哪个选项不属于开展建设工程招投标活动的原则(　　)。

A. 公平原则　B. 公开原则　C. 公正原则　D. 无私原则

5. 下列哪个情形不需要进行招标(　　)。

A. 采购人依法能够自行建设、生产或者提供

B. 施工单项合同估算价在 400 万元人民币以上的

C. 全部或者部分使用国有资金投资或者国家融资的项目

D. 使用国际组织或者外国政府贷款、援助资金的项目

6. 公开招标是指招标人以招标公告的方式邀请(　　)的法人或者其他组织投标。

A. 特定　B. 不特定　C. 全国范围内　D. 专业

二、多选题

1. 根据《中华人民共和国招标投标法》规定，招标方式分为(　　)。

A. 公开招标　B. 协议招标　C. 邀请招标

D. 指定招标　E. 行业内招标

2. 下列(　　)等特殊情况，不适宜进行招标的项目，按照国家规定可以不进行招标。

A. 涉及国家安全、国家秘密的项目

B. 抢险救灾项目

C. 利用扶贫资金实行以工代赈，需要使用农民工等特殊情况的

D. 使用国际组织或者外国政府资金的项目

E. 生态环境保护项目

3. 招标投标活动的公平原则体现在(　　)等方面。

A. 要求招标人或评标委员会严格按照规定的条件和程序办事

B. 平等地对待每一个投标竞争者

C. 不得对不同的投标竞争者采用不同的标准

D. 投标人不得假借别的企业的资质，弄虚作假来投标

E. 招标人不得以任何方式限制或者排斥本地区、本系统以外的法人或者其他组织参加投标

4. 工程建设项目公开招标范围包括(　　)。

A. 全部或者部分使用国有资金投资或者国家融资的项目

B. 施工单项合同估算价在 100 万元人民币以上的

C. 关系社会公共利益、公众安全的大型基础设施项目

D. 使用国际组织或者外国政府资金的项目

E. 关系社会公共利益、公共安全的大型公共事业项目

5. 《工程建设项目招标范围和规模标准规定》中关系社会公共利益、公众安全的基础设施项目包括(　　)等。

A. 防洪、灌溉、排涝、引(洪)水、滩涂治理、水土保持水利枢纽等水利项目

B. 道路、桥梁、地铁和轻轨交通、污水排放及处理、垃圾处理、地下管道、公共停车场等城市设施项目

C. 用于食品加工的饮食基地建设项目

D. 生态环境保护项目

E. 邮政、电信枢纽、通迅、信息网络等邮电通迅项目

三、简答题

1. 招投标的特点有哪些？
2. 简述建设工程招投标制度实施的意义。
3. 必须进行招标的项目有哪些？

第 1 章　课后答案.pdf

实训工作单一

<table>
<tr><td>班级</td><td></td><td>姓名</td><td></td><td>日期</td><td></td></tr>
<tr><td>教学项目</td><td colspan="5">建筑工程招投标概述</td></tr>
<tr><td>任务</td><td colspan="2">掌握招投标的概念和特点</td><td>要求</td><td colspan="2">1. 知道招投标的概念
2. 掌握招投标的特点</td></tr>
<tr><td>相关知识</td><td colspan="5">概述招投标相关知识</td></tr>
<tr><td>其他要求</td><td colspan="5"></td></tr>
<tr><td colspan="6">编制中标文件过程记录</td></tr>
<tr><td>评语</td><td colspan="2"></td><td>指导老师</td><td colspan="2"></td></tr>
</table>

实训工作单二

<table>
<tr><td>班级</td><td></td><td>姓名</td><td></td><td>日期</td><td></td></tr>
<tr><td>教学项目</td><td colspan="5">建筑工程招投标概述</td></tr>
<tr><td>任务</td><td colspan="3">掌握建设工程招标的基本类型和招标范围</td><td>要求</td><td>1. 掌握具体的招投标类型
2. 掌握必须招标的范围</td></tr>
<tr><td>相关知识</td><td colspan="5">概述招投标相关知识</td></tr>
<tr><td>其他要求</td><td colspan="5"></td></tr>
<tr><td colspan="6">编制中标文件过程记录</td></tr>
<tr><td>评语</td><td colspan="3"></td><td>指导老师</td><td></td></tr>
</table>

第2章　建筑市场.pdf

第2章　建筑市场　02

第2章　建筑市场.avi

【学习目标】

1. 了解建筑市场的概述
2. 熟悉建筑市场的主体与客体
3. 熟悉建筑市场的管理
4. 熟悉建设工程交易中心的有关内容

【教学要求】

本章要点	掌握层次	相关知识点
建筑市场概述	了解建筑市场概述	建筑市场的概念、特征、国际市场
建筑市场的主体与客体	掌握建筑市场的主体与客体	建筑市场的组成部分
建筑市场的管理	掌握建筑市场的管理	建筑市场的资质管理与法律法规
建设工程交易中心	掌握建设工程交易中心	建设工程交易中心基本功能与原则

【项目案例导入】

某市市民向住建局反映某一施工队在施工过程中偷工减料、不按设计图纸施工，住建部根据信息对其进行调查，发现该工程的施工单位确实存在偷工减料、不按设计图纸施工等质量问题。后经过深入调查，发现该建筑公司还涉嫌存在允许个人以其单位的名义承揽工程的现象。该公司名义上派出项目经理和五大员，但除开工前期和关键部位的施工验收外，平时均未过多参与项目施工。

根据《中华人民共和国建筑法》第二十六条第二款“禁止建筑施工企业超越本企业资质等级许可的业务范围或者以任何形式用其他建筑施工企业的名义承揽工程。禁止建筑施工企业以任何形式允许其他单位或者个人使用本企业的资质证书、营业执照，以本企业的名义承揽工程”。《建设工程质量管理条例》第二十五条第二款“禁止施工单位超越本单位资质等级许可的业务范围或者以其他施工单位的名义承揽工程。禁止施工单位允许其他单位或者个人以本单位的名义承揽工程”等法律法规相关规定，住建局对某建筑公司做出了相应的行政处罚决定。

【项目问题导入】

建筑市场是固定资产投资转化为建筑产品的交易场所，其交易的产品相对于一般市场有很大不同，试分析其特征。

2.1　建筑市场概述

建筑市场的概念.mp4

2.1.1 建筑市场的概念

建筑市场是建设工程市场的简称，是进行建筑商品和相关要素交换的市场，是固定资产投资转化为建筑产品的交易场所。建筑市场由有形建筑市场和无形建筑市场两部分构成，如建设工程交易中心——收集与发布工程建设信息，办理工程报建手续、承发包、工程合同及委托质量安全监督和建设监理等手续，提供政策法规及技术经济等咨询服务。无形市场是在建设工程交易之外的各种交易活动及处理各种关系的场所。

建筑市场有广义和狭义之分。广义的建筑市场是指建筑商品供求关系的总和，包括狭义的建筑市场、建筑商品的需求程度、建筑商品交易过程中形成的各种经济关系等。狭义的建筑市场是指交易建筑商品的场所。由于建筑商品体形庞大、无法移动，不可能集中在一定的地方交易，所以一般意义上的建筑市场为无形市场，没有固定交易场所。它主要通过招标投标等手段，完成建筑商品交易。当然，交易场所随建筑工程的建设地点和成交方式不同而变化。

我国许多地方提出了建筑市场有形化的概念。这种做法提高了招投标活动的透明度，有利于竞争的公开性和公正性，对于规范建筑市场有着积极的意义。

2.1.2 建筑市场的特征

建筑市场的特征.mp4

与一般市场相比较，建筑市场有以下特征。

(1)　建筑市场交易的直接性。建筑市场上的交易双方为需求者和供给者，他们之间预先进行订货式的交易，先成交，后生产，无法经过中间环节。

(2)　建筑产品的交易过程持续时间长。建筑产品的周期长，价值巨大，供给者也无法以足够资金投入生产，大多采用分阶段按实施进度付款的方式，待交货后再结清全部款项。因此，建筑产品的交易过程持续时间较长。

(3)　建筑市场有着显著的地区性。建筑产品的生产经营通常总是相对集中于一个相对

稳定的地理区域。这使得交易双方只能在一定范围内确定相互之间的交易关系。

(4) 建筑市场的风险较大。不仅对供给者有风险，而且对需求者也有风险。

(5) 建筑市场竞争激烈。发包人、承包人和中间服务机构构成了市场的主体，有形建筑工程、无形建筑产品构成了市场的客体，以招标投标活动为主要交易形式的市场竞争机制，以资质管理为主要内容的市场监督管理体系，共同构成了完整的建筑市场体系。

【案例 2-1】 某施工单位承包一商品楼，合同总价 8000 万元，其中 265 万元由建筑单位直接供应，合同工期为 9 个月。合同中规定业主向承包人支付合同价的 25%作为预付工程款；预付工程款应从未施工工程尚需的主要材料及构配件价值相当于预付工程款时起扣，每月以抵充工程款的方式陆续扣回；业主每月从给承包人的工程进度款金额中按 2.5%扣留工程保修金，通过竣工验收后结算给施工单位；由业主直接供应的主要材料款应在发生当月的工程款中扣回其费用；每月付款凭证签发的最低限额为 50 万元。请结合上下文分析这体现了建筑市场的哪个特征。

2.1.3 国际建筑市场

1. 国际市场现状

随着全球经济一体化的发展趋势，特别是在发展中国家经济现代化进程的拉动下，国际工程承包业务也快速增长。在国际工程承包业务中，基建投资是近年来各国际承包商的主要收入来源之一。金融危机后，新兴国家的建筑市场预计将超越发达国家，特别是基础设施建设领域。这是由于新兴国家面临交通系统升级、楼房设施改造等强大需求，基础设施领域的建筑产值有望大幅增长，非住宅的基础设施建设的增速将接近 100%。而发达国家建筑产值的增长率预测将会下降。

“十二五”期间，我国政府进一步加大对非洲、东南亚、中亚等国的政治经济合作力度，实施了更多的政府框架项目，国际工程项目的类型也更加丰富。2013 年，我国投资者对全球 156 个国家和地区的 5090 家境外企业进行直接投资。据中国对外承包商会的分析报告称，未来欧美发达国家基础设施面临更新换代，并推出了一系列的基建设施改造和建设计划，旨在促进经济复苏和推动就业。而发展中国家的基础设施建设比较落后，所以在工业化和城市化的进程中，对基础设施建设有着强烈的需求。这种现状为中国这样的发展大国带来了良好的机会。

2. 中国国际承包工程面临的问题

中国国际承包工程业务经过二十几年的发展已取得巨大的进步，但是面对当今国际承包市场的环境，中国的国际工程商承包与国际大承包商相比还是有一定差距的。首先是公司规模，除了中央下属企业的专业性较强、发展较快以外，大多数都是小公司，在国内完成一定的资金积累以后，希望在国际工程中创造更多财富，但是因为工程质量不能得到保障，使其发展受到限制。

其次大多数企业缺乏经验，对国际上的合同条款不熟悉。国际工程承包与国内工程承包有很大的不同，其中一点就是要严格按照 FIDIC 合同条款办事，执行过程中任何差错都会引起巨大的损失。很多国内的承包商认为这样的条款太苛刻，不愿意执行从而导致了自身的损失，使自己处于被动地位。因此，国内企业应该严格按照 FIDIC 合同条款办事，并认真研究国际大承包商的特点，吸取别人的经验，积极地研究国外项目承包上采用的新材料、新工艺、新设备、新技术等，向国际发展方向靠拢，提高专业水平，增强自身优势，努力提高市场份额。

最后，人才的缺乏是影响中国对外承包工程的主要问题。目前中国缺少富有经验的国际工程项目经理；设计、采购、施工各阶段核心管理人员；精通国际工程法的人员；国际工程合同管理人员。要想参与国际工程承包就要遵守国际条款，并且严格遵守行业技术标准和规范，这就需要大量的复合型人才，因此，我们要大力培养复合型、创新性的人才。同时还要加强自身的创新能力，探索科学的施工方法和管理方法，与国际接轨。

3. 我国建筑业国外市场的发展状况

我国建筑企业在全球范围内兼具成本优势和技术优势，同时我国政府也长期以经济援助形式帮助非洲和南亚国家开展基础设施建设，因此我国国际工程承包业务近年来增长迅速。商务部数据显示，2001 年以来，我国对外承包工程完成营业额及新签合同额一直保持较高的增长速度。但受国际金融危机的影响，我国 2009 年及 2010 年对外工程新签合同额增速有所放缓，但随着全球经济的逐步复苏以及我国对外经济合作力度的加大，我国对外承包工程新签合同额已在 2010 年 8 月恢复了正增长，并保持了稳定增长态势。2010 年，我国对外承包工程完成营业额和新签合同额分别为 922 亿美元和 1344 亿美元，同比增长 18.66%和 6.50%。2011 年 1～6 月，我国对外承包工程完成营业额和新签合同额分别为 425 亿美元和 662 亿美元，同比增长 13.80%和 20.50%。随着全球经济的复苏，尤其是发展中国家经济的快速发展，基础设施投资将保持高速增长，成为我国对外承包工程重要的业务支撑点。这些年来中国坚持“走出去”的战略，积累了大量的施工技术和工程经验，在全球逐渐具有了一定竞争力。

2014 年 10 月，在中国政府倡议下包括中国、印度、新加坡等在内的首批意向创始成员国共同决定建立亚洲基础设施投资银行，从最早的亚洲发展中国家之间的地区性尝试逐步成为整个国际间的事件。亚投行本来是一个愿意向亚洲国家和地区的基础设施建设提供资金支持的政府间性质的亚洲区域多边开发机构，意在打破亚洲区域基础设施建设资金短缺的僵局。但随着越来越多的国家加入，亚投行逐渐成为和国际货币基金组织以及亚洲开发银行三足鼎立的多边合作机制。中国积极推动亚投行建立，一方面是为了亚洲地区国家基础设施建设提供融资，以加快该地区的基础设施、促进区域经济的发展，另一方面是为了获得更多的国际工程项目，促进经济发展。

2017 年中国企业在海外发展迅速，竞争力逐渐增强。中国建筑企业在“一带一路”沿线各区域市场中所占份额比重逐年上升，“一带一路”战略升级，支持中国企业投身海外。

2.2 建筑市场的主体与客体

2.2.1 建筑市场的主体

建筑市场分为主体和客体，其中主体包括业主、承包商、中介机构。

业主是指既有进行某种工程的需求，又具有工程建设资金和各种准建手续，在建筑市场中发布建设任务，并最终得到建筑产品达到其投资目的的法人、其他组织和个人。他们可以是学校、医院、工厂、房地产开发公司，也可以是政府及政府委托的资产管理部门，还可以是个人。在我国工程建设中常将业主称为建设单位、甲方或发包人。

市场主体是一个庞大的体系，包括各类自然人和法人。在市场生活中，不论哪类自然人和法人，总是要购买商品或接受服务，同时销售商品或提供服务。其中，企业是最重要的一类市场主体。因为企业既是各种生产资料和消费品的销售者，又是资本、技术等生产要素的提供者，同时也是各种生产要素的购买者。

承包商是指有一定生产能力和技术装备，有一定的流动资金，且具有承包工程建设任务的营业资格，在建筑市场中能够按照业主的要求，提供不同形态的建筑产品，并获得工程价款的建筑业企业。按照他们进行生产的主要形式的不同，分为勘察、设计单位，建筑、安装企业，混凝土预制构件、非标准件制作等生产厂家，商品混凝土供应站，建筑机械租赁单位，以及专门提供劳务的企业等；按照他们的承包方式不同分为施工总承包企业、专业承包企业、劳务分包企业，在我国工程建设中承包商又称为乙方。

中介机构是指具有一定注册资金和相应的专业服务能力，并持有从事相关业务执照，能对工程建设提供估算测量、管理咨询、建设监理等智力型服务或代理，并收取服务费用的咨询服务机构和其他为工程建设服务的专业中介组织。中介机构作为政府、市场、企业之间联系的纽带，具有政府行政管理不可替代的作用。在此种情况下诞生了许多建材询价网站，此类网站的诞生也大大地方便了造价信息的查询。中介机构是市场体系成熟和市场经济发达的重要表现。

中介机构.mp4

2.2.2 建筑市场的客体

市场客体是指一定量的可供交换的商品和服务，它包括有形的物质产品和无形的服务，以及各种商品化的资源要素，如资金、技术、信息和劳动力等。市场活动的基本内容是商品交换，若没有交换客体，就不存在市场，具备一定量的可供交换的商品，是市场存在的物质条件。

建筑市场的客体一般称作建筑产品，它包括建筑物等有形建筑产品和无形的产品，比如各种服务。客体凝聚着承包商的劳动，业主以投入资金的方式取得它的使用价值。在不同的生产交易阶段，建筑产品表现为不同的形态。它可以是中介机构提供的咨询报告、咨询意见或其他服务，可以是勘察设计单位提供的设计方案、设计图纸、勘察报告，可以是生产厂家提供的混凝土构件、非标准预制构件等产品，也可以是施工企业提供的各种各样的建筑物和构筑物。

建筑产品是建筑市场的交易对象，既包括有形建筑产品也包括无形产品。建筑产品的特点有以下几点：

(1) 建筑产品的固定性和生产的流动性；

(2) 建筑产品的单件性；

建筑产品的特点.mp4

(3) 建筑产品的整体性和分部分项工程的相对独立性；
(4) 建筑生产的不可逆性；
(5) 建筑产品的社会性；
(6) 建筑产品的商品属性；
(7) 工程建设标准的法定性。

2.3 建筑市场的管理

2.3.1 建筑市场的资质管理

工程建设执业资格制度是指只有事先依法取得相应资质或资格的单位和个人，才允许其在法律规定的范围内从事一定建筑活动的制度。而随着技术的进步和生活质量的提高，社会对建设工程的技术水准和质量要求越来越高，使得工程建设过程日趋复杂，因此，为保证建设工程的质量和安全，对从事建设活动的单位和个人必须实行从业资格管理，即资质管理制度。

1. 工程勘察设计企业资质管理

建设工程勘察、设计企业应当按照其拥有的注册资本、专业技术人员、技术装备和勘察设计业绩等条件申请资质，经审查合格，取得建设工程勘察、设计资质证书后，方可在资质等级许可的范围内从事建设工程勘察、设计活动。取得资质证书的建设工程勘察、设计企业可以从事相应的建设工程勘察、设计咨询和技术服务。国务院建设行政主管部门及各地建筑行政主管部门负责工程勘察设计企业资质的审批、晋升和处罚。

建设工程勘察、设计资质分为工程勘察资质、工程设计资质。工程勘察资质分为工程勘察综合资质、工程勘察专业资质、工程勘察劳务资质。工程勘察综合资质只设甲级；工程勘察专业资质根据工程性质和技术特点设立类别和级别；工程勘察劳务资质不分级别。取得工程勘察综合资质的企业，承接工程勘察业务范围不受限制；取得工程勘察专业资质的企业，可以承接同级别相应专业的工程勘察业务；取得工程勘察劳务资质的企业，可以承接岩土工程治理、工程钻探、凿井工程勘察劳务工作。

工程设计资质分为工程设计综合资质、工程设计行业资质、工程设计专项资质。工程设计综合资质只设甲级；工程设计行业资质和工程设计专项资质根据工程性质和技术特点设立类别和级别。取得工程设计综合资质的企业，其承接工程设计业务范围不受限制；取得工程设计行业资质的企业，可以承接同级别相应行业的工程设计业务；取得工程设计专项资质的企业，可以承接同级别相应的专项工程设计业务。

建筑业企业资质管理.mp4

2. 建筑业企业资质管理

建筑业企业，是指从事土木工程、建筑工程、线路管道设备安装工程、装修工程的新建、扩建、改建等活动的企业。建筑业企业应当按照其拥有的注册资本、专业技术人员、技术装备和已完成的建筑工程业绩等条件申请资质，经审查合格，取得建筑业企业资质证书后，方可在资质许可的范围内从事建筑施工活动。国务院建设主管部门及各地建设主管部门负责建筑业企业资质的统一监督管理。

建筑业企业资质分为施工总承包、专业承包和劳务分包 3 个序列。取得施工总承包资质的企业，可以承接施工总承包工程。施工总承包企业可以对所承接的施工总承包工程内各专业工程全部自行施工，也可以将专业工程或劳务作业依法分包给具有相应资质的专业承包企业或劳务分包企业。取得专业承包资质的企业，可以承接施工总承包企业分包的专业工程和建设单位依法发包的专业工程。专业承包企业可以对所承接的专业工程全部自行施工，也可以将劳务作业依法分包给具有相应资质的劳务分包企业。取得劳务分包资质的企业，可以承接施工总承包企业或专业承包企业分包的劳务作业。

施工总承包企业资质等级标准包括房屋建筑工程施工、公路工程施工、铁路工程施工、港口与航道工程施工、水利水电工程施工、电力工程施工、矿山工程施工、冶炼工程施工、化工石油工程施工、市政公用工程施工、通信工程施工、机电安装工程施工 12 个标准，专业承包企业资质等级标准包括 36 个类别，一般分为三个等级(一级、二级、三级)、劳务分包企业资质不分类别与等级。

1) 总承包企业资质

以房屋建筑工程施工为例，其企业资质分为特级、一级、二级和三级，承包工程范围分别如下：

特级企业：可承担各类房屋建筑工程的施工。

(1) 一级资质。

可承担单项合同额 3000 万元以上的下列建筑工程的施工：

① 高度 200 米以下的工业、民用建筑工程；

② 高度 240 米以下的构筑物工程。

(2) 二级资质。

可承担下列建筑工程的施工：

① 高度 100 米以下的工业、民用建筑工程；

② 高度 120 米以下的构筑物工程；

③ 建筑面积 4 万平方米以下的单体工业、民用建筑工程；

④ 单跨跨度 39 米以下的建筑工程。

(3) 三级资质。

可承担下列建筑工程的施工：

① 高度 50 米以下的工业、民用建筑工程；

② 高度 70 米以下的构筑物工程；

③ 建筑面积 1.2 万平方米以下的单体工业、民用建筑工程；

④ 单跨跨度 27 米以下的建筑工程。

注： 1. 建筑工程是指各类结构形式的民用建筑工程、工业建筑工程、构筑物工程以及相配套的道路、通信、管网管线等设施工程。工程内容包括地基与基础、主体结构、建筑屋面、装修装饰、建筑幕墙、附建人防工程以及给水排水及供暖、通风与空调、电气、消

防、防雷等配套工程。

2. 建筑工程相关专业职称包括结构、给排水、暖通、电气等专业职称。

3. 单项合同额 3000 万元以下且超出建筑工程施工总承包二级资质承包工程范围的建筑工程的施工，应由建筑工程施工总承包一级资质企业承担。

2) 专业承包企业资质

以地基与基础工程为例，其企业资质分为一级、二级、三级，承包工程范围分别如下：

(1) 一级企业。

可承担各类地基与基础工程的施工；

(2) 二级资质。

可承担下列工程的施工：

① 高度 100 米以下工业、民用建筑工程和高度 120 米以下构筑物的地基基础工程；

② 深度不超过 24 米的刚性桩复合地基处理和深度不超过 10 米的其他地基处理工程；

③ 单桩承受设计荷载 5000 千牛以下的桩基础工程；

④ 开挖深度不超过 15 米的基坑围护工程。

(3) 三级资质。

可承担下列工程的施工:

① 高度 50 米以下工业、民用建筑工程和高度 70 米以下构筑物的地基基础工程；

② 深度不超过 18 米的刚性桩复合地基处理或深 度不超过 8 米的其他地基处理工程；

③ 单桩承受设计荷载 3000 千牛以下的桩基础工程；

④ 开挖深度不超过 12 米的基坑围护工程。

3) 施工劳务序列资质

施工劳务序列不分类别和等级，可承担各类施工劳务作业。

3. 工程咨询单位资质管理

工程咨询单位是遵循独立、公正、科学的原则，运用多学科知识和经验、现代科学技术和管理方法，为政府部门、项目业主及其他各类客户提供社会经济建设和工程项目决策与实施的智力服务，以提高经济和社会效益，实现可持续发展的企业。

工程咨询单位资格等级分为甲级、乙级、丙级，各级工程咨询单位按照国家有关规定和业主要求依法开展业务。工程咨询单位专业资格按照 31 个专业来划分，资格服务范围包括以下 8 项内容。

(1) 规划咨询；

(2) 编制项目建议书(含项目投资机会研究、预可行性研究)；

(3) 编制项目可行性研究报告、项目申请报告和资金申请报告；

(4) 评估咨询：含项目建议书、可行性研究报告、项目申请报告与初步设计评估，以及项目后评价、概预决算审查等；

(5) 工程设计；

(6) 招标代理；

(7) 工程监理、设备监理；

(8) 工程项目管理，含工程项目的全过程或若干阶段的管理服务。

4. 专业人士资质管理

在建筑市场中，从事工程咨询资格的专业工程师称为专业人士。对专业人士的资质管理，各国的情况不尽相同。英国政府不负责人员的资质管理，而由建筑师学会、土木工程师学会、特许建造师学会以及测量师学会负责进行人员资质评定，另外英国的咨询工程师协会虽然不是专门资质评定团体，但是对其成员机构提出了资格要求；美国是通过对建筑师和专业工程师资格的认定来管理从业人员。在美国要成为一名注册建筑师，首先要通过全国建筑师注册委员会组织的资格考试，取得合格证书，并在证书有效期内向各州注册；德国咨询业相当发达，政府对咨询组织和咨询工程师的管理，宏观上依靠国家建筑法和地方法规对其行为予以制约，微观上依靠行业协会制定的工作条例，职业道德标准对其业务活动进行监督控制；法国是在建设部内设有一个审查咨询工程师资格的“技术监督审查委员会”，凡是要求成为咨询工程师的人，需先行申请；在香港，建筑师、工程师或测量师这类专业人士专业资格的认定由香港建筑师学会、工程师学会和测量师学会负责。

目前，我国已确认专业人士的种类有建筑师、结构工程师、监理工程师、建造师、造价工程师等，报考时需具备大专以上专业学历，方可参加全国统一考试，取得执业资格考试合格证书的人员，均可申请注册。目前我国专业人士制度尚处于起步阶段，随着经济的发展，工程咨询行业不断的发展完善，对其管理会更加规范。

【案例 2-2】 某一商品住宅工程，建筑公司是 A 公司，建筑面积 86 634m^2。经过公开招标，B 公司中标，双方签订合同，施工合同价款为 102 856 万元。该工程于 2016 年 8 月 12 日开工。

2017 年 6 月 5 日，当地住房城乡建设主管部门接到上级主管部门转来的举报人反映该工程涉嫌存在违法违规问题，随即进行了调查。当地住房城乡建设主管部门在调查时发现 B 公司涉嫌将剩余 2600 万元的工程量转包给 C 劳务公司，C 公司又涉嫌转包给自然人甲后，随即开始立案调查，请结合上下文分析如何规范建筑市场管理？

【案例 2-3】 某大型超市将其外墙真石漆工程发包给 B 化工公司施工，双方之间签订了合同，该合同约定了双方派驻本工程项目的代表、工程费用、违约责任等。乙方营业执照上的经营范围未载明其具备外墙真石漆施工资质。而乙方承包外墙真石漆工程后，将该工程中的部分项目发包给自然人李某，李某招用王某等人到该工地进行施工。在施工过程中，王某从乙方负责搭建的脚手架上坠落受伤。

(1) 申请人与被申请人之间是否存在劳动关系？

(2) 由超市和乙方共同向王某继续支付其在医院治疗费用的请求能否成立？

2.3.2 建筑市场的法律法规

建筑行业主要包括资质管理、招投标管理、质量管理、安全生产和环境保护管理以及其他行业相关的法律法规。

1. 资质管理

根据《中华人民共和国建筑法》及其他相关法律法规的规定，从事建设工程咨询、勘察设计、施工及监理业务的企业，仅可在符合其资质等级的范围内从事建筑活动。

1) 工程总承包的资质

根据建设部《关于培育发展工程总承包和工程项目管理企业的指导意见》等文件规定，鼓励具有工程勘察、设计或施工总承包资质的勘察、设计和施工企业，通过改造和重组，建立与工程总承包业务相适应的组织机构与项目管理体系，充实项目管理专业人员，提高融资能力，发展成为具有设计、采购、施工(施工管理)综合功能的工程公司，在其勘察、设计或施工总承包资质等级许可的工程项目范围内开展工程总承包业务。

施工总承包、专业承包和劳务分包的资质.mp4

2) 施工总承包、专业承包和劳务分包的资质

根据《建筑业企业资质管理规定》，建筑业企业资质分为施工总承包、专业承包和劳务分包三个序列，各个序列按照工程性质和技术特点分别划分为若干资质类别，各资质类别按照规定的条件又划分为若干资质等级。

取得施工总承包资质的企业，可以承接施工总承包工程。施工总承包企业可以对所承接的施工总承包工程内各专业工程全部自行施工，也可以将专业工程或劳务作业依法分包给具有相应资质的专业承包企业或劳务分包企业。

取得专业承包资质的企业，可以承接施工总承包企业分包的专业工程和建设单位依法发包的专业工程。专业承包企业可以对所承接的专业工程全部自行施工，也可以将劳务作业依法分包给具有相应资质的劳务分包企业。

取得劳务分包资质的企业，可以承接施工总承包企业或专业承包企业分包的劳务作业。

3) 工程咨询企业的资质

根据《工程咨询单位资格认定办法》等文件规定，工程咨询单位必须依法取得国家发改委颁发的工程咨询资格证书，凭证书开展相应的工程咨询业务。工程咨询单位专业资格划分为 31 个专业，服务范围包括 8 项内容，资格等级分为甲级、乙级、丙级。

4) 建设工程勘察设计资质

根据《建设工程勘察设计资质管理规定》等文件规定，建设工程分为工程勘察资质、工程设计资质。工程勘察资质分为工程勘察综合资质、工程勘察专业资质、工程勘察劳务资质，工程设计资质分为工程设计综合资质、工程设计行业资质、工程设计专项资质。

5) 安全生产资质

根据《中华人民共和国安全生产法》《安全生产许可证条例》等法律法规规定，国家对建筑行业实行安全生产许可制度。企业未取得安全生产许可证的，不得从事生产活动。

6) 环境影响评价资质

根据《建设项目环境影响评价资质管理办法》，凡接受委托为建设项目环境影响评价提供技术服务的机构，应取得建设项目环境影响评价资质证书，方可在资质证书规定的资质等级和评价范围内从事环境影响评价技术服务。环境影响评价资质分为甲、乙两个等级。

2. 招标与投标管理

按照《中华人民共和国建筑法》《中华人民共和国招标投标法》《建筑工程设计招标投标管理办法》等法律法规对有关工程建设项目的勘察、设计、施工、监理的招投标程序等职能进行管理。

根据《中华人民共和国建筑法》，建筑工程发包与承包的招标投标活动，应当遵循公开、公正、平等竞争的原则，择优选择承包单位。

根据《中华人民共和国招标投标法》，在中国境内进行下列工程建设项目：包括项目的勘察、设计、施工、监理以及与工程建设有关的重要设备、材料等的采购，必须进行招标；大型基础设施、公用事业等关系社会公共利益、公众安全的项目；全部或者部分使用国有资金投资或者国家融资的项目；使用国际组织或者外国政府贷款、援助资金的项目等。

招投标的过程包括招标、投标、开标、评标、中标五个阶段。

(1) 招标分为公开招标和邀请招标。国家重点项目和省、自治区、直辖市人民政府确定的地方重点项目不适宜公开招标的，经批准，可以进行邀请招标。

(2) 投标人应当具备承担招标项目的能力。国家有关规定对投标人资格条件或者招标文件对投标人资格条件有规定的，投标人应当具备规定的资格条件。

(3) 开标应当在招标文件确定的提交投标文件截止时间的同一时间公开进行，开标地点应当为招标文件中预先确定的地点。

(4) 评标由招标人依法组建的评标委员会负责。招标人根据评标委员会提出的书面评标报告和推荐的中标候选人确定中标人。招标人也可以授权评标委员会直接确定中标人。

(5) 中标人确定后，招标人应当向中标人发出中标通知书，并同时将中标结果通知所有未中标的投标人。中标通知书对招标人和中标人具有法律效力。

3. 质量管理

根据《建设工程质量管理条例》，建设单位、勘察单位、设计单位、施工单位、监理单位依法对建设工程质量负责。工程质量管理法规还包括《房屋建筑工程和市政基础设施工程竣工验收备案管理暂行办法》《房屋建筑工程质量保修办法》《港口工程竣工验收办法》与《公路工程竣(交)工验收办法》等。

4. 安全生产和环境保护管理

工程承包过程中安全生产的主要法律法规包括《中华人民共和国安全生产法》《建设工程安全生产管理条例》《安全生产许可证条例》《生产安全事故报告和调查处理条例》与《建筑施工企业安全生产许可证管理规定》等。

工程承包过程中环境保护的主要法律法规包括《中华人民共和国环境保护法》《中华人民共和国环境影响评价法》《建设项目环境保护管理条例》与《建设项目环境保护设施竣工验收管理规定》等。

5. 其他行业相关法律法规

其他行业相关法律法规包括《中华人民共和国海洋环境保护法》《中华人民共和国水污染防治法》《水上水下施工作业通航安全管理规定》《外商投资建筑业企业管理规定》《注册建造师管理规定》《注册造价工程师管理办法》《建设工程施工发包与承包计价管理办法》《民用建筑节能条例》与《民用建筑工程室内环境污染控制规范》等。

2.3.3 建筑市场招标投标行政监管机构

建设工程招标投标涉及各行业的很多部门，如果都各自为政，必然会导致建设市场混乱无序，无从管理。为了维护建筑市场的统一性、竞争的有序性和开放性，国家明确指定了一个统一的建设行政主管部门，即住房和城乡建设部，它是全国最高招标投标管理机构。在住房和城乡建设部的统一监管下，实行省、市、县三级建设行政主管部门对所辖行政区的建设工程招标投标分级管理。也就是说省、市、县三级建设行政主管部门依照各自的权限，对本行政区域内的建设工程招标投标分别实行分级属地管理。实行这种建设行政主管部门系统内的分级管理，是实行建设工程项目投资管理体制的要求，也是进一步提高招标投标工作效率和质量的重要措施，有利于更好地实现建设行政主管部门对本行政区域建设工程招标投标工作的统一管理。

2.4 建设工程交易中心

2.4.1 建筑市场交易中心的运作程序

建设工程交易中心，是指具备为建设工程交易活动和相关管理提供场所、信息和咨询等服务，并经国家或省建设行政主管部门批准依法设立的机构。

建设工程交易中心.mp4

通过建设工程交易中心，以深化工程建设管理体制改革，探索适应社会主义市场经济体制的工程建设管理方式，强化对工程建设的集中统一管理，规范市场主体行为，建立公开、公平、公正的市场竞争环境，促进工程建设水平的提高和建筑业的健康发展。

1. 建设工程交易中心的性质和职能

(1) 建设工程交易中心是由建设工程招标投标管理部门或政府建设行政主管部门授权的其他机构建立的，自收自支的非营利性事业法人单位，根据政府建设行政主管部门委托实施对市场主体的服务、监督和管理。

(2) 建设工程交易中心的基本职能是工程建设信息的收集与发布，办理工程报建、承发包、工程合同及委托质量安全监督和建设监理等有关手续，提供政策法规及技术经济等咨询服务。

2. 建设工程交易中心的管理原则

各地建设行政主管部门根据当地具体情况来确定建设工程交易中心的组织形式、管理方式和工作范围。具体内容如下。

(1) 以建设工程发包与承包为主体，授权招标投标管理部门负责组织对建设工程报建、招标、投标、开标、评标、定标和工程承包合同签订等交易活动进行管理、监督和服务。

(2) 以建设工程发包承包交易活动为主要内容，授权招标投标管理部门牵头组成中心管理机构，负责办理工程报建、市场主体资格审查、招标投标管理、合同审查与管理、中介服务、质量安全监督和施工许可等手续。有关业务部门保留原有的隶属关系和管理职能，在中心集中办公，提供“一条龙”服务。

(3) 以工程建设活动为中心，由政府授权建设行政主管部门牵头组成管理机构，负责办理工程建设实施过程中的各项手续。有关业务部门和管理机构保留原有的隶属关系和管理职能，在中心集中办公，提供综合性、多功能、全方位的管理和服务。

(4) 根据当地实际情况，还可以采用能够有效地规范市场主体行为，按照有关规定，高效地办理工程建设各项手续。

建设工程交易中心的基本功能.mp4

3. 建设工程交易中心的基本功能

建设工程交易中心的基本功能如图2-1所示。

(1) 统一发布工程建设信息。工程发包信息要翔实、准确地反映项目的投资规模、结构特征、工艺技术，以及对质量、工期、承包商的基本要求，并在工程招标发包前提供给有资格的承包单位。建设工程交易中心还应能提供建筑企业和监理、咨询等中介服务单位的资质、业绩和在建工程等资料信息。建设工程交易要逐步建立项目经理、评标专家和其他技术、经济、管理人才以及建筑产品价格、建筑材料、机械设备、新技术、新工艺、新材料和新设备等信息库，并根据实际需要和条件，不断拓展新的信息内容和发布渠道，为市场主体提供全面的信息服务。

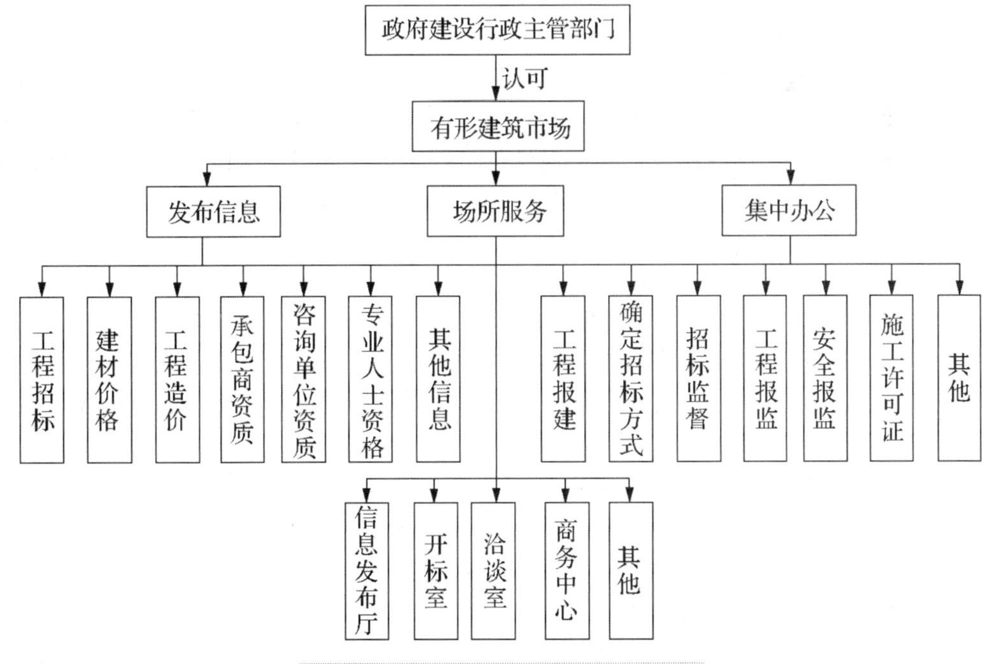

图2-1 建设工程交易中心的基本功能

(2) 为承发包交易活动提供服务。建设工程交易中心应为承发包双方提供组织招标、投标、开标、评标、定标和工程承包合同签署等承发包交易活动的场所和其他相关服务，把管理和服务结合起来。

(3) 集中办理工程建设的有关手续。

逐步做到将建设行政主管部门在工程实施阶段的管理工作全部进入建设工程交易中心，集中办理，做到工程报建、招标投标、合同造价、质量监督、监理委托、施工许可等有关手续集中统一办理，使工程建设管理做到程序化和规范化。建设工程交易中心应根据本地的实际情况，开展多种形式的教育培训活动，不断提高市场主体的法律意识和市场管理人员的业务能力，不断提高建设工程交易中心的运行效率和服务水平。

4. 建设工程交易中心工作的原则

建设工程交易中心工作的原则.mp4

1) 信息公开原则

建设工程交易中心必须掌握工程发包、政策法规、招标投标单位资质、造价指数、招标规则和评标标准等各项信息，并保证市场各方主体均能及时获得所需要的信息资料。

2) 依法管理原则

建设工程交易中心应建立并完善建设单位投资风险责任和约束机制，尊重建设单位按经批准并事先宣布标准、原则的方法，选择投标单位和选定中标单位的权利。尊重符合资质条件的建筑业企业提出的投标要求和接受邀请参加投标的权利。尊重招标范围之外的工程业主按规定选择承包单位的权利，严格按照法律法规和政策规定进行管理和监督。

3) 公平竞争原则

建立公平竞争的市场秩序是建设工程交易中心的一项重要原则，建设工程交易中心应严格监督招标投标单位的市场行为，反对垄断，反对不正当竞争，严格审查标底，监控评标和定标过程，防止不合理的压价和垫资承包工程。充分利用竞争机制、价格机制，保证竞争的公平和有序，保证经营业绩良好的承包商具有相对的竞争优势。

4) 闭合管理原则

建设单位在工程立项后，应按规定在中心办理工程报建和各项登记、审批手续，接受建设工程交易中心对其工程项目管理资格的审查，招标发包的工程应在中心发布工程信息；工程承包单位和监理、咨询等中介服务单位，均应按照中心的规定承接施工和监理和咨询业务。未按规定办理前一道审批、登记手续的，管理部门不得给予办理任何后续手续，以保证管理的程序化和制度化。

5) 办事公正原则

建设工程交易中心是政府建设行政主管部门授权的管理机构，也是服务性的事业单位。要转变工作职能，改进工作作风，建立约束和监督机制，公开办事规则和程序，提高工作质量和效率，努力为交易双方提供方便。

5. 建设工程交易中心运作的一般程序

建设工程交易中心受理申报的程序一般包括工程报建、招标登记、承包人资质审查、合同登记、质量报监、施工许可证发放等。

按照有关规定，建设项目进入有形建筑市场后，建设工程交易中心的运作程序如图 2-2 所示。

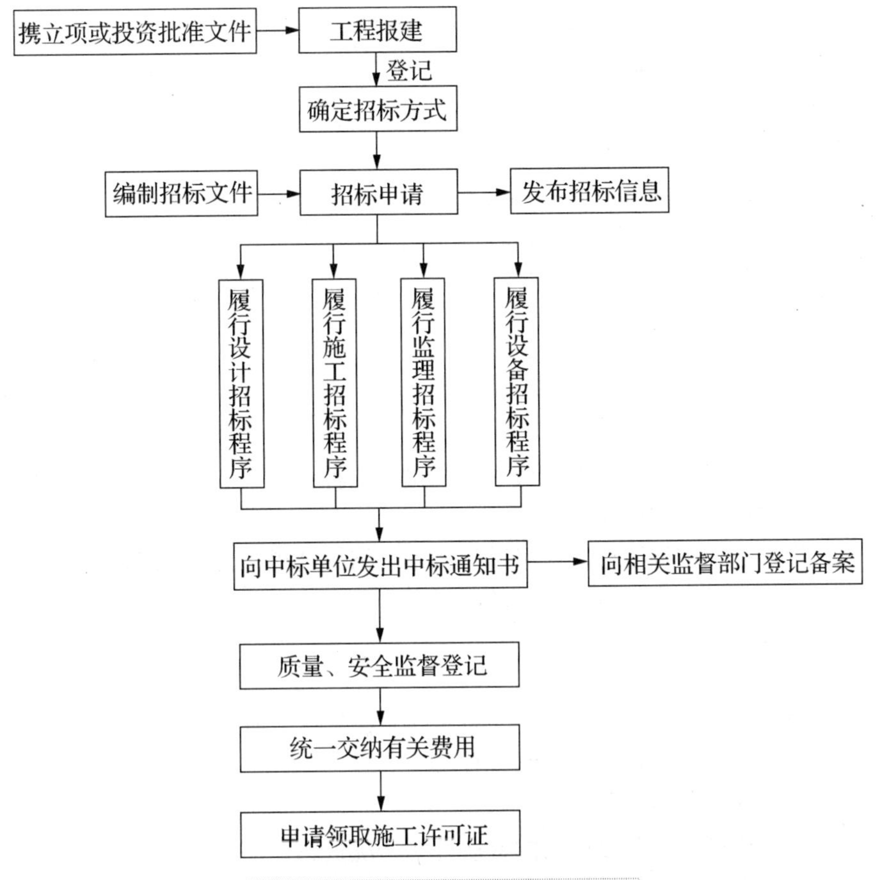

图 2-2　建设工程交易中心运行程序图

其程序如下。

(1) 拟建工程得到计划发改部门立项(或计划)批准后，到建设工程交易中心办理报建备案手续；

(2) 确认招标方式；

(3) 勘查、设计、施工、监理以及工程有关的重要设备、材料等的招标投标程序；

(4) 发包单位与中标单位签订合同；

(5) 按规定进行质量、安全监督登记；

(6) 统一缴纳有关工程前期费用；

(7) 领取建设工程施工许可证。

2.4.2 建筑市场交易中心相关内容简介

工程招标是指招标人就拟建工程发布公告，以法定方式吸引承包单位自愿参加竞争，从中择优选定工程承包方的法律行为。工程投标是指响应招标，参与投标竞争的法人或者其他组织，按照招标公告或邀请函的要求制作并递送标书，履行相关手续，争取中标的过程。代理招标是指接受他方委托的招标代理机构进行的招标活动。

1. 招标工作机构确定招标形式与方法要考虑的主要因素

(1) 项目的设计进度和深度；
(2) 项目规模的大小和建造的难易程度；
(3) 项目估算的价格高低和工期长短；
(4) 业主方面可用于该项目的全部资金及时间的限度；
(5) 业主方面可用于该项目招标阶段的费用及时间限度；
(6) 各种招标形式估计所需费用和时间及其可使招标人取得报价的优劣程度；
(7) 当时、当地的工程承包市场行情。

2. 招标人的权利与义务

1) 招标人的权利
(1) 依法自行组织招标或者委托代理机构进行招标；
(2) 自由选定招标代理机构；
(3) 委托招标代理机构招标时，可以参与整个招标过程，其代表可以进入评标委员会；
(4) 要求投标人提供有关资质情况的资料。
2) 招标人的义务
(1) 不得侵犯投标人的合法权益；
(2) 委托招标代理机构进行招标时，应当向其提供招标所需的有关资料并支付委托费；
(3) 接受招标投标管理机构的监督管理等。
3) 招标人权利与义务
(1) 核验招标代理机构和投标人的资质证明情况资料；
(2) 根据评标委员会推荐的候选人确定中标人；
(3) 与中标人签订并履行合同等。

3. 招标代理机构的权利与义务

1) 招标代理机构的权利
(1) 组织和参与招标投标活动；
(2) 依据招标文件规定，审查投标人资质；
(3) 按照规定标准收取招标代理费；
(4) 招标人或投标人授予的其他权利等。
2) 招标代理机构的义务
(1) 维护招标人的合法权益；
(2) 组织编制、解析招标文件或投标文件；
(3) 接受招标投标管理机构和招标投标委员会的指导、监督等。

4. 招标工作机构人员组成

招标机构应具备的条件.mp4

(1) 决策人；
(2) 专业技术人员；
(3) 助理人员。

5. 招标机构应具备的条件

(1) 有从事招标代理业务的营业场所和相应的资金；
(2) 有能够编制招标文件和组织评标的相应专业力量；
(3) 有符合规定条件可以作为评标委员会人选的技术经济等方面的专家。

工程投标是指投标人根据项目的招标文件，研究投标策略，确定投标报价，并编制投标文件参与竞标的过程。投标前期准备工作包括获取投标信息、调查分析研究、投标前期决策、成立投标工作机构、寻求合作伙伴、办理手续等内容。

6. 工程施工投标注册登记程序

(1) 符合规定的企业可以参与工程投标，并向拟注册地的地级以上市建委(建设局)或省直主管厅局提出申请；

(2) 同意受理后，企业领取并填写“外来施工企业承揽注册登记表”；

(3) 由地级以上市建委(建设局)或省直主管厅局核对提交资料原件并加盖确认章，初审提交资料；初审合格，报省建设厅建管处审核。省建设厅管处审查合格，颁发“外来施工企业承包工程许可证”；

(4) 到建设行政部门进行项目备案。

7. 投标代理人应具备的条件

(1) 投标代理人必须具有从业资质；
(2) 有投标项目的专业知识和丰富的投标代理经验；
(3) 有较强的社会活动能力，信息灵通；
(4) 在本行业有较高的威望和影响力，在当地有一定的社会背景；
(5) 诚实守信，一定要忠诚服务于委托人，时刻维护委托人的利益。

8. 现场勘查考察内容

(1) 工地的性质以及其他工程之间的关系；
(2) 投标者投标的那段工程与其他分包段工程的关系；
(3) 工地的地理位置、用地范围、地形、地貌、地质、气候等情况；
(4) 工地附近有无住宿条件、料场开采条件、材料加工条件、设备维修条件等；
(5) 工地的施工条件；
(6) 工地附近的治安条件。

9. 投标报价的主要依据

(1) 设计图纸及说明；
(2) 工程量表；
(3) 招标文件；

(4) 相关的法律法规；
(5) 拟采用的施工方案和进度计划；
(6) 施工规范；
(7) 物价水平，尤其是劳动力工资、材料价格、设备价格等；
(8) 运输条件。

10. 国内工程投标费用的组成

1) 直接费

(1) 直接工程费：指施工过程中耗费的构成工程实体的各项费用，包括人工费、材料费和施工机械使用费。

(2) 措施费：是指完成工程项目施工，发生于该工程施工前和施工过程中非工程实体项目的费用。

2) 间接费

(1) 规费：是指政府和有关权力部门规定必须缴纳的费用。

(2) 企业管理费：是指建筑安装企业组织施工生产和经营管理所需的费用。

3) 利润

利润是指施工企业完成所承包工程而获得的盈利。

4) 税金

税金是指国家税法规定的应计入建筑安装工程造价内的营业税，城市维护建设税及教育费附加等。

11. 工料单价法与综合单价法的区别

(1) 工料单价法：是以分部分项工程量乘以单价后的合计为直接工程费，直接工程费以人工、材料、机械的消耗量及其相应价格确定。

(2) 综合单价法：是指分部分项工程单价为全费用单价，全费用单价经综合计算后生成，其内容包括人工费、材料费、施工机具使用费、管理费、利润、规费和税金。全费用综合单价是以各分项工程量乘以综合单价的合价汇总后，生成工程报价。

12. 投标决策的含义

对于投标人来说，并不是每标必投，因为投标人要想在投标中获胜，即中标得到承包工程，然后又要从承包工程中赢利，就需要研究投标决策的问题。所谓投标决策，包括三方面内容：

(1) 针对项目招标，根据项目的专业性等内容决定是投标还是不投标:
(2) 倘若去投标，是投什么性质的标；
(3) 投标中如何采用以长制短、以优胜劣的策略和技巧。

投标决策的正确与否关系到能否中标和中标后的效益，关系到施工企业的发展前景和职工的经济利益。因此，企业的决策班子必须充分认识到投标决策的重要意义，把这一工作摆在企业的重要议事日程上。

13. 投标的分类

1)　按投标性质分

按投标性质分，投标分为保险标和风险标。

保险标是指承包人对招标工程基本上不存在技术、设备、资金等方面的问题，或是虽有技术、设备、资金和其他方面的问题，但已有解决办法，投标不存在太大的风险。

风险标是指承包人对招标工程存在技术、设备、资金等方面尚未解决的问题，完成工程承包任务难度较大的工程投标。投风险标，关键是要想办法解决好工程存在的问题，如果问题解决得好，可获得丰厚的利润，开拓出新的技术领域，使企业实力增强；如果问题解决得不好，企业的效益、声誉都会受到损失。因此，承包人对投风险标的决策要慎重。

2)　按投标效益分

按投标效益分，投标分为盈利标、保本标与亏损标。

盈利标是指承包人对能获得丰厚利润工程进行投标，如果企业现有任务饱满，但招标工程是本企业的优势项目，且招标人授标意向明确时，可投盈利标。

保本标是指承包人对不能获得太多利润，但一般也不会出现亏损的招标工程进行投标。一般来说，当企业现有任务少，或可能出现无后继工程，不求盈利，保本求生存时可投此标。

亏损标是指承包人对不能获利反而亏本的工程进行投标。我国禁止投标人以低于成本的报价竞标，一旦被评标委员会认定为低于成本的报价，会被判定为无效标书。因此，投亏损标是承包人的一种非常手段。一般来说，承包人在急于开辟市场的情况下可考虑投亏损标。

本章小结

通过本章的学习，可以让学生了解建筑市场的基本概念，重点掌握建筑市场管理以及建设工程交易中心相关内容。为后面内容的学习起到一个铺垫作用。

实训练习

一、单选题

1. 建筑市场不同于其他市场，这是因为建筑产品是一种特殊的商品。建筑市场定价方式的独特性是(　　)。

A. 一手交钱，一手交货

B. 先成交，后生产

C. 对国有投资项目必须采用工程量清单招标与报价方式

D. 建筑市场定价风险较大

2. 建设市场的主体是指参与建筑市场交易活动的主要各方，即(　　)、承包商和中介机构。

A. 业主　　B. 设计单位、施工单位
C. 招投标代理　　D. 工程范围咨询机构、物资供应机构和银行

3. 建筑市场的进入是指各类项目的(　　)进入建设工程交易市场，并展开建设工程交易活动的过程。
A. 业主、承包商、供应商　　B. 业主、承包商、中介机构
C. 承包商、供应商、交易机构　　D. 承包商、供应商、中介机构

4. 全部使用国有资金投资，依法必须进行施工招标的工程项目，应当(　　)。
A. 进入有形建筑市场进行招标投标活动
B. 进入无形建筑市场进行招标投标活动
C. 进入有形建筑市场进行直接发包活动
D. 进入无形建筑市场进行直接发包活动

5. 下列不属于按投标效益分类的是(　　)。
A. 亏损标　　B. 保本标　　C. 盈利标　　D. 风险标

二、多选题

1. 建设工程交易中心工作的原则包括(　　)。
A. 依法管理原则　　B. 公平竞争原则　　C. 闭合管理原则
D. 办事公正原则　　E. 信息不公开原则

2. 招投标的过程包括(　　)。
A. 招标　　B. 投标　　C. 开标
D. 评标　　E. 结标

3. 根据《招标投标法》及有关规定，必须招标的项目范围(　　)。
A. 大型基础设施，公用事业等关系社会公共利益，公众安全的项目
B. 国家投资，融资的项目
C. 施工单项合同估算价在 100 万元人民币以上
D. 重要设备、材料等货物的采购，单项合同估算价在 100 万元人民币以上
E. 勘察、设计、监理等服务的采购，单项合同估算价在 30 万元人民币以上

4. 下列必须进行招标的项目是(　　)。
A. 以工代赈
B. 追加的附属小型工程，原中标人仍具备承包能力的
C. 民营企业投资的某高速公路特许经营项目
D. 大型基础设施
E. 全部或者部分使用国有资金投资或者国家融资的项目

5. 招标工作机构确定招标形式与方法要考虑的主要因素有(　　)。
A. 项目的设计进度和深度
B. 项目估算的价格高低，工期长短
C. 项目规模的大小，建造的难易程度
D. 业主方面可用于该项目招标阶段的费用及时间限度
E. 当时、当地的工程承包市场行情

三、简答题

1. 与一般市场相比较，建筑市场有哪些特征？
2. 建筑市场的主体与客体分别是什么？
3. 讨论工料单价法与综合单价法的区别？

第 2 章　课后答案.pdf

实训工作单一

<table>
<tr><td>班级</td><td></td><td>姓名</td><td></td><td>日期</td><td></td></tr>
<tr><td>教学项目</td><td colspan="5">建筑市场</td></tr>
<tr><td>任务</td><td colspan="2">学习建筑市场的管理</td><td>学习途径</td><td colspan="2">本章案例及查找相关图书资源</td></tr>
<tr><td>学习目标</td><td colspan="5">重点掌握建筑市场的资质管理，熟悉建筑市场的法律法规和建筑市场招投标行政监督机构。</td></tr>
<tr><td>学习要点</td><td colspan="5"></td></tr>
<tr><td colspan="6">学习查阅记录</td></tr>
<tr><td>评语</td><td colspan="2"></td><td>指导老师</td><td colspan="2"></td></tr>
</table>

实训工作单二

<table>
<tr><td>班级</td><td></td><td>姓名</td><td></td><td>日期</td><td></td></tr>
<tr><td>教学项目</td><td colspan="5">建筑市场</td></tr>
<tr><td>任务</td><td colspan="2">学习建设工程交易中心</td><td>学习途径</td><td colspan="2">本章案例及查找相关图书资源</td></tr>
<tr><td>学习目标</td><td colspan="5">重点掌握建筑市场交易中心的运作程序，熟悉与建筑市场交易中心相关内容的简介。</td></tr>
<tr><td>学习要点</td><td colspan="5"></td></tr>
<tr><td colspan="6">学习查阅记录</td></tr>
<tr><td>评语</td><td colspan="3"></td><td>指导老师</td><td></td></tr>
</table>

第3章　建设工程招标.pdf

第3章　建设工程招标

03

第3章　建设施工工程招标.avi

【学习目标】

1. 了解建设工程招标的基本条件
2. 熟悉建设工程招标的流程
3. 学会招标文件的编制
4. 清楚标底和招标控制价的概念
5. 知道建设工程开标、评标、定标的流程

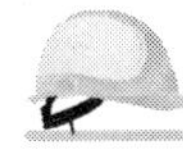

【教学要求】

本章要点	掌握层次	相关知识点
建设工程招标的基本条件	1. 招标具备的条件 2. 招标的一般程序	招标的条件和具体的程序
资格预审文件	1. 掌握资格预审文件的概念 2. 掌握资格预审文件的编制	具体的资格预审的相关事宜
招标文件的编制	1. 掌握招标文件的作用、原则、构成 2. 掌握招标控制价的编制	招标文件编制的具体组成和流程
建设工程开标、评标、定标的流程	1. 建设工程开标 2. 建设工程评标 3. 建设工程定标	建设工程开标相关具体流程和内容

【项目案例导入】

某项目招标，投标有效期为60日历天，投标文件递交的截止时间(投标截止时间)为2017年6月21日9时00分。

在此次投标文件中，有家投标单位A的法定代表人在授权委托书中，对授权委托人的委托期限为60天，落款日期为2017年6月20日。投标有效期是从投标截止时间开始计算的，显然该投标人的委托期限没有达到招标文件规定的有效期，差了一天，没有符合招标文件的要求，初步评审就没有通过。另外有一家投标单位B，法定代表人在授权委托书中，对授权委托人的委托期限为投标截止日起60天，落款日期为2017年6月20日。虽然落款日期与前一家相同，但对有效期的界定很清楚，就没有问题。

【项目问题导入】

投标文件内一定要对实质性内容说明白。有落款日期的，不论何时制作好标书，最好写为招标文件的投标截止日期，不要因“一日”之差而废标。

3.1 建设工程招标条件及程序

3.1.1 建设工程招标应具备的条件

1. 建设工程招标应当具备的条件

(1) 招标人已经依法成立；
(2) 工程建设项目的用地已依法取得；
(3) 初步设计及概算应当履行审批手续的，已经获得批准；
(4) 招标范围、招标方式和招标组织形式等应当履行核准手续的，已经核准；
(5) 有相应资金或资金来源已落实；
(6) 有招标所需的设计图纸、技术资料及工程量清单；
(7) 依法必须进行施工招标项目的招标公告已(拟)发布。

注： 资金落实是指建设工期不足一年的，到位资金不得少于合同价的50%，建设工期超过一年的，到位资金不得少于合同价的30%。

2. 建设工程设计招标应当具备的条件

(1) 已取得建设项目立项批准书；
(2) 已取得规划管理部门核发的选址意见书；
(3) 已按规定办理工程报建手续；
(4) 有设计要求说明书；
(5) 建设资金已满足设计招标要求(一般不少于总投资的30%)。

建设工程设计招标应具备的条件.mp4

3.1.2　建设工程招标的一般程序

建设工程招标一般程序.mp4

从招标人的角度看，建设工程招标的一般程序主要经历以下几个环节。

(1)　设立招标组织或者委托招标代理人；

(2)　申报招标申请书、招标文件、评标、定标办法和标底(实行资格预审的还要申报资格预审文件)；

(3)　发布招标公告或者发出投标邀请书；

(4)　对投标资格进行审查；

(5)　分发招标文件和有关资料、收取投标保证金；

(6)　组织投标人踏勘现场，对招标文件进行答疑；

(7)　成立评标组织，召开开标会议(实行资格后审的还要进行资格审查)；

(8)　审查投标文件，澄清投标文件中不清楚的问题，组织评标；

(9)　择优定标，发出中标通知书；

(10) 将合同草案报送审查，签订合同。

1. 设立招标组织或者委托招标代理人

应当招标的工程建设项目，办理报建登记手续后，凡已满足招标条件的，均可组织招标，办理招标事宜。招标组织者组织招标必须具有相应的组织招标资质。

根据招标人是否具有招标资质，可以将组织招标分为两种情况。

(1)　招标人自己组织招标。

由于工程招标是一项经济性、技术性较强的专业民事活动，因此招标人自己组织招标，必须具备一定的条件，并设立专门的招标组织，经招标投标管理机构审查合格，确认其具有编制招标文件和组织评标的能力，能够自己组织招标后，发给招标组织资质证书。招标人只有持有招标组织资质证书的，才能自己组织招标、自行办理招标事宜。

(2)　招标人委托招标代理人代理组织招标，并代办招标事宜。

招标人取得招标组织资质证书的，任何单位和个人不得强制其委托招标代理人代理组织招标并办理招标事宜。招标人未取得招标组织资质证书的，必须委托具备相应资质的招标代理人代理组织招标，并代为办理招标事宜。这是为保证工程招标的质量和效率，适应市场经济条件下代理业的快速发展而采取的管理措施，也是国际上的通行做法。现代工程交易的一个明显趋势，是工程总承包日益受到人们的重视和提倡。在实践中，工程总承包中标的总承包单位作为承包范围内工程的招标人，如已领取招标组织资质证书的，也可以自己组织招标；如不具备自己组织招标条件的，则必须委托具备相应资质的招标代理人代理组织招标。

招标人委托招标代理人代理招标的，必须与之签订招标代理合同(协议)。招标代理合同应当明确委托代理招标的范围和内容，招标代理人的代理权限和期限，代理费用的约定和支付，招标人应提供的招标条件、资料和时间要求，招标工作安排，以及违约责任等主要条款。一般来说，招标人委托招标代理人代理后，不得无故取消委托代理，否则要向招标代理人赔偿损失，招标代理人有权不退还有关招标资料。在招标公告或投标邀请书发出前，招标人取消招标委托代理的，应向招标代理人支付招标项目金额 0.2%的赔偿费；在招标公告或投标邀请书发出后开标前，招标人取消招标委托代理的，应向招标代理人支付招标项目金额 1%的赔偿费；在开标后招标人取消招标委托代理的，应向招标代理人支付招标项目金额 2%的赔偿费。招标人和招标代理人签订的招标代理合同，应当报政府招标投标管理机构备案。

2. 办理招标备案手续与申报招标相关文件

招标人在依法设立招标组织并取得相应招标组织资质证书，或者书面委托具有相应资质的招标代理人后，就可开始组织招标并办理招标事宜。招标人自己组织招标、自行办理招标事宜或者委托招标代理人代理组织招标、代为办理招标事宜的，应当向有关行政监督部门备案。

实践中，各地一般规定，招标人进行招标，要向招标投标管理机构申报，申报所需内容如下：

1) 招标申请书

招标申请书是招标人向政府主管机构提交的要求开始组织招标并办理招标事宜的一种文书。其主要内容包括：招标工程具备的条件、招标的工程内容和范围、拟采用的招标方式和对投标人的要求、招标人或者招标代理人的资质等。

制作或填写招标申请书，是一项实践性很强的基础工作，要充分考虑不同招标类型的不同特点，按规范化的要求进行，招标申请书由以下几部分组成。

(1) 招标文件标底；
(2) 评标定标办法；
(3) 资格预审文件；
(4) 资格预审通告；
(5) 资格预审须知；
(6) 资格预审申请书；
(7) 资格预审合格通知书。

2) 编制招标文件

招标人或招标代理人也可在申报招标申请书时，一并将已经编制完成的招标文件、评标、定标办法和标底，报招标投标管理机构批准。经招标投标管理机构对上述文件进行审查认定后，就可发布招标公告或发出投标邀请书。

3. 发布招标公告或者发出投标邀请书

1) 采用公开招标方式

招标人要在报纸、杂志、广播、电视等大众传媒或工程交易中心公告栏上发布招标公告，邀请一切愿意参加工程投标的不特定的承包商申请投标资格审查或申请投标。

在国际上，公开招标发布招标公告有两种做法。

(1) 实行资格预审(即在投标前进行资格审查)。用资格预审通告代替招标公告，即只发布资格预审通告即可。通过发布资格预审通告，邀请一切愿意参加工程投标的承包商申请投标资格审查。

(2) 实行资格后审(即在开标后进行资格审查)，不发资格审查通告，而只发招标公告。通过发布招标公告，邀请一切愿意参加工程投标的承包人申请投标。

2) 采用邀请招标方式

招标人应向 3 个以上具备承担招标项目能力、资信良好的特定承包商发出投标邀请书，邀请他们参加投标资格审查及投标。

采用议标方式的，由招标人向拟邀请参加议标的承包人发出投标邀请书(也有称之为议标邀请书)，向参加议标的单位介绍工程情况和对承包人的资质要求等。

3) 投标邀请书的内容

公开招标的招标公告和邀请招标、议标的投标邀请书，在内容要求上不尽相同。实践中，议标的投标邀请书常常比邀请招标的投标邀请书要简化一些，而邀请招标的投标邀请书则和招标公告基本相同。

一般说来，公开招标的招标公告和邀请招标的投标邀请书，应当载明以下几项内容。

(1) 招标人的名称、地址及联系人姓名、电话；

(2) 工程情况简介，包括项目名称、性质、数量、投资规模、工程实施地点、结构类型、装修标准、质量要求与时间要求等；

(3) 承包方式、材料与设备供应方式；

(4) 对投标人的资质和业绩情况的要求及应提供的有关证明文件；

(5) 招标日程安排，包括发放和获取招标文件的办法、时间及地点，投标地点及时间、现场踏勘时间、投标预备会时间、投标截止时间、开标时间及开标地点等；

(6) 对招标文件收取的费用(押金数额)；

(7) 其他需要说明的问题。

【案例 3-1】 某投资公司建设一幢办公楼，采用公开招标的方式选择施工单位，投标保证金有效期时间同投标有效期一致。提交投标文件截止时间为 2017 年 5 月 30 日。该公司于 2017 年 3 月 6 日发出招标公告，后有 A、B、C、D、E 5 家建筑施工单位参加了投标，E 单位由于工作人员疏忽于 6 月 2 日提交投标保证金。开标会于 6 月 3 日由该省建委主持，D 单位在开标前向投资公司要求撤回投标文件。经过综合评选，最终确定 B 单位中标。双方按规定签订了施工承包合同。上述招标投标程序中，有哪些不妥之处？请说明理由。

4. 对投标资格进行审查

公开招标资格预审和资格后审的主要内容是一样的，都是审查投标人的以下情况。

(1) 投标人组织与机构，资质等级证书，独立订立合同的权利；

(2) 近三年来的工程的情况；

(3) 目前正在履行合同情况；

(4) 履行合同的能力，包括专业、技术资格和能力，资金、财务、设备和其他物质状况，管理能力，经验、信誉和相应的工作人员、劳力等情况；

(5) 受奖、罚的情况和其他有关资料，没有处于被责令停业，财产被接管或查封、扣押、冻结，破产状态，在近三年(包括其董事或主要职员)没有与骗取合同有关的犯罪或严重违法行为。投标人应向招标人提交能证明上述条件的法定证明文件和相关资料。

采用邀请招标方式时，招标人对投标人进行投标资格审查，是通过对投标人按照投标邀请书的要求提交或出示的有关文件和资料进行验证，来确认自己的经验和所掌握的有关投标人的情况是否可靠、有无变化。在各地实践中，通过资格审查的投标人名单，一般要报经招标投标管理机构进行投标人投标资格复查。

邀请招标资格审查的主要内容如下。

(1) 投标人组织与机构，营业执照，资质等级证书；

(2) 近三年完成工程的情况；

(3) 目前正在履行的合同情况；

(4) 资源方面的情况，包括财务、管理、技术、劳力与设备等情况；

(5) 受奖、罚的情况和其他有关资料。

5. 分发招标文件和有关资料并收取投标保证金

招标人向经审查合格的投标人分发招标文件及有关资料，并向投标人收取投标保证金。公开招标实行资格后审的，直接向所有投标报名者分发招标文件和有关资料，收取投标保证金。

招标文件发出后，招标人不得擅自变更其内容。确需进行必要的澄清、修改或补充的，应当在招标文件要求提交投标文件截止时间至少 15 天前，书面通知所有获得招标文件的投标人。该澄清、修改或补充的内容是招标文件的组成部分，对招标人和投标人都有约束力。

投标保证金是为防止投标人不慎重考虑就进行投标活动而设定的一种担保形式，是投标人向招标人缴纳的一定数额的金钱。招标人发售招标文件后，不希望投标人不递交投标文件或递交毫无意义或未经充分考虑的投标文件，更不希望投标人中标后撤回投标文件或不签署合同。因此，为了约束投标人的投标行为，保护招标人的利益，维护招标投标活动的正常秩序，特设立投标保证金制度，这也是国际上的一种惯用做法。投标保证金的收取和缴纳办法应在招标文件中说明，并按招标文件的要求进行。

投标保证金的直接目的虽是保证投标人对投标活动负责，但其一旦缴纳和接受，便对双方都有约束力。

对投标人而言，缴纳投标保证金后，如果投标人按规定的时间要求递交投标文件，在投标有效期内未撤回投标文件，经开标、评标获得中标后与招标人订立合同的，就不会丧失投标保证金。投标人未中标的，在定标发出中标通知书后，招标人原额退还其投标保证金；投标人中标的，在依中标通知书签订合同时，招标人原额退还其投标保证金。如果投标人未按规定的时间要求递交投标文件，在投标有效期内撤回投标文件，经开标、评标获得中标后不与招标人订立合同的，就会丧失投标保证金。而且，丧失投标保证金并不能免除投标人因此而应承担的赔偿和其他责任，招标人有权就此向投标人或投标保函出具者索赔或要求其承担其他相应的责任。

就招标人而言，收取投标保证金后，如果不按规定的时间要求接受投标文件，在投标有效期内拒绝投标文件，中标人确定后不与中标人订立合同的，则要双倍返还投标保证金。而且，双倍返还投标保证金并不能免除招标人因此而应承担的赔偿和其他责任，投标人有权就此向招标人索赔或要求其承担其他相应的责任。如果招标人收取投标保证金后，按规定的时间要求接受投标文件，在投标有效期内未拒绝投标文件，中标人确定后与中标人订立合同的，仅需原额退还投标保证金。

投标保证金可采用现金、支票、银行汇票，也可以是银行出具的银行保函。银行保函的格式应符合招标文件提出的格式要求。投标保证金的额度，根据工程投资大小由业主在招标文件中确定。在国际上，投标保证金的数额较高，一般设定在占投资总额的1%～5%。而我国的投标保证金数额则普遍较低。如有的规定最高不超过1000元，有的规定一般不超过5000元，有的规定一般不超过投标总价的2%，还有的规定一般占工程造价的0.5%或1%等。投标保证金有效期应当与招标有效期一致，招标人不得挪用投标保证金。

6. 踏勘答疑

招标文件分发后，招标人要在招标文件规定的时间内，组织投标人踏勘现场，并对招标文件进行答疑。

1)　目的

招标人组织投标人进行踏勘现场，主要目的是让投标人了解工程现场和周围环境情况，获取必要的信息。

2)　答疑形式

投标人对招标文件或者在现场踏勘中如果有疑问或不清楚的问题，可以用书面的形式要求招标人予以解答。招标人收到投标人提出的疑问或不清楚的问题后，应当给予解释和答复。

招标人的答疑可以根据情况采用以下方式进行。

(1)　以书面形式解答，并将解答内容同时送达所有获得招标文件的投标人。书面形式包括解答书、信件、电报、电传、传真、电子数据交换和电子函件等可以有形地表现所载内容的形式。以书面形式解答招标文件中或现场踏勘中的疑问，在将解答内容送达所有获得招标文件的投标人之前，应先经招标投标管理机构审查认定。

(2)　通过投标预备会进行解答，同时借此对图纸进行交底和解释，并以会议记录形式同时将解答内容送达所有获得招标文件的投标人。

7. 召开开标会议

投标预备会结束后，招标人就要为接受投标文件、开标做准备。接受投标的工作结束后，招标人要按招标文件的规定准时开标、评标。

1)　开标会

(1)　时间。开标应当在招标文件确定的提交投标文件截止时间的同一时间公开进行；

(2)　地点。开标地点应当为招标文件中预先确定的地点。按照国家的有关规定和各地的实践，招标文件中预先确定的开标地点，一般均应为建设工程交易中心。

2)　人员

参加开标会议的人员包括招标人或其代表人、招标代理人、投标人法定代表人或其委托代理人、招标投标管理机构的监管人员和招标人自愿邀请的公证机构的人员等。评标组织成员不参加开标会议。开标会议由招标人或招标人委托的招标代理机构负责组织和主持，并在招标投标管理机构的监督下进行。

3)　程序

开标会议的程序，一般如下。

(1) 参加开标会议的人员签名报到，表明与会人员已到会。

(2) 会议主持人宣布开标会议开始，宣读招标人法定代表人资格证明或招标人代表的授权委托书，介绍参加会议的单位和人员名单，宣布唱标人员、记录人员名单。唱标人员一般由招标人的工作人员担任，也可以由招标投标管理机构的人员担任。记录人员一般由招标人或其代理人的工作人员担任。

(3) 介绍工程项目有关情况，请投标人或其推选的代表检查投标文件的密封情况，并签字予以确认。也可以请招标人自愿委托的公证机构检查并公证。

(4) 由招标人代表当众宣布评标、定标办法。

(5) 由招标人或招标投标管理机构的人员核查投标人提交的投标文件和有关证件、资料，检视其密封、标志与签署等情况。经确认无误后，当众启封投标文件，宣布核查检视结果。

(6) 由唱标人员进行唱标。唱标是指公布投标文件的主要内容，当众宣读投标文件的投标人名称、投标报价、工期、质量、主要材料用量、投标保证金、优惠条件等主要内容。唱标顺序按各投标人报送的投标文件时间先后的逆顺序进行。

(7) 由招标投标管理机构当众宣布审定后的标底。

(8) 由投标人的法定代表人或其委托代理人核对开标会议记录，并签字确认开标结果。

开标会议的记录人员应现场制作开标会议记录，将开标会议的全过程和主要情况，特别是投标人参加会议的情况、对投标文件的核查检视结果、开启并宣读的投标文件和标底的主要内容等，当场记录在案，并请投标人的法定代表人或其委托代理人核对无误后签字确认。开标会议记录应存档备查。投标人在开标会议记录上签字后，即可退出会场。至此，开标会议结束，转入评标阶段。

4) 投标书无效的情况

(1) 未按招标文件的要求标志、密封的；

(2) 无投标人公章和投标人的法定代表人或其委托代理人的印鉴或签字的；

(3) 投标文件标明的投标人在名称和法律地位上与通过资格审查时的不一致，且这种不一致明显不利于招标人或为招标文件所不允许的；

(4) 未按招标文件规定的格式、要求填写，内容不全或字迹潦草、模糊，辨认不清的；

(5) 投标人在一份投标文件中对同一招标项目报有两个或多个报价，且未书面声明以哪个报价为准的；

(6) 逾期送达的；

(7) 投标人未参加开标会议的；

(8) 提交合格撤回通知的。

有上述情形，如果涉及到投标文件实质性内容的，应当留待评标时由评标组织评审，确认投标文件是否有效。实践中，对在开标时就被确认无效的投标文件，也有不启封或不宣读的做法。如投标文件在启封前被确认为无效的，不予启封；在启封后唱标前被确认为无效的，不予宣读。在开标时确认投标文件是否无效，一般应由参加开标会议的招标人或其代表进行，投标当事人对确认的结果无异议的，经招标投标管理机构认可后宣布。投标当事人有异议，则应留待评标时由评标组织评审确认。

8. 组建评标组织进行评标

开标会结束后，招标人要接着组织评标。评标必须在招标投标管理机构的监督下，由招标人依法组建的评标组织进行。组建评标组织是评标前的一项重要工作。

评标组织由招标人的代表和有关经济、技术等方面的专家组成，其具体形式为评标委员会，实际操作中也有是评标小组的。评标组织成员的名单在中标结果确定前应当保密。

评标一般采用评标会的形式进行。参加评标会的人员为招标人或其代表人、招标代理人、评标组织成员、招标投标管理机构的监管人员等。投标人不能参加评标会。评标会由招标人或其委托的代理人召集，由评标组织负责人主持。

评标会的程序如下：

(1) 开标会结束后，投标人退出会场，参加评标会的人员进入会场，由评标组织负责人宣布评标会开始。

(2) 评标组织成员审阅各个投标文件，主要检查确认投标文件是否实质上响应招标文件的要求；投标文件正副本之间的内容是否一致；投标文件是否有重大漏项、缺项；是否提出了招标人不能接受的保留条件等。

(3) 评标组织成员根据评标定标办法的规定，只对未被宣布无效的投标文件进行评议，并对评标结果签字确认。

(4) 如有必要，评标期间评标组织可以要求投标人对投标文件中不清楚的问题作必要的澄清或者说明，但是，澄清或者说明不得超出投标文件的范围或改变投标文件的实质性内容。所澄清和确认的问题，应当采取书面形式，经招标人和投标人双方签字后，作为投标文件的组成部分，列入评标依据范围。在澄清会谈中，不允许招标人和投标人变更或寻求变更价格、工期、质量等级等实质性内容。开标后，投标人对价格、工期、质量等级等实质性内容提出的任何修正声明或者附加优惠条件，一律不得作为评标组织评标的依据。

(5) 评标组织负责人对评标结果进行校核，按照优劣或得分高低排出投标人顺序，并形成评标报告；经招标投标管理机构审查，确认无误后，即可据评标报告确定出中标人。至此，评标工作结束。

9. 选定中标人

计标结束应当产生出定标结果。招标人根据评标组织提出的书面评标报告和推荐的中标候选人确定中标人，也可以授权评标组织直接确定中标人。定标应当择优，经评标能当场定标的，应当场宣布中标人；不能当场定标的，中小型项目应在开标之后 7 天内定标，大型项目应在开标之后 14 天内定标；特殊情况需要延长定标期限的，应经招标投标管理机构同意。招标人应当自定标之日起 15 天内向招标投标管理机构提交招标投标情况的书面报告。

中标人的投标，应符合下列条件之一。

(1) 能够最大限度地满足招标文件中规定的各项综合评价标准；

(2) 能够满足招标文件实质性要求，并且经评审的投标价格最低，但投标价格低于成本的除外。

在评标过程中，如发现有下列情形之一不能产生定标结果的，可宣布招标失败。

(1) 所有投标报价高于或低于招标文件所规定的幅度的；

(2) 所有投标人的投标文件均实质上不符合招标文件的要求，被评标组织否决的。

如果发生招标失败，招标人应认真审查招标文件及标底，做出合理修改，重新招标。在重新招标时，原采用公开招标方式的，仍可继续采用公开招标方式，也可改用邀请招标方式；原采用邀请招标方式的，仍可继续采用邀请招标方式，也可改用议标方式；原采用议标方式的，应继续采用议标方式。

经评标确定中标人后，招标人应当向中标人发出中标通知书，并同时将中标结果通知所有未中标的投标人，退还未中标的投标人的投标保证金。在实际操作中，招标人发出中标通知书，通常是与招标投标管理机构联合发出或经招标投标管理机构核准后发出。中标通知书对招标人和中标人具有法律效力。中标通知书发出后，招标人改变中标结果的，或者中标人放弃中标项目的，应承担法律责任。

10. 签订合同

中标人收到中标通知书后，招标人、中标人双方应具体协商谈判签订合同事宜，形成合同草案。在各地的实际操作中，合同草案一般需要先报招标投标管理机构审查。招标投标管理机构对合同草案的审查，主要是看其是否按中标的条件和价格拟订。经审查后，招标人与中标人应当自中标通知书发出之日起30天内，按照招标文件和中标人的投标文件正式签订书面合同。招标人和中标人不得再订立背离合同实质性内容的其他协议。同时，双方要按照招标文件的约定相互提交履约保证金或者履约保函，招标人还要退还中标人的投标保证金。招标人如拒绝与中标人签订合同除双倍返还投标保证金外，还需赔偿有关损失。

履约保证金或履约保函是为约束招标人和中标人履行各自的合同义务而设立的一种合同担保形式。其有效期通常为2年，一般直至履行了义务(如提供了服务、交付了货物或工程已通过了验收等)为止。招标人和中标人订立合同相互提交履约保证金或者履约保函时，应注意指明履约保证金或履约保函到期的具体日期，不能具体指明到期日期的，也应在合同中明确履约保证金或履约保函的失效时间。

如果合同规定的项目在履约保证金或履约保函到期日未能完成的，则可以对履约保证金或履约保函延期，即延长履约保证金或履约保函的有效期。履约保证金或履约保函的金额，通常为合同标的额的5%～10%，也有的规定不超过合同金额的5%。合同订立后，应将合同副本分送各有关部门备案，以便接受保护和监督。至此，招标工作全部结束。招标工作结束后，应将有关文件资料整理归档，以备查考。

3.2 资格预审文件的编制

3.2.1 工程招标资格预审文件的概念

资格预审是指在招投标活动中，招标人在发放招标文件前，对报名参加投标的申请人的承包能力、业绩、资格和资质、历史工程情况、财务状况和信誉等进行审查，并确定合格投标人名单的过程。

资格预审文件概念.mp4

3.2.2 工程招标资格预审文件的编制程序

1. 编制资格预审文件

由业主组织有关专家人员编制资格预审文件，也可委托设计单位、咨询公司编制。资格预审文件须报招标管理机构审核。其主要内容如下。

(1) 工程项目简介；

(2) 对投标人的要求；

(3) 各种附表。

2. 发布资格预审公告

在建设工程交易中心及政府指定的报刊、网络发布工程招标信息，刊登资格预审公告。资格预审公告的内容应包括：工程项目名称、资金来源、工程规模、工程量、工程分包情况、投标人的合格条件、购买资格预审文件日期、地点和价格，递交资格预审投标文件的日期、时间和地点。

3. 报送资格预审文件

投标人应在规定的截止时间前报送资格预审文件。

4. 评审资格预审文件

由业主负责组织评审小组，包括财务、技术方面的专门人员对资格预审文件进行完整性、有效性及正确性的资格预审。

(1) 财务方面。

是否有足够的资金承担本工程。投标人必须有一定数量的流动资金，投标人的财务状况将根据其提交的经审计的财务报表以及银行开具的资信证明来判断，其中特别需要考虑的是承担新工程所需要的财务资源能力，进行中的工程合同数量及目前的进度。投标人必须有足够的资金承担新的工程，其财务状况必须是良好的，对承诺的工程量不应超出自身的能力。如果不具备充足的资金执行新的工程合同，将导致其资格审查不合格。

(2) 施工经验。

是否承担过类似工程项目，特别是具有特别要求的施工项目；近年来施工的工程数量、规模。投标人要提供近几年中令业主满意的已完成的，相似类型和规模及复杂程度相当的工程项目的施工情况。同时还要考虑投标人过去的履约情况，包括过去的项目委托人的调查书。过去承担的工程中如有因投标人的责任而导致工程没有完成，将会是构成取消其资格的充分理由。

(3) 人员。

投标人所具有的工程技术和管理人员的数量、工作经验、能力是否满足本工程的要求。投标人应认真填报拟选派的主要工地管理人员和监督人员及有关资料以供审查，应选派在工程项目施工方面有丰富经验的人员，特别是工程项目负责人的经验、资历非常重要。投标人不能派出有足够经验的人员将导致资格被取消。

(4) 设备。

投标人所拥有的施工设备是否能满足工程的要求。投标人应清楚地填报拟投入该项目的主要设备，包括设备的类型、制造厂家、型号以及设备是自有的还是租赁的，设备的类型要与工程项目的需要相适合，数量和能力要满足工程施工的需要。

经过上述四方面的评审，对每一个投标人统一打分，得出评审结果。投标人对资格预审申请文件中所提供的资料和说明要负全部责任。如提供的情况有虚假或不能提供令业主满意的解释，业主将保留取消其资格的权力。

5. 向投标人通知评审结果

业主应向所有参加资格预审申请人公布评审结果。

以上资格预审文件的编制程序主要适用于利用外资的工程项目，如世界银行或亚洲开发银行等贷款项目。广州的内环路、地铁、新体育馆、国际会议展览中心等重点工程项目都采用严格的资格预审，以确保有相应技术与施工能力的投标人参加竞争。

3.2.3 资格预审公告(招标公告)的发布媒体

资格预审公告的发布媒体.mp4

根据《招标公告发布暂行办法》的规定，《中国日报》《中国经济导报》《中国建设报》和中国采购与招标网为依法必须招标项目的招标公告指定发布媒体。其中，国际招标项目的招标公告应在《中国日报》发布。

根据《机电产品国际招标投标实施办法(试行)》的规定，机电产品国际招标项目除在上述指定媒体发布公告外，还应同时在中国国际招标网上刊登招标公告。

财政部负责确定政府采购信息公告的基本范围和内容，指定全国政府采购信息发布媒体。财政部已经分别指定《中国财经报》和中国政府采购网以及《中国政府采购》杂志为全国政府采购信息发布媒体。政府采购项目信息应当在省级以上人民政府财政部门指定的媒体上发布。采购项目预算金额达到国务院财政部门规定标准的，政府采购项目信息应当在国务院财政部门指定的媒体上发布。

3.3 招标文件的编制

3.3.1 招标文件编制的原则

招标文件编制原则.mp4

招标文件是由招标人或其授权委托的招标代理机构根据项目特点编制的，是向所有投标人表明招标意向和要求的书面法律文件。它是招标人和投标人必须遵守的行为准则，是投标人编制投标文件的依据、是评标委员会评标的依据、是招标人回复质疑和相关部门处理投诉的依据、是招标人和中标人签订合同的依据、是招标人验收的依据。招标文件的编制是否合法、公正、科学、严谨，直接影响整个招标工作的成败。因此，招标文件应当充分反映招标人的需求，做到系统、完整、清晰、准确，使投标者一目了然。

招标文件的编制应当遵守合法、公正、科学、严谨的原则。

1. 合法原则

合法是招标文件编制过程中必须遵守的原则。招标文件是招标工作的基础，也是今后签订合同的依据，因此招标文件中的每一项条款都必须是合法的。招标文件的编制必须遵守国家有关招标投标工作的各项法律法规，如《中华人民共和国招标投标法》《中华人民共和国政府采购法》等。如果项目涉及内容有国家标准或对投标人资格国家有明确要求的，招标人要依据法律法规的要求编制招标文件。如果招标文件的规定不符合国家的法律法规，就可能导致“废标”，给招标投标双方都带来损失。

2. 公正原则

招标是招标人公平、择优地选择中标人的过程，因此，招标文件的编制，也必须充分体现公正的原则。

首先，招标文件的内容对各投标人是公平的，不能具有倾向性，刻意排斥某类特定的投标人。《中华人民共和国招标投标法》第二十条规定：“招标文件不得要求或者标明特定的生产供应者以及含有倾向或者排斥潜在投标人的其他内容”。如对投标品牌进行限定、对投标人地域进行限定、对企业资质或业绩的加分有明显的倾向、技术规格中的内容暗含有利于或排斥特定的潜在投标人、评标办法不公平等，这些内容都会造成不公平竞争，影响项目的正常开展。有些项目的招标文件刚发布就招来投诉，主要就是因为编制文件时没有遵守公正性的原则，招标内容中有明显的倾向性。

其次，编制招标文件时还应注意恰当地处理招标人和各投标人的关系。在市场经济体制下，招标人既要尽可能地压低投标人的报价，也要适当考虑满足投标人在利润上的需求，不能将过多的风险转移到投标人一方。否则投标人在高风险的压力下，或者对项目望而却步，退出竞争。或者提高投标报价，加大风险费。这样最终伤害的还是招标人的利益。

3. 科学原则

招标文件要科学地体现出招标人对投标人的要求，因此，编制招标文件时要遵守科学的原则。

1)　科学合理地划分招标范围

如果业主有多个招标项目同时开展，且项目内容类似，应根据项目的特点进行整合，合并招标。这样不仅节约了招标人和投标人的成本，也节省了时间，提高了招标工作的效率。如某校的三个实训室项目，都是以采购台式电脑、投影机等设备为主，在实际操作中，该校将这三个项目整合成一个标项进行招标，同样顺利地完成了招标工作，还方便了各投标人，减少了投标人的投标成本。在划分工程类项目的招标范围时更要严格遵守科学、合理的原则。工程上有些部分是多个分项工程的交叉点，在划分招标范围时对交叉部分要特别注意。这部分内容应根据其特点科学地划分到最适合的标段上去，不能漏项也不能重复招标。

2) 科学合理地设置投标人资格

《中华人民共和国招标投标法》第十八条规定："招标人可以根据招标项目本身的要求，在招标公告或者投标邀请书中，要求潜在投标人提供有关资质证明文件和业绩情况，并对潜在投标人进行资格审查；国家对投标人的资格条件有规定的，依照其规定。招标人不得以不合理地条件限制或者排斥潜在投标人，不得对潜在投标人实行歧视待遇"。在设置资格条件时，应针对不同项目的行业特点，结合项目预算和市场情况等诸多客观因素，科学合理地设置资格条件，吸引实力强、产品知名度高、售后服务好的商家前来投标，这样才利于项目的正常开展。如果对投标人的资格设置过高的投标"门槛"，会导致潜在投标人数量过少，甚至出现投标单位数量不足三家或无人投标的情况，最终导致"串标"或"流标"；如果资格设置太低又可能导致投标人数量过多，出现一个项目几十家投标单位，这样不仅增加了评标工作的工作量，也提高了质疑、投诉等情况发生的概率。而且一旦资格等级低、实力差的企业以低价中标后，将很难保证项目能保质、保量、按时的完成，同样也达不到招标人的预期目标。

3) 科学合理地设置评标办法

评标办法是招标文件的重要组成部分，对招标结果起着决定性的作用。同一项目，对同一份投标文件，采用不同的评标方法，就会产生完全不同的结果。因此，评标办法的制定也是招标文件编制中的一项重要工作，应遵守科学合理的原则。在编制招标文件时，应当根据招标项目的不同特点，选用不同的评标办法，科学地评选出最适合的企业来实施项目。

4. 严谨原则

招标文件编制的完善与否，对评标和决标工作的工作量和评标的质量、速度有着直接影响。招标文件包括投标须知、技术要求、清单、图纸、合同条款、评标办法等内容。招标文件的内容要尽可能量化，避免使用一些笼统的表述；内容力求统一，避免各部分之间出现矛盾，导致投标人对内容理解不一致，从而影响投标人的正常报价。而且如果招标文件出现内容不一致的问题，也会给后续的招标工作留下很多隐患，它有可能成为中标单位提出索赔的依据，也可能成为落标者提出质疑和投诉的证据。因此，招标文件的编制一定要注意严谨性，文件各部分的内容要详尽、一致，用词要清晰、准确。尤其是招标文件中的合同条款，是投标人与中标人签订合同的重要依据，更应保证严谨性。招标文件中的合同条款应详细写明项目涉及的所有事项，避免中标后再与中标人进行谈判，增加无谓的工作量。

综上，招标文件是招标工作中最重要的文件之一，它是具有法律效力的文件，是招标人和投标人必须遵守的准则。招标文件的编制工作是招标工作的源头，为实现招标人的预期目标，编制文件时要做到"三心"——精心、细心、耐心，并遵守合法、公正、科学、严谨的原则。

3.3.2 招标文件的作用

自我国建设领域引入招投标制度以来，工程承发包市场的交易通过招投标活动来实现。

招投标的目的是通过市场交易的方式规范建筑市场，引导建筑市场领域资源优化配置。在整个招投标过程中，招标文件起着重要的作用。招标文件是整个招投标活动开始的基础，是工程项目招投标活动的重点所在，招标文件的编制质量是项目招标能否成功的前提条件。招标文件是招标人向投标人提供的，为进行招标工作所必需的文件。

招标文件需要阐明采购货物或工程的性质，通报招标程序将依据的规则和程序，告知订立合同的条件。因此，招标文件在整个采购过程中起着至关重要的作用。招标人应十分重视编制招标文件的工作，并本着公平互利的原则，务必使招标文件内容严密、周到、细致、正确。编制招标文件是一项十分重要而又非常繁琐的工作，应有有关专家参加，必要时还要聘请咨询专家参加。

招标文件的目的是通知潜在投标人有关所要采购的货物和服务，合同的条款和条件及交货的时间安排。起草的招标文件应该保证所有的投标人具有同等的公平竞争机会。根据单一项目招标文件的范围和内容，文件中一般应包含项目的概括信息、保证技术规格客观性的设计文件、投标的样本表格、合同的一般和特殊条款、技术规格和数量清单，在一些特殊情况下，还应附有性能规格、投标保证金保函、预付款保函和履约保函的标准样本。

3.3.3　招标文件的构成

招标文件的构成.mp4

招标文件按照功能作用可以分为以下三部分：

(1)　招标公告或投标邀请书、投标人须知、评标办法、投标文件格式等，主要阐述招标项目需求概况和招标投标活动规则，对参与项目招标投标活动各方均有约束力，但一般不构成合同文件。

(2)　工程量清单、设计图纸、技术标准和要求、合同条款等，全面描述招标项目需求，既是招标投标活动的主要依据，也是合同文件构成的重要内容，对招标人和中标人都具有约束力。

(3)　参考资料，供投标人了解分析与招标项目相关的参考信息，如项目地址、水文、地质、气象、交通等参考资料。

招标文件至少应包括以下内容。

1)　招标公告

2)　投标人须知

投标人须知是具体制定投标的规则，使投标人在投标时有所遵循。投标须知的主要内容包括。

(1)　资金来源；

(2)　如果没有进行资格预审的，要提出投标人的资格要求；

(3)　货物原产地要求；

(4)　招标文件和投标文件的澄清程序；

(5)　投标文件的内容要求；

(6)　投标语言。尤其是国际性招标，由于参与竞标的供应商来自世界各地，必须对投标语言做出规定；

(7) 投标价格和货币规定。对投标报价的范围做出规定，即报价应包括哪些方面，统一报价原则便于评标时计算和比较最低评标价；

(8) 修改和撤销投标的规定；

(9) 标书格式和投标保证金的要求；

(10) 评标的标准和程序；

(11) 国内优惠的规定；

(12) 投标程序；

(13) 投标有效期；

(14) 投标截止日期；

(15) 开标的时间与地点等。

3) 评标标准和方法

4) 技术条款

5) 投标文件格式

6) 拟签订合同主要条款和合同格式

7) 附件和其他要求投标人提供的材料

8) 采用工程量清单招标的，应当提供工程量清单

【案例 3-2】 某建设工程，招标人决定采用公开招标的形式进行招标，资格审查的方式为资格预审。其招投标工作程序如下。

(1) 招标备案、确定招标方式；

(2) 发送投标邀请书；

(3) 编制、发出招标文件；

(4) 踏勘现场、答疑；

(5) 编制、发放资格预审文件和递交资格预审申请书；

(6) 资格预审，确定合格的投标申请人；

(7) 编制、送达与签收投标文件；

(8) 开标、组建评标委员会、评标；

(9) 发出中标通知书；

(10) 招标投标情况书面报告及备案；

(11) 签署合同。

问题：

1. 本工程的招标投标工作的程序存在什么不恰当之处？应如何改正？

2. 在评标阶段，评标委员会应就投标人和投标文件的哪些方面完成评标工作？

3.4 招标标底和招标控制价的编制

3.4.1 建筑工程招标标底的编制

在建设工程招标投标活动中，标底的编制是工程招标中重要的环节之一，是评标、定

标的重要依据，也是招标单位掌握工程造价的重要依据，且工作时间紧、保密性强，是一项比较繁重的工作。标底的编制一般由招标单位委托由建设行政主管部门批准具有与建设工程相应造价资质的中介机构代理编制，标底应客观、公正地反映建设工程的预期价格，使标底在招标过程中显示出其重要的作用。因此，标底编制的合理性、准确性直接影响工程造价。

标底编制方法.mp4

1. 编制标底的方法

1) 以平方米造价包干为基础的标底

当住宅工程采用标准图、批量建设时，可用以平方米包干为基础的标底，这种平方米包干为基础的标底，其价格由编制单位根据标准图测算工程量，依据有关计价办法编制出标准住宅工程每平方米的造价，在具体工程招标时，结合实际装修、室内设备的配备情况，调整平方米的造价。另外，它因为地基的情况不同，一般在±0.000 以上采用平方米造价包干，而基础部分按施工图纸单独计算，然后合在一起构成完整的标底。这种以平方米造价包干为基础的标底编制方法，工程量计算比较简单，但是被限定在必须采用标准图进行施工，而且在制定平方米包干时，事先也必须做详细的工程量计算工作，因而一般不是普遍使用。

2) 以施工图预算为基础的标底

(1) 单价法编制标底。

单价法是用事先编制好的分项工程的单位估价表来编制施工图预算的方法。按施工图计算的各分项工程的工程量，并乘以相应单价，汇总相加，得到单位工程的人工费、材料费、机械使用费之和；再加上按规定程序计算出来的其他直接费、现场经费、间接费、计划利润和税金，便可得出单位工程的施工图预算价。其编制步骤如下。

① 搜集各种编制依据资料。如施工图纸、现行建筑安装工程预算定额、取费标准等；

② 熟悉施工图纸和定额；

③ 计算工程量。

工程量的计算在整个预算过程是最重要、最繁重的一个环节，不仅影响预算的及时性，更重要的是影响预算造价的准确性。因此，必须重视工程量计算，以确保预算质量。

单价法是目前国内编制施工图的主要方法，具有计算简单、工作量较小和编制速度较快，便于工程造价管理部门集中统一管理的优点。但由于是采用事先编制好的统一的单位估价表，其价格水平只能反映定额编制基期年的价格水平。在市场经济价格波动较大的情况下，单价法的计算结果会偏离实际价格水平，虽然可采用调价来弥补，但调价系数和指数从测定到颁布又要滞后且计算繁琐。

(2) 实物法编制标底。

实物法编制标底首先要根据施工图纸分别计算出分项工程量，然后套用相应的预算人工、材料、机械台班的定额用量再分别乘以工程所在地当时的人工、材料、机械台班的实际单价，求出单位工程的人工费、材料费和施工机械使用费，并汇总求和，进而求得直接工程费，并按规定计取其他各项费用，最后汇总就可得出单位工程施工图预算造价。

在市场经济条件下，人工、材料和机械台班单位是随市场而变化的，而且它们是影响工程造价最活跃、最主要的因素。用实物法编制施工图预算，是采用工程所在地的当时人工、材料、机械台班价格，能较好地反映实际价格水平，工程造价的准确性高。虽然计算过程较单价法繁琐，但用计算机计算便很快捷。因此，定额实物法是与市场经济体制相适应的预算编制方法。

2. 编制标底的作用

标底是招标工程的预期价格，能反映出拟建工程的资金额度，以明确招标单位在财务上应承担的义务。按规定，我国国内工程施工招标的标底，应在批准的工程概算或修正概算以内，招标单位用它来控制工程造价，并以此为尺度来评判投标者的报价是否合理，中标都要按照报价签订合同。这样，业主就能掌握控制造价的主动权。

标底的使用可以相对降低工程造价。标底是衡量投标单位报价的准绳，有了标底，才能正确判断投标报价的合理性和可靠性，同时标底也是评标、定标的重要依据。科学合理的标底能为业主在评标、定标时正确选择出标价合理、保证质量、工期适当与企业信誉良好的施工企业。

招标投标是优胜劣汰、公开公平的竞争机制。一份好的标底，应该从实际出发，体现科学性和合理性，它把中标的机会摆在众多企业的面前，他们可以凭借各自的人员技术、管理水平、设备等方面的优势，参与竞标，最大限度地获取合法利润。而业主也可以得到优质服务，节约基建投资。可见，编制好标底是控制工程造价的重要基础工作。

3. 编制标底的原则及影响因素

1) 客观、公正原则

由于招标投标时各单位的经济利益不同，招标单位希望投入较少的费用，按期、保质、保量地完成工程建设任务。而投标单位的目的则是以最少投入尽可能获取较多的利润。这就要求工程造价专业人员要有良好的职业道德，站在客观、公正的立场上，兼顾招标单位和投标单位的双方利益，以保证标底的客观、公正。

2) “量准价实”原则

在编制标底时，由于设计图纸的深度不够，对材料用量的标准及设备选型等内容交底较浅，就会造成工程量计算不准确，设备、材料价格选用不合理等问题的出现。因此要求设计人员力求做细、严格按照技术规范和有关标准精心设计；而专业人员必须具备一定的专业技术知识，只有技术与各专业配合协调一致，才可避免技术与经济脱节，从而达到“量准价实”的目的。

3) 影响编制标底的因素

(1) 投资环境不良。

地方政府为了发展地方经济一方面积极争取项目上马，另一方面为了保护地方利益，在征地、赔偿、用水等方面尽可能地提高单价，使工程其他费用投资逐年增加，从而提高了工程造价。

(2) 受基本建设管理体制的影响。

由于基本建设长期以来是由国家投资、审查，再由建设行政主管部门对工程进行分配和平衡，建设单位和施工企业没有树立起足够的市场竞争观念和控制工程造价的积极性。编制预算的工作得不到高度重视，进而影响编制的准确性。

(3)　受设计深度与规模的影响。

为加快建设项目进度，上级部门要求缩短初步设计、施工图设计周期，导致施工图设计达不到深度，若再出现提交的资料不细致的情况，就会造成计算工程量不足或漏项，从而影响标底的编制质量。

(4)　受预算编制人员的业务素质及专业水平的影响。

编制人员是否具有良好的职业道德，能否遵循客观、公正的原则编制，能否站在客观、公正的立场上，兼顾招标单位和投标单位的双方利益，以保证标底的客观与公正，这些都会影响标底的编制。另外，编制人员的专业水平和从业经历也会影响标底编制的准确性，如果专业水平较低、经验少，就会出现少算、漏算甚至错算的情况，使编制的标底有失水准。

(5)　受材料价格的影响。

材料价格的来源很多，目前主要建筑材料是采用由各级造价管理部门发布的材料指导信息价格。全国各地的工程造价管理部门都在发布材料价格信息，材料价格信息发布是否准确、及时也会影响到标底编制的准确性。

3.4.2　编制招标控制价的原则

编制招标控制价的原则.mp4

为使招标控制价能够实现编制的根本目的，能够起到真实反映市场价格机制的作用，能够从根本上真正保护招标人的利益，在编制的过程中应遵循以下几个原则。

1)　社会平均水平原则

目前招标控制价是招标人按照各省制定的消耗量定额，依据市场价格并参照造价主管部门发布的指导价格来确定的。消耗量定额是由建设行政主管部门根据合理的施工组织设计，按照正常施工条件下制定的，生产一个规定计量单位工程合格产品所需人工、材料、机械台班的社会平均消耗量，反映的是社会平均水平。

在招标控制价编制的过程中，招标人希望通过招标选择到具有成熟的先进技术和先进管理经验的承包人，显然这类企业应该在技术和管理上具有一定的优势，在工程成本管理和控制方面也应具有更强的竞争性，反映了社会平均先进水平。因此，作为投标报价的最高限制价，应遵循社会平均水平原则，一方面可以对因围标和串标行为而哄抬标价的情况起到良好的制约作用；另一方面可以使得投标人在能够获得合理利润的前提下积极参加投标，并在经评审的合理低价中标的评标方法下竞争胜出。

2)　诚实信用原则

招标控制价是根据具体工程的内容、范围、技术特点、施工条件、工程质量和工期要求、社会常规施工管理和通用技术情况确定的价格，起着衡量和评审投标人报价是否满足造价控制计划的尺度的作用。因此，招标控制价的编制必须遵循诚实信用的原则，严格执行工程量清单计价规范，合理反映拟建工程项目市场价格水平，这样才能从根本上保护招标人的长期利益。

在编制招标控制价时，消耗量水平、人工工资单价、有关费用标准应按各省级建设主管部门颁发的计价表、定额和计价办法执行；材料价格应按工程所在地造价管理机构发布的市场指导价取定，市场指导价没有的应按市场信息价或市场询价；措施项目费用应考虑工程所在地常用的施工技术和施工方案计取。从整体上来说，招标控制价的编制应在拟订好招标文件的前提下，以工程量清单为基础，力求费用完整，符合施工条件情况与工程特点、质量和工期要求；其次要充分利用市场价格信息，追求与市场实际价格变化相合，同时考虑风险因素，包干明确，牢记造价控制的目的，以不低于社会常规施工管理和通用技术水平，鼓励先进施工管理和技术发展为准则，达到增加投资效益的目标。

(3) 公平、公正、公开原则

招标控制价的作用和特点不同于标底，决定了招标控制价无须保密。为保证招标的公开、公平、公正性，防止招标人有意抬高或压低工程造价，给投标人以错误信息，因此规定招标人应在招标文件中如实公布招标控制价，不得对编制的招标控制价进行上浮或下调。招标人在招标文件中公布招标控制价时，应公布招标控制价各组成部分的详细内容，不得只公布招标控制价总价，并应将招标控制价报工程所在地工程造价管理机构备查。

尽管招标控制价编制的主动权掌握在招标人一方，但招标控制价的设定有严格的计价规范。首先，对国有资金投资的工程建设项目要采用工程量清单计价，根据市场可控和不可控因素合理制定出招标控制价，且在充分考虑到节约资金的同时，要给承包人留有一定的合理利润空间；其次，要坚持与经评审的合理最低价中标法相结合原则。

招标控制价是在发放招标文件时就公开的，这在一定程度上为投标人合谋以最接近招标控制价的方式进行投标报价的围标和串标提供了便利，在清单计价模式下，可以对投标报价进行设限；采取经评审的合理最低价中标法，可以在一定程度上加剧投标人之间的竞争性。经评审的最低投标价法只有一个符合这样条件的投标人，无充分理由否定的情况下只能由这个单位中标。由于投标价格最低并不一定是最经济的投标，而选定中标人可达到招标的目的，即招标人可以获得最为经济的投标。采用经评审的最低投标价法后的价格不仅大大节省了投资，也成功地克服了概算超估算、预算超概算、结算超预算的顽症。

3.4.3 建筑工程招标控制价的编制

编制招标控制价的规定.mp4

1. 招标控制价的概念

工程量招标控制价也称拦标价，是指招标人根据国家或省级、行业建设主管部门颁发的有关计价依据和办法，按设计施工图纸计算，在招标过程中向投标人公示的工程项目总价格的最高限额，也是招标人期望价格的最高标准，要求投标人投标报价不得超过它，否则视为废标。在国有资金投资的工程进行招标时，根据《中华人民共和国招投标法》第二十二条二款的规定：“招标人设有标底的，标底必须保密”。但实行工程量清单招标后，由于招标方式的改变，标底保密这一法律规定已不能起到有效遏制哄抬标价作用。因此，为有利于客观、合理地评审投标报价和避免哄抬标价，造成国有资产流失，招标人应编制招标控制价，作为招标人能够接受的最高交易价格。招标控制价体现了招标人的主观意愿，明确表达了招标人购买建筑产品品质要求及其经济承受能力。

2. 招标控制价的作用

招标人通过招标控制价，可以清除投标人之间合谋超额利益的可能性，有效遏制围标串标行为。投标人通过招标控制价，可以避免投标决策的盲目性，增强投标活动的选择性和经济性。工程量清单招标实质上是市场确定价格的一个规则，招标控制价提前向所有投标人公布，使投标人之间的竞争更加透明，向各投标人提供了公平竞争的平台。

招标控制价与经评审的合理最低价评标配合，能促使投标人加快技术革新和提高管理水平。经评审的合理最低价中标的评标办法是工程量清单计价规范的基本准则。经评审的最低投标价法，是在满足招标文件实质性要求，并且在投标价格高于成本价的前提下，经评审的投标价格最低的投标人作为中标人。

招标控制价能够有效割裂围标串标利益链条，提高招投标活动的透明度，避免招投标活动中的暗箱操作，改变投标人不惜一切代价围着标底转的怪圈，有效遏制摸标底、泄露标底等违法行为的发生，而依据市场合理低价中标，能够在有效控制国家投资、遏制工程“三超”现象、防止工程腐败等方面发挥积极作用。

3. 招标控制价的编制规定

1) 招标控制价与标底的关系

(1) 设标底招标，易发生泄露标底，从而失去招标的公平、公正性，同时将标底作为衡量投标人报价的基准，导致投标人尽力地去迎合标底，导致招标投标过程所反映的不是投标人实力的竞争的情况发生。

(2) 无标底招标。有可能出现哄抬价格或者不合理的底价招标的情况，同时在评标时，招标人对投标人的报价没有参考依据和评判标准。

(3) 招标控制价招标。

① 采用招标控制价招标可有效控制投资，提高了招标的透明度。在投标过程中投标人可以自主报价，既设置了控制上限又尽量地减少了业主依赖评标基准价的影响。

② 采用招标控制价招标也可能出现如下问题：若“最高限价”大大高于市场平均价时可能诱导投标人串标围标；若公布的最高限价远远低于市场平均价，就会影响招标效率。

2) 编制招标控制价的规定

(1) 投标人的投标报价超过招标控制价的，其投标作为废标处理。

(2) 工程造价咨询人不得同时接受招标人和投标人对同一工程的招标控制价和投标报价的编制。

(3) 招标控制价应在招标文件中公布，且在公布招标控制价时，除公布招标控制价的总价外，还应公布各单位工程的分部分项工程费、措施项目费、其他项目费、规费和税金。

(4) 投标人经复核认为招标人公布的招标控制价未按规定进行编制的，应在招标控制价公布后 5 天内向招标投标监督机构和工程造价管理机构投诉。工程造价管理机构受理投诉后，应立即对招标控制价进行复查，组织投诉人、被投诉人或其委托的招标控制价编制人等单位人员对投诉问题逐一核对。当复查结论与原公布的招标控制价误差＞±3%时，应责令招标人改正。

4. 招标控制价的编制内容

招标控制价的编制内容包括分部分项工程费、措施项目费、其他项目费、规费和税金，各个部分有不同的计价要求。

(1) 为使招标控制价与投标报价所包含的内容一致，综合单价中应包括招标文件中要求投标人所承担的风险内容及其范围(幅度)产生的风险费用。

(2) 暂列金额可根据工程的复杂程度、设计深度、工程环境条件(包括地质、水文、气候条件等)进行估算，一般可以分部分项工程费的10%～15%为参考。

(3) 暂估价中的材料单价应按照工程造价管理机构发布的工程造价信息中的材料单价计算，工程造价信息未发布的材料单价，其单价参考市场价格估算。暂估价中的专业工程暂估价应区分不同专业，按有关计价规定估算。

(4) 计日工中的人工单价和施工机械台班单价应按省级、行业建设主管部门或其授权的工程造价管理机构公布的单价计算；材料应按工程造价管理机构发布的工程造价信息中的材料单价计算，工程造价信息未发布材料单价的材料，其价格应按市场调查确定的单价计算。

(5) 总承包服务费应按照省级或行业建设主管部门的规定计算，在计算时可参考以下标准：

① 招标人仅要求对分包的专业工程进行总承包管理和协调时，按分包的专业工程估算造价的1.5%计算。

② 招标人要求对分包的专业工程进行总承包管理和协调，并同时要求提供配合服务时，根据招标文件中列出的配合服务内容和提出的要求，按分包的专业工程估算造价的3%～5%计算。

③ 招标人自行供应材料的，按招标人供应材料价值的1%计算。

3.5 组织现场勘查和投标预备会

3.5.1 组织现场踏勘

踏勘指的是对道路建设的方案进行野外勘察和技术经济调查并估算投资等作业。从招投标的角度讲，招标人组织潜在投标人对现场情况的勘查，通常也叫作踏勘。《招标投标法》第二十一条规定“招标人根据招标项目的具体情况，可以组织潜在投标人踏勘项目现场”。

现场的踏勘是指招标人组织投标人对项目的实施现场的经济、地理、地质、气候等客观条件和环境进行的现场调查。

组织现场踏勘的概念.mp4

招标人在发出招标通告或者投标邀请书以后，可以根据招标项目的实际需要，通知并组织潜在投标人到项目现场进行实地勘查。这样的招标项目通常以工程项目居多。

潜在投标人可根据是否决定投标或者编制投标文件的需求，到现场调查，进一步了解招标者的意图和现场周围环境情况，以获取有用信息并据此作出是否投标或投标策略以及投标价格决定。投标人如果在现场勘查中有疑问，应当在投标预备会前以书面形式向招标人提出，但应给招标人留有解答时间。

招标人应主动向潜在投标人介绍现场的有关情况，潜在投标人对影响供货或者承包项目的现场条件进行全面考察，对工程建设项目一般应至少了解以下内容：

(1) 施工现场是否达到招标文件规定的条件；

(2) 施工的地理位置和地形、地貌；

(3) 施工现场的地址、土质、地下水位、水文等情况；

(4) 施工现场的气候条件，如气温、湿度、风力等；

(5) 现场的环境，如交通、供水、供电、污水排放等；

(6) 临时用地、临时设施搭建等，如工程施工过程中临时使用的工棚、堆放材料的库房以及这些设施所占地方等。

但是，并非所有的招标项目，招标人都有必要组织潜在投标人进行实地踏勘，对于采购对象比较明确的，如货物招标，往往就没有必要进行现场踏勘了。

3.5.2 投标预备会

投标预备会的概念.mp4

投标预备会也称答疑会或标前会议，是指招标人为澄清或解答招标文件或现场踏勘中的问题，以便投标人更好地编制投标文件而组织召开的会议。投标预备会一般安排在招标文件发出后的 7～28 天内举行。参加会议的人员包括招标人、投标人、代理人、招标文件编制单位的人员、招标投标管理机构的人员等，会议由招标人主持。

1. 投标预备会内容

(1) 介绍招标文件和现场情况，对招标文件进行交底和解释；

(2) 解答投标人以书面或口头形式对招标文件和在现场踏勘中所提出的各种问题或疑问。

2. 投标预备会程序

(1) 投标人和其他与会人员签到，以示出席；

(2) 主持人宣布投标预备会开始；

(3) 介绍出席会议人员；

(4) 介绍解答人，宣布记录人员；

(5) 解答投标人的各种问题和对招标文件进行交底；

(6) 通知有关事项，如为使投标人在编制投标文件时，有足够的时间去充分考虑招标人对招标文件内容的修改或补充，以及投标预备会议的记录内容，招标人可根据情况决定适当延长投标书递交截止时间，并作出通知等；

(7) 整理解答内容，形成会议记录，并由招标人、投标人签字确认后宣布散会。会后，招标人将会议记录报招标投标管理机构核准，并将经核准后的会议记录送达所有获得招标文件的投标人。

3.6 建设工程开标、评标与定标

3.6.1 建设工程开标

开标会应当由招标人或招标代理机构的代表主持，在招标文件规定的提交投标文件截止时间的同一时间在有形建筑市场公开进行，有形建筑市场提供数据录入、现场见证等服务。开标会一般按以下程序进行。

1. 开标准备工作

(1) 提前联系确定开标室(具体地点当地政府均有统一规定，费用标准不一样，只能在政府规定地点开标)。

(2) 开标大会开始前，项目负责人准备好投标人签到及投标文件签收表、监督人员签到表、开标大会议程、开标记录、监督员开标会议致辞等表单资料，做好开标前的准备工作，如清理开标厅，校准挂钟时间等。

(3) 按规定抽取评标专家，并通知评标专家到评标现场(此环节各地均有不太相同的保密规定和具体程序措施，以确保评标专家与投标人没有机会接触)。

(4) 投标人代表在出示投标保证金缴纳凭证后递交投标文件，同时在投标人签到及投标文件签收表上签字。项目负责人对投标文件查验后当即签收并按接收次序标注投标顺序号，没有出示投标保证金缴纳凭证以及没有按规定密封投标文件的，或投标截止时间后递交投标文件的均应拒绝接收。

(5) 开标大会主持人、公证员、特邀监督员、招标方代表、相关工作人员(唱标员、记标员)、投标人代表等在相应签到表上签到并入场就座。

2. 正式开标程序

(1) 对各投标人代表进行点名，确定投标人代表是否到场。

(2) 工作人员介绍来宾(主持人、特邀监督员、招标方代表、投标人代表等)。

(3) 主持人宣读开标评标注意事项(含会场纪律)，宣布唱标员、记标员名单，并会同公证处或监督员或投标人代表检查投标书密封情况后，在检查记录表上签字。

(4) 主持人宣布投标文件密封情况检查结果。

(5) 工作人员当众开标，并按投标顺序宣读各投标人开标一览表。唱标员应严格按照投标人开标一览表内容如实宣读(其中投标报价大写金额应念两遍，小写金额念一遍)，唱标语速以中速偏慢为好，声音偏大，吐字应清晰，一般应用普通话。记标员在开标记录上如实记录，并用投影仪将其投影在开标厅屏幕或墙面上，供所有参加开标的人员观看。公证人员或监督员负责监督。

(6) 唱标结束后，投标人如对唱标内容有疑义，经主持人同意可依次澄清。投标人对宣读的投标报价进行签字确认。

(7) 投标人代表、记标员及监督人员在开标记录上签字确认。

(8)　主持人宣布开标后的注意事项及要求。

(9)　主持人提请监督员、招标方代表发言，公证部门致公证词，宣布开标结束。

评标 .avi

3.6.2 建设工程评标

1. 评标委员会

评标委员会的组成.mp4

评标委员会依法组建，负责评标活动，向招标人推荐中标候选人或者根据招标人的授权直接确定中标人。评标委员会由招标人负责组建。评标委员会成员名单一般应于开标前确定。评标委员会成员名单在中标结果确定前应当保密。

评标委员会由招标人或其委托的招标代理机构熟悉相关业务的代表，以及有关技术、经济等方面的专家组成，成员人数为五人以上单数，其中技术、经济等方面的专家不得少于成员总数的三分之二。

评标委员会设负责人的，评标委员会负责人由评标委员会成员推举产生或者由招标人确定。评标委员会负责人与评标委员会的其他成员有同等的表决权。评标委员会的专家成员应当从依法组建的专家库内的相关专家名单中确定。评标专家名单可以采取随机抽取或者直接确定的方式。一般项目，可以采取随机抽取的方式；技术复杂、专业性强或者国家有特殊要求的招标项目，可以由招标人直接确定。

1)　评标专家应符合下列条件

(1)　从事相关专业领域工作满八年并具有高级职称或者同等专业水平；

(2)　熟悉有关招标投标的法律法规，并具有与招标项目相关的实践经验；

(3)　能够认真、公正、诚实、廉洁地履行职责。

2)　有下列情形之一的，不得担任评标委员会成员

(1)　投标人或者投标人主要负责人的近亲属；

(2)　项目主管部门或者行政监督部门的人员；

(3)　与投标人有经济利益关系，可能影响对投标公正评审的；

(4)　曾因在招标、评标以及其他与招标投标有关活动中从事违法行为而受到过行政处罚或刑事处罚的。

评标委员会成员有以上规定情形之一的，应当主动提出回避。评标委员会成员应当客观、公正地履行职责，遵守职业道德，对所提出的评审意见承担个人责任。评标委员会成员不得与任何投标人或者与招标结果有利害关系的人进行私下接触，不得收受投标人、中介人、其他利害关系人的财物或者其他好处，不得向招标人征询其确定中标人的意向，不得接受任何单位或者个人明示或者暗示提出的倾向或者排斥特定投标人的要求，不得有其他不客观、不公正履行职务的行为。

2. 评标办法

所谓评标办法就是运用在招标文件中已确定的评标标准评审、比较、选择、推荐中标

候选人的具体方法，一般有以下三种。

(1) 最低评标价法。评标委员会根据评标标准确定的每一投标不同方面的货币数额，然后将那些数额与投标价格放在一起来比较。估值后价格(即“评标价”)最低的投标可作为中选投标。

(2) 打分法。评标委员会根据评标标准确定的每一投标不同方面的相对权重(即“得分”)，得分最高的投标即为最佳的投标，可作为中选投标。

(3) 合理最低投标价法。即能够满足招标文件的各项要求，投标价格最低的投标即可作为中选投标。在这三种评标方法中，前两种可统称为“综合评标法”。

3. 评标的具体步骤

评标的目的是根据招标文件中确定的标准和方法，对每个投标人的标书进行评价和比较，以评出最低投标价的投标人。评标必须以招标文件为依据，不得采用招标文件规定以外的标准和方法进行评标，凡是评标中需要考虑的因素都必须写入招标文件之中。

1) 初步评标

初步评标工作比较简单，但却是非常重要的一步。初步评标的内容包括供应商资格是否符合要求，投标文件是否完整，是否按规定方式提交投标保证金，投标文件是否基本上符合招标文件的要求，有无计算上的错误等。如果供应商资格不符合规定，或投标文件未做出实质性的反映，都应作为无效投标处理，不得允许投标供应商通过修改投标文件或撤销不合要求的部分而使其投标具有响应性。

经初步评标，凡是确定为基本上符合要求的投标，下一步要核定投标中有没有计算和累计方面的错误。在修改计算错误时，要遵循两条原则，如果数字表示的金额与文字表示的金额有出入；要以文字表示的金额为准；如果单价和数量的乘积与总价不一致，要以单价为准。但是，如果采购单位认为有明显的小数点错误，此时要以标书的总价为准，并修改单价。如果投标人不接受根据上述修改方法而调整的投标价，可拒绝其投标并没收其投标保证金。

2) 详细评标

在完成初步评标以后，下一步就进入到详细评定和比较阶段。只有在初步评标中确定为基本合格的投标，才有资格进入详细评定和比较阶段。具体的评标方法取决于招标文件中的规定，并按评标价的高低，由低到高评定出各投标的排列次序。

在详细评标时，当出现最低评标价远远高于标底或缺乏竞争性等情况时，应废除全部投标。

3) 编写并上报评标报告

评标工作结束后，采购单位要编写评标报告，上报采购主管部门。评标报告包括以下内容：

(1) 招标公告刊登的时间、购买招标文件的单位名称；

(2) 开标日期；

(3) 投标人名单；

(4) 投标报价及调整后的价格(包括重大计算错误的修改)；

(5) 价格评比基础；

(6) 评标的原则、标准和方法；

(7) 授标建议。

【案例 3-3】 某项目进行施工招标，投标文件的格式中有一项授权委托书，要求附法定代表人的身份证明。

虽然招标文件有要求，但没有具体格式。一般招标文件中都有法定代表人的身份证明，有具体格式，格式中显示的内容有：投标人名称、单位性质、地址、成立时间、经营期限，法定代表人姓名、性别、年龄、身份证号等。投标人按格式填写，签字盖章即可。招标文件即使没有具体格式，但要求提供时，作为一个合格的投标人应该知道如何出具。

在此次投标文件评审中发现，有两家投标单位没有附法定代表人的身份证明，只是附了身份证复印件。在初步评审时，五个评委有三个认为身份证复印件与营业执照上法定代表人名字相同，应该属于法定代表人的身份证明，有一个评委未置可否，评审通过。你们认为合理吗？若不合理，请说明不合理之处。

3.6.3 建设工程定标

商业中定标是指根据评标结果选定中标(候选)人。

1. 定标途径

(1) 依据评分、评议结果或评审价格直接选定中标(候选)人。

(2) 经评审合格后以随机抽取的方式选定中标(候选)人，如固定低价评标法、组合低价评标法。

2. 定标模式

(1) 经授权，由评标委员会直接确定中标人。

(2) 未经授权，评标委员会向招标人推荐中标候选人。

3. 定标方法

评标委员会推荐的中标候选人一般为一至三人(注：科技项目、科研课题一般只推荐一名中标候选人)，须有排列顺序。对于法定采购项目，招标人应确定排名第一的中标候选人为中标人。若第一中标候选人放弃中标，即因不可抗力提出不能履行合同，或招标文件规定应提交履约保证金而未在规定期限内提交的，招标人可以确定第二中标候选人为中标人。第二中标候选人因前述同样原因不能签订合同的，招标人可以确定第三中标候选人为中标人。

无论采用何种定标途径、定标模式与评标方法，对于法定采购项目(依据《政府采购法》或《招标投标法》及其配套法规、规章规定必须招标采购的项目)，招标人都不得在评标委员会依法推荐的中标候选人之外确定中标人，也不得在所有投标被评标委员会否决后自行确定中标人，否则中标无效，招标人还会受到相应处理。对于非法定采购项目，若采用公开招标或邀请招标，那么招标人如果在评标委员会依法推荐的中标候选人之外确定中标人的，也将承担法律责任。

3.7 案例分析

某省国道主干线高速公路土建施工项目实行公开招标，根据项目的特点和要求，招标人提出了招标方案和工作计划。这个项目中招标人采用资格预审方式组织项目土建施工招标，招标过程中出现了下列事件。

事件 1：7 月 1 日(星期一)发布资格预审公告。公告载明资格预审文件自 7 月 2 日起发售，应于 7 月 22 日下午 16:00 之前递交至招标人处。某投标人因从外地赶来。7 月 8 日(星期一)上午上班时间前来购买资审文件，被告知已经停售。

事件 2：资格审查过程中，资格审查委员会发现某省路桥总公司提供的业绩证明材料有部分是其下属第一工程有限公司业绩证明材料，且其下属的第一工程有限公司具有独立法人资格和相关资质。考虑到属于一个大单位，资格审查委员会认可了其下属公司业绩为总公司业绩。

事件 3：投标邀请书向所有通过资格预审的申请单位发出后，投标人在规定的时间内购买了招标文件。按照招标文件要求，投标人须在投标截止时间 5 日前递交投标保证金，因为项目较大，要求每个标段 100 万元投标担保金。

事件 4：评标委员会人数为 5 人，其中 3 人为工程技术方面的专家，其余 2 人为招标人代表。

事件 5：评标委员会在评标过程中。发现 B 单位投标报价远低于其他报价。评标委员会认定 B 单位报价过低，按照废标处理。

事件 6：招标人根据评标委员会书面报告，确定各个标段排名第一的中标候选人为中标人，在按照要求发出中标通知书后，又向有关部门提交招标投标情况的书面报告，且同中标人签订合同并退还了投标保证金。

事件 7：招标人在签订合同前，认为中标人 C 的价格略高于自己期望的合同价格，因而又与投标人 C 就合同价格进行了多次谈判。考虑到招标人的要求，中标人 C 觉得小幅度降价可以满足自己利润的要求，同意降低合同价，并最终签订了书面合同。

【问题】

(1) 招标人自行办理招标事宜需要什么条件？

(2) 所有事件中有哪些不妥当，请逐一说明。

(3) 事件 6 中，请详细说明招标人在发出中标通知书后应于何时做其后的工作？

【分析】

本案例重点考核招标程序、中标人确定及合同签订的相关法律法规及规定。

【参考答案】

(1) 《工程建设项目自行招标试行办法》第四条规定“招标人自行办理招标事宜，应当具有编制招标文件和组织评标的能力，具体包括：①具有项目法人资格(或者法人资格)；②具有与招标项目规模和复杂程度相适应的工程技术、概预算、财务和工程管理等方面专业技术力量；③有从事同类工程建设项目招标的经验；④设有专门的招标机构或者拥有 3 名以上专职招标业务人员；⑤熟悉和掌握招标投标法及有关法规规章”。

(2) 事件1～5和事件7做法不妥当，分析如下：事件1不妥当。《工程建设项目施工招标投标办法》第十五条规定：“自招标文件或者资格预审文件出售之日起至停止出售之日止，最短不得少于5个工作日”。本案中，7月2日周二开始出售资审文件，按照最短5个工作日，最早停售日期应是7月8日(星期一)下午截止。

事件2不妥当。《招标投标法》第二十五条规定“投标人是响应招标、参加投标竞争的法人或者其他组织”。本案中，投标人或是以总公司法人的名义投标，或是以具有法人资格的子公司的名义投标。法人总公司或具有法人资格的子公司投标，只能以自己的名义、自己的资质、自己的业绩投标，不能相互借用资质和业绩。

事件3不妥当。《工程建设项目施工招标投标办法》第三十七条规定“投标保证金一般不得超过投标总价的2%，但最高不得超过80万元人民币。”本案中，投标保证金的金额太高，违反了最高不得超过80万元人民币的规定；同时，投标保证金从性质上属于投标文件，在投标截止时间前都可以递交。本案招标文件约定在投标截止时间5日前递交投标保证金不妥，其行为侵犯了投标人权益。

事件4不妥当。《招标投标法》第三十七条规定“依法必须进行招标的项目，其评标委员会由招标人的代表和有关技术、经济等方面的专家组成，成员人数为5人以上单数，其中技术、经济等方面的专家不得少于成员总数的2/3”。本案中，评标委员会5人中专家人数至少为4人才符合法定要求。

事件5不妥当。《评标委员会和评标方法暂行规定》(12号令)第二十一条规定“在评标过程中，评标委员会发现投标人的报价明显低于其他投标报价或者在设有标底时明显低于标底，使得其投标报价可能低于其个别成本的，应当要求该投标人作出书面说明并提供相关证明材料。投标人不能合理说明或者不能提供相关证明材料的，由评标委员会认定该投标人以低于成本报价竞标，其投标应作废标处理”。本案中，评标委员会判定B的投标为废标的程序存在问题。评标委员会应当要求B投标人作出书面说明并提供相关证明材料，仅当投标人B不能合理说明或者不能提供相关证明材料时，评标委员会才能认定该投标人以低于成本报价竞标，作废标处理。

事件7不妥当。《招标投标法》第四十三条规定“在确定中标人前，招标人不得与投标人就投标价格、投标方案等实质性内容进行谈判。”同时，《工程建设项目施工招标投标办法》第五十九条规定“招标人不得向中标人提出压低报价、增加工作量、缩短工期或其他违背中标人意愿的要求，以此作为发出中标通知书和签订合同的条件”。本案中，招标人与中标人就合同中标价格进行谈判。直接违反了法律规定。

(3) 招标人在发出中标通知书后，应完成以下工作。

① 自确定中标人之日起15日内，向有关行政监督部门提交招标投标情况的书面报告。

② 自中标通知书发出之日起30日内，按照招标文件和中标人的投标文件，与中标人订立书面合同；招标文件要求中标人提交履约担保的，中标人应当在签订合同前提交，同时招标人向中标人提供工程款支付担保。

③ 与中标人签订合同后5个工作日内，招标人向中标人和未中标的投标人退还投标保证金。

本章小结

通过对本章的学习，读者可以清楚地了解到建设工程招标的前期准备工作和具体的招标流程步骤，可以学习到资格预审文件的编制和发布的具体程序，以及招标文件的具体组成和招标文件的意义作用；另外可以学习到招标控制价和招标标底的概念、知道具体的定义以及他们各自的组成和编制办法；最后还能学习到招标前期的一些准备工作，如现场踏勘和投标预备会，还有就是可以知道建设工程开标、评标、定标的具体流程和办法。

地铁招投标.avi

实训练习

一、单选题

1. 开标应在招标文件确定的(　　)公开进行。

   A. 提交投标文件截止时间之后 1 日内

   B. 提交投标文件截止时间之后 2 日内

   C. 提交投标文件截止时间的同一时间

   D. 提交投标文件截止时间之后 3 日内

2. 根据招投标法的有关规定，下列关于评标委员会的说法正确的是(　　)。

   A. 每个投标人选择一名专家组成评标委员会，以体现公正性

   B. 评标委员会由 9 名成员构成，其中有 3 名教授级高工，4 名经济学专家

   C. 为体现公开原则，在评标前向社会公布评标委员会成员的名单

   D. 评标委员会由 6 名成员构成，其中有 1 名教授级高工，2 为经济学专家

3. 招标程序有：①成立招标组织；②发布招标公告或发出招标邀请书；③编制招标文件和标底；④组织投标单位踏勘现场，并对招标文件答疑；⑤对投标单位进行资格审查，并将审查结果通知各申请投标者；⑥发售招标文件。则下列招标程序排序正确的是(　　)。

   A. ①②③⑤④　　B. ①③②⑥⑤④

   C. ①③②⑤⑥④　　D. ①⑤⑥②③④

4. 某工程项目在估算时算得成本是 900 万元人民币，概算时算得成本是 850 万元人民币，预算时算得成本是 800 万元人民币，投标时某承包商根据自己企业定额算得成本是 700 万元人民币，则根据《招标投标法》中规定“投标人不得以低于成本的报价竞标”。该承包商投标时报价不得低于(　　)。

   A. 900 万元　　B. 850 万元　　C. 800 万元　　D. 700 万元

5. 甲乙签订合同，合同标的额为 100 万元，乙支付甲 30 万元，在实施过程中甲违约，则甲应返还乙(　　)万元(保证金为合同价的 20%)。

   A. 30　　B. 40　　C. 50　　D. 60

二、多选题

1. 下列属于招标文件的编制的原则的是(　　)。

A. 合法性　　B. 统一性　　C. 公正性

D. 科学性　　E. 精简性

2. 建设工程招标应具备(　　)的条件。

A. 办妥建设工程规划有关手续

B. 施工现场已基本具备“三通一平”条件，能满足施工要求

C. 已按规定办理工程报建手续

D. 建设资金已落实或部分落实

E. 已取得建设项目立项批准书

3. 某建设项目进行招标，现拟组建评标委员会，按《评标委员会和评标方法暂行规定》，下列不得担任评标委员会成员的是(　　)。

A. 投标人或者投标人主要负责人的近亲属

B. 熟悉有关招标投标的法律法规，并具有与招标项目相关的实践经验

C. 项目主管部门或者行政监督部门的人员

D. 与投标人有经济利益关系，可能影响对投标公正评审的

E. 能够认真、公正、诚实、廉洁地履行职责

4. 计划招标的项目在招标之前需向政府主管机构提交招标申请书，招标申请书的主要内容包括(　　)等。

A. 招标单位的资质　　B. 招标工程具备的条件

C. 招标工程设计文件　　D. 拟采用的招标方式

E. 对投标人的要求

5. 招标人具备自行招标的能力表现为(　　)。

A. 有编制招标文件的能力　　B. 必须是法人组织

C. 有审查投标人资质的能力　　D. 招标人的资格经主管部门批准

E. 有组织评标定标的能力

三、简答题

1. 简述招标控制价的编制原则。

2. 建设项目进行招标，如何选择评标委员会成员？

3. 招标人自己组织招标需具备哪些条件？

第3章　课后答案.pdf

实训工作单一

<table>
<tr><td>班级</td><td></td><td>姓名</td><td></td><td>日期</td><td></td></tr>
<tr><td>教学项目</td><td colspan="5">建设工程招标</td></tr>
<tr><td>任务</td><td colspan="2">建设工程招标条件及程序</td><td>要求</td><td colspan="2">1. 建设工程招标的条件
2. 建设工程招标一般程序
3. 资格预审文件的编制</td></tr>
<tr><td>相关知识</td><td colspan="5">建设工程招标相关知识</td></tr>
<tr><td>其他要求</td><td colspan="5"></td></tr>
<tr><td colspan="6">学习过程记录</td></tr>
<tr><td>评语</td><td colspan="3"></td><td>指导老师</td><td></td></tr>
</table>

实训工作单二

<table>
<tr><td>班级</td><td></td><td>姓名</td><td></td><td>日期</td><td></td></tr>
<tr><td>教学项目</td><td colspan="5">建设工程招标</td></tr>
<tr><td>任务</td><td colspan="2">建设工程招标文件的编制</td><td>要求</td><td colspan="2">编制一套图纸的招标文件</td></tr>
<tr><td>相关知识</td><td colspan="5">建设工程招标相关知识</td></tr>
<tr><td>其他要求</td><td colspan="5"></td></tr>
<tr><td colspan="6">编制中标文件过程记录</td></tr>
<tr><td>评语</td><td colspan="2"></td><td>指导老师</td><td colspan="2"></td></tr>
</table>

实训工作单三

<table>
<tr><td>班级</td><td></td><td>姓名</td><td></td><td>日期</td><td></td></tr>
<tr><td>教学项目</td><td colspan="5">建设工程招标</td></tr>
<tr><td>任务</td><td colspan="2">建设工程开标、评标、定标</td><td>要求</td><td colspan="2">模拟现场开标流程</td></tr>
<tr><td>相关知识</td><td colspan="5">建设工程招标相关知识</td></tr>
<tr><td>其他要求</td><td colspan="5"></td></tr>
<tr><td colspan="6">模拟开标过程记录</td></tr>
<tr><td>评语</td><td colspan="2"></td><td>指导老师</td><td colspan="2"></td></tr>
</table>

第4章 建设工程投标.pdf

第4章 建设工程投标

04

第4章 建设施工工程投标.avi

【学习目标】

1. 掌握建设施工投标概述及程序
2. 掌握施工组织设计及投标文件
3. 掌握施工投标报价

【教学要求】

本章要点	掌握层次	相关知识点
建设施工工程投标概述及程序	1. 了解投标的概念 2. 掌握投标的程序	投标的概念和程序
施工组织设计及投标文件	1. 掌握建筑市场的主体 2. 掌握施工投标文件	建设施工组织设计及作用、内容与原则
施工投标报价	1. 掌握投标报价的策略 2. 掌握投标报价的分析与评估	投标文件的编制及组成

【项目案例导入】

2017年8月，甲招标代理公司受建设单位委托，进行公开招标，投标截止时间为2017年8月10日，至截止日期止，共有A、B、C、D、E五个投标人应标。

2017年8月12日，投标人A当面向甲招标公司提出质疑，认为投标人B将标书封套上的投标截止日期2017年8月10日9时00分错写成2016年8月10日9时00分，应为不合格标书，不能参加竞标。但甲招标公司负责人并未现场作出答复。

投标人A当日下午又通过电话向甲招标公司负责人提出质疑和申诉，但未得到答复。

次日上午，投标人A公司因甲招标公司未在规定时间内给予答复，认为其违法，于2017

年9月13日向当地财政局提起投诉，要求依照规定，认定投标人B的两份标书无效，把其他四个合格标书中排名靠前的确定为中标人。

2017年9月14日，当地财政局经审核，驳回投标人A的投诉诉求，维持原评标结果。

【项目问题导入】

建筑工程施工投标是建筑业企业取得施工承包合同的主要途径。请结合案例分析投标中存在风险及应对风险的方法。

4.1 建设工程投标概述及程序

投标的概念.mp4

4.1.1 投标的概念

投标是指投标人应招标人的邀请，按照招标的要求和条件，在规定的时间内向招标人递价，争取中标的行为。

投标的基本做法是投标人首先在取得招标文件，认真分析研究后，再编制投标书。投标书实质上是一项有效期至规定开标日期为止的发盘，内容必须十分明确，中标后与招标人签订合同所要包含的重要内容应全部列入，并在有效期内不得撤回标书、变更标书报价或对标书内容作实质性修改。为防止投标人在投标后撤标或在中标后拒不签订合同，招标人通常都要求投标人提供一定比例或金额的投标保证金。招标人决定中标人后，未中标的投标人已缴纳的保证金即予退还。

注：在国际贸易实务中，发盘也称报盘、发价、报价，法律上称为“要约”。

4.1.2 投标的程序

1. 投标的前期工作

1) 查询招标公告与获取招标信息

2) 成立投标组织

公司进行工程投标时，要组织一个强有力的投标班子，其成员包括经理管理类人才、专业技术人才、商务金融类人才与合同管理类人才。

3) 投标的决策

投标决策包括两个方面，其一，针对项目招标时投标还是不投标；其二，投标人如何采用策略和技巧。投标决策的正确与否，关系到能否中标和中标后的效益，关系到施工企业发展前景和职工的经济利益。

2. 购买资格预审文件

(1) 决定投标后，投标人需要并购买资格预审文件。

(2) 编制资格预审申请的主要内容包括：

① 编制资格预审申请函；
② 法定代表人身份证明；
③ 授权委托书；
④ 投标企业概况；
⑤ 拟投入的主要管理人员情况；
⑥ 目前剩余劳动力和施工机械设备情况；
⑦ 近年财务状况；
⑧ 近三年类似项目的完成情况；
⑨ 正在施工的和新承接的项目情况表；
⑩ 近年发生的诉讼和仲裁情况；
⑪ 其他情况。

(3) 资格预审申请文件的装订与签字。

申请人按相关要求，编制完整的资格预审申请文件，用不褪色的材料书写或打印，并由申请人的法定代表人或其委托代理人签字或单位盖章。资格预审申请文件中的任何改动之处均应加单位盖章或由申请人的法定代表人或其委托代理人签字确认。签字或盖章的具体要求见申请人须知前附表。

资格预审申请文件为正本一份，副本份数见申请人须知前附表。正标和副本的封面上应清楚地标记“正本”或“副本”字样。当正本和副本不一致时，以正本为准。

资格预审申请文件正本和副本应分别装订成册，并编制目录，具体装订要求见申请人须知前附表。

3. 报送资格预审申请文件

1) 资格预审申请文件的密封和标识

资格预审申请文件的正本和副本应分开包装，加贴封条，并在封套的封口处加盖申请人单位章。在资格预审申请文件的封套上应清楚地标记“正本”或“副本”字样。

2) 资格预审申请文件的递交

(1) 申请截止时间：见申请人须知前附表；

(2) 申请人递交资格预审申请文件的地点，见申请人须知前附表。

4. 获得招标人投标邀请书

通过招标人的资格预审后，接受招标人发出的投标邀请书。

5. 购买并分析招标文件

1) 投标人须知

投标文件详细说明了投标人在准备和提出报价方面的要求。在投标须知中应特别关注招标人评标的组织、方法和标准，以及授予的合同文件。

2) 通用条款和专用条款

因为投标时段一般比较短，不大可能对不熟悉的施工合同条件了解清楚，所以对于不熟悉的施工合同条件，投标人投标报价要高一些。对通用和专用合同条款都应全面进行评估，对不清楚的问题作归纳和统计，待标前会议或现场考察时解决。

3) 技术规范、招标图纸和参考资料

(1) 技术规范。

技术规范是招标文件和合同文件非常重要的组成部分，是施工过程中承包人控制质量和监理工程师检查验收施工质量的主要依据，是投标人在投标时必不可少的资料，依据这些资料，投标人才能进行工程量的估计和确定报价。

(2) 招标图纸和参考资料。

招标图纸是招标文件和合同中的重要组成部分，是投标人在拟定施工组织方案、确定施工方法和提出替代方案、计算投标报价时必不可少的资料。投标人在投标时应严格按照招标图纸和工程量清单计算报价，招标文件中所提供的图纸均为投标人的参考资料。

4) 工程量清单

研究招标文件的工程量清单时应注意以下事项。

(1) 应当仔细研究招标文件中的工程量清单的编制体系和方法；

(2) 依据投标人须知、技术规范和合同文件以及工程量清单，注意对不同种类的合同采取不同方法和策略。

6. 踏勘现场

1) 勘查现场

开始投标文件编制前，要进行现场勘查，参加人员根据工程情况由主持人确定，并任命行动负责人。现场勘查主要内容有以下几项。

(1) 工程场外运输条件、现场道路、临水、临电、临时设备搭设、交叉作业情况、垂直运输条件、扰民问题等工程环境；

(2) 工程基层完成情况及质量状态。工程拆改项目要了解原建筑情况，样板间要进行细致的图纸对比记录等；

(3) 主持人应召集勘查人员针对现场情况进行分析，通过现场勘查，来发现投标工作中的重点、难点和潜在风险，如技术风险、工期风险、隐含的质量问题给今后商务洽谈带来的风险。要在现场勘查记录表中写明；

(4) 投标人要与技术编制人协商沟通投标中的技术方案，针对技术方案编制施工措施，费用计入报价，对特殊方案要经过总工程师批准。

2) 核实工程量

招标项目的工程量在招标文件的工程量清单有详细说明，但由于各种原因，工程量清单中的工程数量有时候会和图纸中的数量存在不一致的现象。因此，投标人应依据工程招标图纸和技术规范，对招标文件工程量清单中各项工程量逐行核对。

3) 招标答疑

仔细阅读招标文件，认真审核招标图纸，对发现的问题结合现场勘查情况，由相关编制人汇总完成“招标疑问”，经主持人审批后使用公司统一的传真模式按时发出。招标人安排现场答疑，由投标主持人安排参加答疑会的人员。

4) 获得招标人书面答复和招标补遗书

收到招标方的书面答复和招标补遗书后，投标主持人研究其中存在的问题，根据实际情况同投标小组工作人员进行投标策略分析，明确优劣势，确定报价尺度(高、中、低合适价位)，针对企业得分的缺项进行弥补，确定技术标中应体现的组织重点、技术难点等注意的问题，分析招标人和其他投标人的情况等。分析可以采取集中讨论或分头协商的方式。

7. 编制投标文件

投标文件的编制最关键的内容是施工组织设计，它是投标文件的核心。

8. 参加开标会

招标人在规定的时间和地点，在投标人和其他相关人员参加的情况下，当众拆开投标资料，宣布投标人的名称、报价等情况，投标人听标，了解竞争对手的情况。

9. 参加澄清会

评标过程中，评标人以口头或者书面形式向投标人提出问题，在规定的时间内，投标人以书面形式正式答复。澄清和确认的问题须由授权代表人正式签字，并声明将其作为投标文件的组成部分，但澄清的文件不允许变更投标价格或对原投标文件进行实质性修改，如对其具有某些特点的施工方案作进一步解释，补充说明其施工能力和经验或对其提出的建议方案作出详细的说明。

10. 确定中标人

中标人确定后，招标人应当向中标人发出中标通知书，并将结果通知所有未中标的投标人，中标人和招标人应当自中标通知书发出之日起 30 日内，依据招标文件和中标人的投标文件订立书面合同。

11. 合同谈判

中标人首先与建设单位就技术要求、技术规范、施工方案等问题进行进一步的讨论和确认。同时应特别注意，合同中的价格调整条款以及支付条款，要与建设单位进行磋商和确认。另外，对于工期、维修期、违约罚金和工期提前的相关奖励等情况，以及场地移交与技术资料的提供等相关条款也应通过谈判进行明确。

合同谈判.mp4

12. 交履约担保金、签订合同协议书

合同谈判结束后，中标人交履约担保金，招标人和中标人签订书面合同协议书。

【案例 4-1】 某建设公司举行开标会。本次招标共邀请了 A、B、C、D 四家单位参与投标，C 在投标截止时间前就确认不参与投标。开标时间为上午九点，开标当天 A、B 两家单位提前一个小时就到达了开标地点并递交了投标文件，而 D 单位在投标截止时间前半小时告知招标代理机构说严重堵车，无法在规定时间内赶到，要求推迟半小时。招标代理机构与招标人协商后，认为工程进度比较紧张，重新招标时间来不及，希望与其他两家投标单位协商推迟开标时间。经口头协商，其他两家投标单位均表示同意推迟半小时开标。开标后，经评标委员会评审 D 成为排名第一的中标候选人。A、B 两家单位在公示阶段均表示反悔，要求取消 D 的中标候选人资格。甲乙两家单位的要求是否应该被采纳？

4.2 施工组织设计及投标文件

建筑施工组织设计及作用.mp4

4.2.1 施工组织设计

1. 建筑施工组织设计及作用

建筑施工组织设计是规划和指导拟建项目从施工准备到竣工验收全过程的一个综合性的技术经济文件。它是对拟建项目在人力和物力、时间和空间、技术和组织等方面所做的科学合理的统筹安排，具有重要的规划、组织和指导作用，具体表现在如下几个方面。

(1) 施工组织设计是投标文件和合同文件的重要组成内容，可用于指导工程投标与工程承包合同的签订。

(2) 施工组织设计既是施工准备工作的重要内容，又是指导各项施工准备工作的依据。

(3) 施工组织设计在工程设计与施工之间起纽带作用，既要体现建设项目的设计和使用要求，又要符合建筑施工的客观规律，起到衡量施工设计方案的可能性和经济合理性的作用。

(4) 施工组织设计所确定的施工方案、施工顺序、施工进度等，是指导施工活动的重要技术依据；所提出的各项资源需求量计划，是物资供应工作的基础；对现场所做的规划和布置，为现场平面管理和文明施工提供了重要依据。

(5) 通过施工组织设计的编制，可以分析影响工程进度的关键施工过程，充分考虑施工中可能遇到的问题，及时调整施工中的薄弱环节，提高施工的预见性，减少盲目性，实现工期、质量、安全、成本和文明施工等各项生产要素管理的目标及技术组织保证措施，提高建筑企业的综合效益。

(6) 施工组织设计是统筹安排施工企业生产的投入与产出过程的关键和依据，可以协调各施工单位、各工程、各种资源、资金、时间等在施工流程、施工现场布置和施工工艺等方面的关系。

2. 建筑施工组织设计的组成内容

建筑施工组织设计的任务和作用决定了其内容。根据建设项目情况和使用目的的不同，建筑施工组织设计的内容有多与少、深与浅、难与易之分；建筑企业的经验和组织管理水平也会对施工组织设计的内容有所影响。因此，应根据实际情况确定每一个建筑施工组织设计的具体内容，使其能够根据不同工程项目的特点、要求和施工条件，决定各种生产要素的基本结合方式，决定所需人工、材料、机具等的种类、数量及其取得的时间和方式等。一般来说，施工组织设计应包括以下基本内容。

1) 工程概况

工程概况主要包括建设项目的性质、规模、地点、特点、工期、施工条件、自然环境、水文地质等内容。

2)　施工方案

施工方案是编制施工组织设计首先要确定的问题，是建筑生产诸多要素的有效结合方式。施工方案的制订和选择要切实可行，满足对工期的要求，确保建设项目质量和生产安全，满足方案的经济合理性。其主要内容包括各分部分项工程的施工方法的确定、施工机具的选择、施工顺序的安排、流水施工的组织、新工艺新方法的运用、质量安全保证措施等。

3)　施工进度计划

施工进度计划是施工组织设计的关键内容，是组织和控制项目建设进展的依据，是施工组织设计在时间上的体现。其内容主要包括划分施工过程，计算工程量与劳动量，确定工作天数和劳动力数量或机械台班数，编制进度计划表，在资源和施工条件等约束条件下，通过对进度计划调整来实现工期最优、利润最大化的目标等工作。此外，为保证进度计划的实现，还要编制各项资源需求量计划等进度计划的支持性计划。

施工现场平面布置.mp4

4)　施工现场平面布置

施工现场平面布置是施工组织设计在空间上的安排。它是根据建设项目的分布情况，对生产过程中需要的材料、构件、运输工具和劳动力等各项资源以及施工现场临时生活与生产场地所做的统筹安排。主要包括材料、构件、机械、道路、加工厂、临时设施、水源、电源等在施工现场的布置情况。

5)　施工准备工作及各项资源需要量及其供应

该部分主要包括劳动力、机械设备、建筑材料、主要构件等，施工准备工作计划以及施工用水、电、动力、运输、仓储设施等的需要量计划。

6)　主要技术经济指标

技术经济指标是用来评价建筑施工组织的合理性和技术水平的重要依据，主要包括质量指标、工期指标、安全文明指标、实物消耗指标、降低成本指标等。

3. 编制建筑施工组织原则

根据我国工程建设长期积累的经验，结合工程项目生产的特点，在编制施工组织设计和组织工程项目生产的过程中，一般应遵守以下基本原则。

(1)　严格遵守国家关于基本建设的各项规定。

认真执行国家关于基本建设项目的审批制度，严格执行建筑施工程序及国家颁布的技术标准、操作规程，按照规定办理报批手续，严格控制固定资产的投资规模，保证国家重点建设。基本建设程序主要分为计划、设计、施工等阶段，是由基本建设的客观规律所决定的，是建筑安装工程顺利进行的重要保障。

(2)　合理安排施工程序和施工顺序。

建筑施工工艺和技术规律是建筑工程施工固有的客观规律，在建筑施工中必须严格遵守。建筑施工程序和施工顺序反映了分部(分项)工程之间先后顺序和制约关系的客观规律和要求。建筑产品生产必须合理地安排施工程序和顺序，做到先准备工作，后正式施工；先进行全场性工程施工，后进行分项工程施工；先地下后地上；先土建后安装；先主体后围护；先结构后装饰；管线工程先场外后场内等。

(3) 科学确定施工方案。

先进的施工与管理方法是提高劳动生产率，保证工程质量、加快施工进度、降低工程成本的重要途径。在科学确定施工方案时，要注重新材料、新设备、新工艺和新技术的应用。

(4) 组织流水施工，保证施工的连续性、均衡性和节奏性。

实践经验证明，采用流水施工方法组织施工，不仅可以使建筑施工连续、均衡和有节奏地进行，还会带来显著的技术经济效益。因此，应从实际出发组织流水施工，采用网络技术编制施工计划，做好人力、物力的综合平衡，提高施工的连续性和均衡性。

(5) 科学地安排冬、雨季施工项目。

建筑产品露天生产的特点，决定了其容易受气候的影响，这就要求根据施工项目的具体情况，结合天气状况，合理安排施工计划。科学地安排冬、雨季施工项目，就是在安排施工进度计划时，将适合在冬、雨季施工而且不会增加过多施工费用的工程安排在冬、雨季进行施工，这样可增加全年的施工天数，做到全年生产。

(6) 贯彻工厂外预制和现场预制结合的方针，提高建筑工业化程度。

建筑产品工业化是建筑技术提高的重要标志之一，而建筑生产中广泛采用预制构件是建筑产品工业化的前提。在确定预制构件加工方法时，应根据地区条件结合构件种类及加工、运输、安装水平等因素，通过技术经济比较，合理选用预制方案，以取得最佳的效果。

(7) 充分利用现有机械设备，提高机械化程度。

在建筑施工过程中，广泛采用机械化施工代替手工操作，是建筑技术提高的另一重要标志。目前，我国建筑企业的技术装备现代化程度还不高，因此在组织建筑施工时，应恰当选择自有装备、租赁机械与机械化分包等方式，尽量扩大机械化施工范围，提高劳动生产率，减轻劳动强度。

(8) 尽量降低工程成本，提高工程经济效益。

充分发挥机械设备的生产率，尽量减少机械设备的闲置，减少暂设工程和临时性设施，尽量利用正式的、原有的或就近的已有设施，严格控制暂设工程的建造。制定节约能源和材料的措施，尽量利用当地资源，减少物资运输量，避免二次搬运。合理布置施工平面图，最大限度节约施工用地，合理安排人力和物力，使投资控制在批准的限额以内。

(9) 安全施工，保证质量。

贯彻安全生产的方针，建立各项安全管理制度，保证安全施工。尽量采用先进的科学技术和管理方法，提高工程质量，严格执行施工验收规范和质量检验评定标准。

4.2.2 施工投标文件

1. 投标文件的编制要求

投标人应按招标文件的要求编制投标文件。投标文件作为要约，必须符合以下的条件。

(1) 投标文件应按招标文件、《标准施工招标文件》和《行业标准施工招标文件》按“投标文件格式”进行编写；

(2) 投标文件应当对招标文件有关工期、投标有效期、质量要求、技术标准和要求、

招标范围等实质性内容作出响应；

(3) 投标文件应用不褪色的材料书写或打印，并由投标人的法定代表人或其委托代理人签字或单位盖章；

(4) 投标文件的正本一份，副本份数见投标人须知前附表。正本和副本的封面上应清楚地标记“正本”或“副本”的字样。当副本和正本不一致时，以正本为准；

(5) 投标文件的正本和副本应分别装订成册，并编制目录，具体装订要求见投标人须知前附表规定。

在招投标实践中，投标文件有下述情形之一的，属于重大偏差，如未能对招标文件作出实质性响应，会被作为废标处理。

① 没有按照招标文件要求提供投标担保或者所提供的投标担保存在瑕疵；

② 投标文件没有投标人授权代表签字和加盖公章；

③ 投标文件载明的招标项目完成期限超过招标文件规定的期限；

④ 明显不符合技术规格与技术标准的要求；

⑤ 投标文件载明的货物包装方式、检验标准和方法等不符合招标文件的要求；

⑥ 投标文件附有招标人不能接受的条件；

⑦ 不符合招标文件中规定的其他实质性要求。

2. 投标文件的组成

投标文件应包括下列内容。

(1) 投标函及投标函附录；

(2) 法定代表人身份证明或附有法定代表人身份证明的授权委托书；

(3) 联合体协议书(投标人须知前附表规定不接受联合体投标的，或投标人没有组成联合体的，投标文件不包括联合体协议书)；

(4) 投标保证金或保函；

(5) 已标价工程量清单；

(6) 施工组织设计；

(7) 项目管理机构；

(8) 拟分包项目情况表；

(9) 资格审查资料；

(10) 投标人须知前附表规定的其他材料。

3. 编制投标文件

1) 市场调查

(1) 工程专业分包的询价。

① 投标管理部和工程核算部分别组织对工程专业分包的询价，项目管理部提供协助。

询价文件应包括：工程量表、图纸及有关设计资料、执行的技术规范或标准、报价要求、返标日期及报价有效期等。

② 一般选三至五家单位作为询价对象。

(2) 材料设备的询价。

材料设备询价由投标管理部牵头组织并协调物资管理部进行，投标管理部负责提供专业的询价单，一般选三至五家供应商为询价对象。

对于投标过程中的物资询价工作，物资管理部应提供物资信息和供货商名单，并配合进行物资采购的谈判。

各询价责任人对询价工作的准确性承担责任，投标管理部对最终进行投标文件的报价承担责任。

(3) 投标人对投标报价负责汇总，对询价返回资料(报价文件)分别进行审查，主要包括以下几项内容。

①报价是否有重项、漏项；

②计算是否有误，取费是否合理；

③报价中的内容是否与招标文件和询价条件相一致；

④报价文件中附加条件的合理性等。

2) 编制施工组织设计

施工组织设计是投标文件的重要组成部分，是招标人了解投标人的施工技术、管理水平、机械装备的主要途径。施工组织设计的主要内容如下。

(1) 施工方案与技术措施；

(2) 质量管理体系与措施；

(3) 安全管理体系与措施；

(4) 环境保护管理体系与措施；

(5) 工程进度计划与措施；

(6) 资源配备计划；

(7) 技术负责人；

(8) 其他主要人员；

(9) 施工设备；

(10) 试验、检测仪器设备。

3) 投标报价

施工方案或施工组织设计确定后，投标人就可以根据拟定的施工方案和施工现场情况，依据企业定额(或参考现行地区统一定额)、有关费用标准和市场询价情况进行投标报价。

4) 根据市场竞争情况确定投标策略并调整投标报价

投标报价确定后，投标人还应该综合考虑项目的复杂程度、竞争对手情况、材料价格和波动情况、劳动力市场的供应情况、业主的诚信和支付能力、各种风险、投标策略等各方面的因素对投标报价进行最后的调整，确定最终的投标报价。

4. 编制投标文件的注意事项

投标文件制作不当，容易产生废标。投标书是评标的重要依据，是事关投标者能否中标的关键要件。因此，投标者在制作投标书的过程中，必须对以下几个方面足够重视。

(1) 投标人编制投标文件时必须使用招标文件提供的投标文件表格格式，但表格可以按同样格式扩展。投标人在编制投标文件时，凡要求填写的空格都必须填写，否则将被视为放弃意见。实质性的项目或数字，如工期、质量等级未填写，将被作为无效投标文件处理。

(2) 工程施工组织设计是中标后施工管理的计划安排和监理监督的依据之一，一定要科学合理并切实可行。要严格按招标文件和评标标准的要求来编制施工组织设计，千万不能漏项，内容要尽量按评标标准的项目顺序排序，以便于专家打分。工期安排至少提前于业主限定的时间，以取得标书评审中工期提前奖励得分。

(3) 投标报价应与施工组织设计统一，施工方案是投标报价的重要依据，投标报价反过来又指导调整施工方案，两者是相互联系的统一体，不可分离编制。工程量清单所列项目均需填报单价和合价。报价中单价、合价、投标总价一定要计算准确并统一，不可前后矛盾；不可竞争费用，如安全文明施工费与规费，一定要按当地建设行政主管部门的规定报价；其他项目清单中暂定金额与暂估价等千万不要漏项，否则按废标处理；单价调整后及时调整合价及投标总价，避免前后价格不一致；投标报价编制完成后要经他人复核审查，不可有误。

(4) 填报的投标文件应反复校核，保证分项和汇总计算均无错误。全套投标文件均无涂改和行间插字，除非这些删改是根据招标人的要求进行的，或者是投标人造成的必须修改的错误。修改处应由投标文件签字人签字证明并加盖公章。

(5) 技术标采用暗标评审的，投标人在编制投标文件的“技术暗标”的正文中均不得出现投标人的名称和其他可识别投标人身份的字符、徽标、人员名称以及其他特殊标记等，否则，将按废标处理。

【案例 4-2】 某项目招标文件规定了投标文件密封封套包装装订的要求，具体规定了投标文件的技术标和商务标须分袋密封。密封袋正面分别注明“技术标”和“商务标”，并在封面上加盖投标人单位章。未按要求密封的投标文件将不予受理。

可是，招标人在开标现场启封技术标时发现，甲单位将商务标投标文件密封在技术标密封封套中。对此，招标人与投标人各执一词。甲单位认为：招标文件废标条款未规定投标文件未按照招标文件密封封套废标的条款。而招标人认为：招标文件投标人须知中规定了投标文件封套包装装订的要求，投标人密封封套包装装订错误应当拒绝该投标。

该案例在于开标现场启封投标文件后投标文件与密封封套不一致应如何处理？

4.3 施工投标报价

建设工程投标策略的含义.mp4

4.3.1 投标报价的策略

1. 建设工程投标策略的含义

投标策略的含义是指投标人在投标竞争中的指导思想与系统工作部署及其参与投标竞争的手段和方式。投标策略作为投标取胜的手段和方式，贯穿于投标竞争的始终，内容十分丰富，在投标与否、投标报价、投标项目的选择等方面，无不包含投标策略。

尤其需要注意的是，投标策略在投标报价过程中的作用更为显著。工程项目投标技巧的研究，其实质是在保证工程工期与质量的前提下，寻求一个好的报价的技巧问题。恰当的报价是能否中标的关键，但恰当的报价，并不一定是最低报价。实践表明，标价过低(低于正常情况下完成合同所需的价格或低于成本价格)，也会成为废标而不能入围，而标价过高，无疑会失去竞争力而落标。

2. 建设工程投标策略的种类

投标策略的种类较多，投标过程中常见的策略如下。

1)　增加建议方案

有时招标文件中规定，可以提出一个建议方案，即可以修改原设计方案，提出投标者的方案。投标者这时应抓住这种机会，组织一批有经验的设计与施工人员，对原招标文件的设计和施工方案进行认真仔细的研究，提出更为合理的方案来吸引业主，促成自己的方案中标。这种新建议方案可以缩短工期或降低总造价，或使工程运用更加合理，功能更加完善。但是需要注意的是原招标方案一定也要报价。建议方案不要写得太具体，要保留方案的技术关键，防止业主将此建议方案交给其他承包商。同时需要强调的是，建议方案一定要比较成熟，有很好的操作性及可行性，不能不切实际。

2)　不平衡报价法

不平衡报价，是对常规报价的优化，其实质是在保持总报价不变的前提下，通过提高工程量清单中一些子项的综合单价，同时降低另外一些子项的单价来获取较好的经济收益。也就是说对施工方案实施可能性大的子项报高价，对实施可能性小的子项报低价，目的是“早收钱”或“快收钱”，即赚取由于工程量改变而引起的额外收入，改善工程项目的资金流动，赚取由于通货膨胀引起的额外收入。

不平衡报价法.mp4

(1)　不平衡报价法实施的一般原则

①　先期开工的项目(如开办费、土方、基础等)的单价报价高，后期开工的项目(如高速公路的路面、交通设施、装饰、电器安装、绿化等)附属设施的单价报价低。

②　经过核算工程量，估计工程量以后会增加的项目的单价报高价，估计工程量今后会减少的项目的单价报低价。

③　施工图纸内容不明确或有错误的，估计今后会修改的项目的单价报高价，估计今后会取消的项目的单价报低价。

④　没有工程量，只填单价的项目(如土方工程中挖淤泥、岩石、土方搬运等备用单价)其单价报价宜高，这样既不影响投标总价，又有可能多获利润。

⑤　零星用工(记日工)单价一般可稍高于工程中的工资单价，因为记日工不属于承包总价的范围，发生时实报实销，可多获利。但如果招标文件中已经假定了记日工的“名义工程量”，则需要具体分析，以免提高总报价。

⑥　对于允许价格调整的工程，当利率低于物价上涨时，则后期施工的工程子项的单价报价高，反之，报价低。

(2)　不平衡报价法的注意事项。

①　不平衡报价要适度，否则“物极必反”。评标时，对报价的不平衡系数要分析，

严重不平衡报价的可能成为废标。

② 对“钢筋”“混凝土”等常规项目最好不要提高单价。

③ 如果业主要求提供“工程预算书”，则应使工程量清单综合单价与预算书一致。

④ 同一标段中工程内容完全一样的子项的综合单价要一致。

3) 多方案报价法

对于一些招标文件，如果发现工程范围不明确，条件不清楚或技术规范要求过于苛刻时，则要在充分估计投标风险的基础上，按多方案报价法处理，即将原招标文件报一个价，然后再提出对某某条款做某些变动，可降低报价，由此可报出一个较低的价。这样既可以降低总价，又吸引业主。

多方案报价法.mp4

4) 优惠取胜法

向业主提出缩短工期和提高质量及降低支付条件，提出新设计方案、新技术，做到切实可行，提供设备与物资、器材，如交通车辆与生活设施等，以优惠条件吸引业主，争取中标。

5) 以人为本法

注重与业主和当地政府搞好关系，邀请他们到本企业施工管理过硬的在建工地进行实地考察，以显示企业的实力及信誉。信誉一旦被市场认同，对企业就会产生良性循环。处理好人与人之间的关系，获取业主的理解与支持，争取中标。

6) 扩大标价法

这种方法也比较常用，即除了按正常的已知条件编制价格外，对工程中变化较大或没有把握的工作，有可能承担重大风险时，可采用扩大单价，增加“不可预见费”的方法来减少风险。例如在建设工程投标中对工程量清单核对中发现某些分部分项工程量图纸与工程量清单有较大差异，且业主不同意调整，而投标人也不愿意让利的情况下，就可对有差异部分采用扩大标价法报价。

7) 低价投标夺标法

这是一种非常手段，承包商为了打进某一建筑市场，为减少大量窝工损失或为挤走竞争对手，依靠自身的雄厚资本实力，采取一种不惜代价，只求中标的低价，但不能低于企业成本的投标方案。这种方法适用于建设工程中技术要求明确的中小型项目。

【案例 4-3】 某小区土建项目公开招标，A 投标单位投递的投标书报价为 2301 万元，投递投标书的时间距投标截止日期还有 2 天时，经过各种渠道了解发现该报价与竞争对手相比没有优势，于是在开标前，又递上一封折扣信，在投标书报价的基础上，工程量清单单价与总报价各下降 5%，并最终凭借价格的优势拿到了合同。请问这种做法合法吗?

3. 投标策略选取

1) 主观条件

要根据企业的主观条件，即从自身各项的业务能力和能否适应投标工程的要求进行衡量，主要考虑内容如下。

(1) 工人及技术人员的操作技术水平；

(2) 设计能力；

(3) 机械设备的能力；

(4) 熟悉工程的程度和管理经验；

(5) 竞争的激烈程度；

(6) 设备及器材的交货条件；

(7) 以往对类似工程的经验；

(8) 承包后对本企业今后的影响。

如对上述各项因素的综合分析后，大部分条件都能满足，即可初步作出可以投标的判断。国际上通常先根据经验与规定，统计出可以投标的最低总分，综合分析的结果与“最低总分”比较，如超过“最低总分”时则可作出可以投标的判断。

2) 客观因素

必须了解企业自身以外的各种客观因素，主要有以下几种。

(1) 工程的全面情况。包括图纸和说明书，现场地下、地上条件，如地形、土壤地质、水文、交通、水源、电源、气象等，这些都是拟订施工方案的依据和条件。

(2) 业主及其代理人的基本情况。包括资历、工作能力、业务水平、个人的性格和作风等。这些都是有关今后在施工承包结算中能否顺利进行结算的主要因素。

(3) 劳动力的来源情况。如在当地能否招募到比较廉价的工人，以及当地工会对承包商在劳务问题上能否给予合作的态度。

(4) 专业分包，如卫生、电气、空调、电梯等的专业安装力量情况。

(5) 机械设备、建筑材料等的供应来源、供货条件、价格以及市场预测等情况。

(6) 银行贷款的利率、担保收费、保险费率等与投标报价有关的因素。

(7) 当地各项法规，如企业法、劳动法、合同法、关税、外汇管理条例、工程管理条例以及技术规范等。

(8) 竞争对手的情况。包括企业的信誉、历史、经营能力、技术水平、设备能力、以往投标报价的价格情况和经常的投标策略等。

对以上客观因素的了解，除了可以从招标文件和业主对招标工程的介绍和勘察现场获得外，还可以从广泛深入的调查研究、询价、社交活动等多种渠道获得。

对以上主客观因素充分分析后，可对某一具体工程作出判断，认为值得投标后，就要确定采取一定的投标策略，以达到获取中标的机会，在中标后又可达到盈利的目的。

4.3.2 投标报价的分析与评估

投标报价是所有招标投标工作中的一项既主要又关键的工作，投标报价报高了容易出局，投标报价报低了又造成“招标过度”。当初步报价估算出来之后，必须对其进行多方面的分析与评估。分析评估的目的是探讨初步报价的赢利和风险，从而作出最终报价的决策。投标分析可以从以下几方面进行。

1. 报价的静态分析

报价的静态分析是依据本企业长期工程实践中积累的大量经验数据，用类比的方法判断初步报价的合理性。可从以下几个方面进行分析。

1)　分项统计计算并计算其比例指标

(1)　统计同类工程总工程量及各单项工程量。

(2)　统计材料总价及各主要材料数量和分类总价。

计算单位产品的总材料费用指标和各主要材料消耗指标和费用指标；计算材料费占报价的比重。

(3)　统计劳务费。

总价及主要工人、辅助工人和管理人员的数量，按报价、工期、工程量及统计的工日总数量算出单位产品的用工数(生产用工和全员用工数)、单位产品的劳务费。并算出按规定工期完成工程时，生产工人和全员的平均人月产值和人年产值。计算劳务费占总报价的比重。

(4)　统计临时工程费用。

机械设备使用费、机械设备购置费及模板、脚手架和工具等费用，计算它们占总报价的比重，以及分别占购置费的比例(拟摊人本工程的价值比例)和工程结束后的残值。

(5)　统计各类管理费汇总数。

计算它们占总报价的比重，计算利润、贷款利息的总数和所占比例。

(6)　如果报价人有意地分别增加了某些风险系数，可以列为潜在利润或隐匿利润提出，以便研讨。

(7)　统计分包工程的总价及各分包商的分包价。

计算其占总报价和承包商自己施工的直接费用的比例。并计算各分包商分别占分包总价的比例，分析各分包价的直接费、间接费和利润。

2)　从宏观方面分析报价结构的合理性

例如，分析总直接费用和总管理费用的比例关系，劳务费和材料费的比例关系，临时设施和机具设备费用与总直接费用的比例关系，利润、流动资金及其利息与总报价的比例关系，以便判断报价的构成是否合理。如果发现有不合理的部分，应当初步分析其原因。首先是研究本工程与其他类似工程是否存在某些不可比因素，如果排除不可比因素的影响后，仍然存在报价结构不合理的情况，就应当深入探讨其原因，并考虑适当调整某些基价、定额或分摊系数。

3)　探讨工期与报价的关系

根据进度计划与报价，计算人均月产值、人均年产值，如果从承包商的实践经验角度判断过高或者过低，就应当考虑工期的合理性，或考虑所采用定额的合理性。

4)　分析单位产品价格与用工量和用料量的合理性

参照实施同类工程的经验，如果本工程与可类比的工程有些不可比因素，可以扣除不可比因素后进行分析比较。还可以在当地搜集类似工程的资料，排除某些不可比因素后进行分析对比，以分析本报价的合理性。

5)　明显不合理报价的构成

部分进行微观方面的分析检查，重点是从提高工效、改变施工方案、调整工期、压低供应商和分包商的价格、节约管理等方面提出可行措施，并修正初步报价。

2. 报价的动态分析

报价的动态分析是假定某些因素发生变化，测算报价的变化幅度，特别是这些变化对工程目标利润的影响。

1) 延误工期的影响

由于承包商自身的原因，如材料设备交货拖延，管理不善造成工程中断，质量问题导致返工等原因而引起的工期延误，承包商不但不能向业主索赔，而且还要交违约罚款。另一方面，该原因所导致的工期延误，也可能会增加承包商的管理费、劳务费、机械使用费以及资金成本。一般情况下，可以测算工期延长某一段时间，上述各种费用增加的数额及其占总报价的比率。这种增加的开支部分只能用风险费和利润来弥补。因此，可以通过多次测算，预计工期拖延多久，利润损失多少。

2) 物价和工资上涨的影响

通过调整报价计算中材料设备和工资上涨系数，测算其对利润的影响。同时调查工程物价和工资的升降趋势和幅度，以便作出恰当判断。通过这一分析，可以得知报价中的利润对物价和工资上涨因素的承受能力。

3) 其他可变因素的影响

影响报价的可变因素很多，而有些是投标人无法控制的，如贷款利率的变化、政策法规的变化等。通过分析这些可变因素的变化，可以了解投标项目利润的受影响程度。

3. 报价的盈亏分析

报价的盈亏分析.mp4

初步计算的报价经过上述几方面进一步的分析后，可能需要对某些分项的单价作出必要的调整，然后形成基础标价，再经盈亏分析，提出可能的低标价和高标价，供投标报价决策时选择。盈亏分析包括盈余分析和亏损分析两个方面。

1) 报价的盈余分析

盈余分析是从报价组成的各个方面挖掘潜力以节约开支，计算出基础标价可能降低的数额，即所谓“挖潜盈余”，进而算出低标价。盈余分析可从下列几个方面进行。

①定额和效率。即工料、机械台班消耗定额以及人工、机械效率分析；②价格分析：即对劳务价格、材料设备价格、施工机械台班(时)价格三方面进行分析；③费用分析：即对管理费、临时设施费、开办费等方面逐项分析，重新核实，找出有无潜力可以挖掘；④其他方面：如保证金、保险费、贷款利息、维修费等方面均可逐项复核，找出有潜力可挖之处。

经过上述分析，最后得出总的估计盈余总额，但应考虑到挖潜不可能百分之百实现，故尚需乘以一定的修正系数(一般取 0.5～0.7)，据此求出可能的低标价。

$$低标价=基础标价-(挖潜盈余\times修正系数) \tag{4-1}$$

2) 报价的亏损分析

报价的亏损分析.mp4

亏损分析是针对报价编制过程中，因对未来施工过程中可能出现的不利因素估计不足而引起的费用增加的分析，以及对未来施工过程中可能出现的质量问题和施工延期等因素而带来的损失的预测。主要可从以下方面着手分析。

①工资；②材料、设备价格；③质量问题；④作价失误；⑤不熟悉当地法规、手续所发生的罚款等；⑥自然条件；⑦管理不善造成质量、工作效率等问题；⑧建设单位、监理

工程师方面问题；⑨管理费失控。

以上分析估计出的亏损额，同样乘以修正系数(0.5～0.7)，并据此求出可能的高标价。

$$高标价=基础标价+(估计亏损\times修正系数) \tag{4-2}$$

必须注意，在亏损分析中，有若干因素有时可能不易与不可预见费中的某些因素划分清楚，考虑时切勿重复或漏项，以免影响报价的高低。

4. 报价的风险分析

报价的风险分析.mp4

从投标到竣工直至维修期满的整个过程中，由于政治、经济、社会、市场的变化及工程实施中的不可预见事件，会直接或间接地影响工程项目的正常实施，给承包商带来利润的减少甚至亏损的风险。报价风险分析就是要对影响报价的风险因素进行评价，对风险的危害程度和发生的概率作出合理的估计，并采取有效措施来避免或减少风险。同时要求各招投标部门要依据有关法律法规与规范编制招标文件，正确引导投标企业合理报价，减少恶性竞争价的可能。

总之，报价的分析对调整投标价格起到了很重要的作用，调整投标价格应当建立在对工程盈亏分析的基础上。盈亏预测应用多种方法从多角度进行，找出计算中的问题并分析可以通过采取哪些措施降低成本，增加盈利，以确定最后的投标报价。

4.4 案例分析

【案例1】

某房地产公司计划在北京开发某住宅项目，采用公开招标的形式，有A、B、C、D、E五家施工单位领取了招标文件。本工程招标文件规定2016年1月20日上午10:30为投标文件接收终止时间。在提交投标文件的同时，需投标单位提供投标保证金20万元。在2016年1月20日，A、B、C、D四家投标单位在上午10:30前将投标文件送达，E单位在上午11:00送达。各单位均按招标文件的规定提供了投标保证金。在上午10:25时，B单位向招标人递交了一份投标价格下降5%的书面说明。在开标过程中，招标人发现C单位的标袋密封处仅有投标单位公章，没有法定代表人印章或签字。

【问题】

1. 此次招标过程中哪些是废标，为什么？
2. B单位向招标人递交的书面说明是否有效？
3. 通常情况下，废标的条件有哪些？

【分析】

1. 在此次招投标过程中，C、E两家标书为无效标。C单位因投标书只有单位公章未有法定代表人印章或签字，不符合招投标法的要求，为废标；E单位未能在投标截止时间前送达投标文件，按规定应作废标处理。

2. B单位向招标人递交的书面说明有效。根据《招标投标法》的有关规定，投标人在招标文件要求提交投标文件截止时间前，可以补充、修改或者撤回已提交的投标文件，补充、修改的内容作为投标文件的组成部分。

3. 废标的条件如下。

(1) 投标文件载明的招标项目完成期限超过招标文件规定的期限;

(2) 未按招标文件要求密封的;

(3) 投标文件没有投标人授权代表签字和加盖公章;

(4) 未按规定格式填写，内容不全或关键字迹模糊，无法辨认的;

(5) 投标人递交两份或多份内容不同的投标文件，或在一份投标文件中对同一招标项目报有两个或多个报价，且未声明哪一个有效(按招标文件规定提交备选投标方案的除外);

(6) 投标人名称或组织机构与资格预审时不一致的;

(7) 未按招标文件要求提交投标保证金的;

(8) 联合体投标未附联合体各方共同投标协议的;

(9) 没有按照招标文件要求提供投标担保或者所提供的投标担保存在瑕疵;

(10) 明显不符合技术规格、技术标准的要求;

(11) 投标文件载明的货物包装方式、检验标准和方法等不符合招标文件的要求;

(12) 投标文件附有招标人不能接受的条件;

(13) 不符合招标文件中规定的其他实质性要求。

【案例 2】

江苏某大型电厂一期主厂房桩基工程，此项目由中国国电集团公司、江苏省国信资产管理集团有限公司、江苏省交通控股有限公司、苏源集团江苏发电有限公司、泰州市泰能投资管理有限责任公司五方共同出资建设，资金到位情况良好，属国家重点工程。竞争对手主要为江苏当地和上海的管桩施工队伍，这些管桩施工队伍经验丰富，但投标报价水平偏低。

经过对该项目状况与竞争对手的情况分析，从企业自身需求出发，为了能够在管桩施工领域打开市场并建立信誉，决定采用竞争型策略，以成本加微利报价。低价的投标策略确定后，在具体报价中采用了不平衡报价法。桩基施工的工程项目相对较少，只有打桩和送桩两项，招标文件要求两种桩径的送桩长度分别为 3m 和 5m，补充通知将两种桩径的送桩深度均按 5m 报价，通过对招标文件技术条款和图纸分析，送桩深度可能不足 5m，送桩的结算工程量很可能小于招标工程量。因此，报价中适当调低了送桩单价，也就是在总价不变的情况下调高打桩单价，以期在合同执行中为企业带来较好的经济效益。此后的实践证明，此次采取的投标策略是正确的。

本 章 小 结

本章主要阐述了建设工程投标程序，建设工程投标报价编制的方法，介绍了建设工程投标报价在决策阶段的投标策略及技巧，使投标人达到既中标又盈利的目的。通过本章节的学习，让学生更好地解决实际问题。

实训练习

一、单选题

1. 按照建筑法及其相关规定，投标人之间(　　)不属于串通投标的行为。
   A. 相互约定抬高或者降低投标报价
   B. 约定在招标项目中分别以高、中、低价位报价
   C. 相互探听对方投标标价
   D. 先进行内部竞价，内定中标人后再参加投标
2. 投标保证金有效期应当超出投标有效期(　　)。
   A. 15 天　　B. 21 天　　C. 30 天　　D. 45 天
3. 根据《招标投标法》的规定，投标保证金最高不得超过(　　)万元人民币。
   A. 30　　B. 50　　C. 80　　D. 100
4. 根据《招标投标法》规定，投标联合体(　　)。
   A. 可以牵头人的名义提交投标保证金　　B. 必须由相同专业的不同单位组成
   C. 各方应在中标后签订共同投标协议　　D. 是各方合并后组建的投标实体
5. 下列选项中，不属于投标人实施的不正当行为的是(　　)。
   A. 投标人以低于成本的报价竞标
   B. 招标者预先内定中标者，在确定中标者时以此决定取舍
   C. 投标人以高于成本 10% 以上的报价竞标
   D. 投标者之间进行内部竞价，内定中标人，然后再参加投标

二、多选题

1. 投标文件包括(　　)。
   A. 投标函　　B. 施工组织设计　　C. 申请书
   D. 投标报价　　E. 财务报表
2. 投标人编写投标文件时的施工组织设计应当满足(　　)的要求。
   A. 招标文件合同条款　　B. 技术规范　　C. 设计图纸
   D. 计划工期　　E. 工程造价
3. 投标人在送交投标文件时，应按新情况更改或补充其在申请资格预审时提供的资料，以证实其仍能继续满足资格预审合格的最低标准，至少应更新的资料有(　　)。
   A. 财务状况方面的变化
   B. 资格预审之后新承包的工程名称、规模、进展程度和工程质量
   C. 资格预审后新交工的工程及评定的质量等级
   D. 企业以往的仲裁或诉讼介入情况
   E. 拟投入本项目主要人员变化情况
4. 下列可以做投标保证金的有(　　)。
   A. 现金支票　　B. 银行保函　　C. 银行汇票

D. 担保单位的信用担保　　E. 保兑支票

5. 《工程建设项目施工招标投标办法》中规定的无效投标文件包括(　　)。

A. 未按规定的格式填写的投标文件

B. 在一份投标文件中对同一招标项目报有多个报价的投标文件

C. 投标人名称与资格预审时不一致的投标文件

D. 未按照招标文件要求提交投标保证金

E. 既有法人代表或法人代表授权的代理人的签字，也有单位盖章的投标

三、简答题

1. 简述建筑施工投标基本程序。
2. 简述建筑施工组织设计及作用。
3. 简述建设工程投标策略的种类。

第 4 章　课后答案.pdf

实训工作单一

<table>
<tr><td>班级</td><td></td><td>姓名</td><td></td><td>日期</td><td></td></tr>
<tr><td>教学项目</td><td colspan="5">建设工程投标</td></tr>
<tr><td>任务</td><td colspan="2">投标文件的编制和投标报价</td><td>要求</td><td colspan="2">编制一套五层框架结构的施工图的投标报价文件</td></tr>
<tr><td>相关知识</td><td colspan="5">施工投标相关知识</td></tr>
<tr><td>其他要求</td><td colspan="5"></td></tr>
<tr><td colspan="6">施工投标文件编制过程记录</td></tr>
<tr><td>评语</td><td colspan="2"></td><td>指导老师</td><td colspan="2"></td></tr>
</table>

实训工作单二

<table>
<tr><td>班级</td><td></td><td>姓名</td><td></td><td>日期</td><td></td></tr>
<tr><td>教学项目</td><td colspan="5">建设工程投标</td></tr>
<tr><td>任务</td><td colspan="2">投标报价的策略和投标报价分析评估</td><td>要求</td><td colspan="2">1. 学习投标报价的策略
2. 投标报价评估</td></tr>
<tr><td>相关知识</td><td colspan="5">施工投标相关知识</td></tr>
<tr><td>其他要求</td><td colspan="5"></td></tr>
<tr><td colspan="6">学习过程记录</td></tr>
<tr><td>评语</td><td colspan="2"></td><td>指导老师</td><td colspan="2"></td></tr>
</table>

第5章 建设工程合同管理.pdf

第5章 建设工程合同管理 05

第5章 建设工程合同管理.avi

【学习目标】

1. 了解建设工程合同管理的概念
2. 熟悉建设工程发承包的模式
3. 了解建设工程合同的分类与特点
4. 熟悉合同各方主体的责任与义务

【教学要求】

本章要点	掌握层次	相关知识点
建设工程合同内容	1. 掌握建设工程合同的概念与特点 2. 理解建设工程合同中相关词语定义与解释 3. 掌握建设工程主体的权利与义务	暂估价、暂列金额
建设工程合同	1. 掌握建设工程合同的内容 2. 了解建设工程合同的作用 3. 掌握示范文本的内容	协议书、通用合同条款与专用条款
建设工程合同分类	1. 以工程计价方式分类 2. 以承包人所处地位分类	单价合同、总价合同、成本加酬金合同 总承包
建设工程合同的效力及影响	1. 掌握建设工程合同无效的情形 2. 未取得建设审批手续的施工合同的效力	转包、分包

【项目案例导入】

某工程进行扩建，建设单位是A公司，施工总承包单位是B工程总公司，工程合同款为5680万元，已完成工程量3200万元。B公司涉嫌将剩余工程量1120万元转包给C公司，C公司又涉嫌转包给自然人甲。当地住房城乡建设主管部门随即对其展开调查。

【项目问题导入】

建设工程合同是指承包人为了完成建设单位某一项建设工程的全部或其中一部分工作，明确彼此的权利和义务的协议而和发包人签订的合同，请根据本章内容结合案例，试分析建设工程合同的作用。

5.1 建设工程合同概述

5.1.1 建设工程合同的基本内容

根据《中华人民共和国合同法》规定，勘察、设计合同的内容包括提交有关基础资料和文件(包括概预算)的期限、质量要求、费用以及其他协作条件等条款；施工合同的内容包括工程范围、建设工期、中间交工工程的开工和竣工时间、工程质量、工程造价、技术资料交付时间、材料和设备供应责任、拨款和结算、竣工验收、质量保修范围和质量保证期、双方相互协作等条款。合同签订后，因改变建设规模、生产工艺、建设地点而影响建设工期或合同造价时，应根据批准的文件修正或补充原合同，必要时需要重新签订合同。

1. 建设工程合同的概念与特点

建设工程合同的特点.mp4

建设工程合同是指承包人为了完成建设单位某一项建设工程的全部或其中一部分工作，明确彼此的权利和义务的协议而和发包人签订的合同。承包人应完成建设单位交给的施工任务，建设单位应按照规定提供必要条件并支付相应工程价款。建设工程合同通常包括建设工程勘察、设计、施工合同，属于承揽合同的特殊类型，其特殊在以下几点。

1) 合同的主体存在限制

法律对建设工程合同的发包人和承包人的主体资格均有要求。发包人一般为建设工程的建设单位，承包人为具有从事勘察、设计、施工业务资格的法人，而且要具有相应的资质。自然人既不能成为建设工程合同的发包人，也不能成为承包人。承揽合同的主体没有限制，可以是公民个人，也可以是法人。

2) 合同标的的限定性不同

建设工程合同的标的是建设工程，一般是比较大型的项目，具有投资大、周期长、质量要求高与技术力量全面等特点，而承揽合同的标的一般较小，如自然人为修建或者装修房屋或农村居民自建低层住房。

3)　建设工程合同的要式性

《中华人民共和国建筑法》与《中华人民共和国合同法》均有明确的规定，法律对建设工程合同的形式要件有特殊要求，其应当采用书面形式。而承揽合同既可以是书面的也可以是口头形式，而且在定作人为自然人时多采用口头形式。

4)　合同价款的变动性不同

一般来说，建设工程合同因工程量较大，工期较长，材料和费用在订立合同时难以准确计算，所以在结算时通常可以突破合同的计价条款。而承揽合同中的价款条款较为固定，除经双方协商变更外，一般应当按照合同中约定的价款计算。

建设工程合同是一种诺成合同，合同签订生效后双方应当严格履行。同时建设合同也是一种双务、有偿合同，当事人双方在合同中都有各自的权利和义务，在享有权利的同时也必须履行义务。建设合同的定义，体现了合同双方当事人即发包人和承包人的基本义务。承包人的基本义务就是按质按期地进行工程建设，包括勘察、设计和施工；发包人的基本义务就是按照约定支付价款。

2. 建设工程合同中相关词语定义与解释

(1)　索赔。在合同履行过程中，对于并非自己的过错，而是应由对方承担责任的情况造成的实际损失，向对方提出经济补偿和(或)工期顺延的要求。

(2)　不可抗力。不能预见、不能避免且不能克服的客观情况。

(3)　基准日期。招标发包的工程以投标截止日前 28 天的日期为基准日期，直接发包的工程以合同签订日前 28 天的日期为基准日期。

(4)　缺陷责任期。承包人按照合同约定承担缺陷修复义务。发包人预留质量保证金的期限，自工程实际竣工日起算。

(5)　质量保证金。按照《通用条款》约定承包人用于保证其在缺陷责任期内履行缺陷修补义务的担保。

(6)　签约合同价。发包人和承包人在合同协议书中确定的总金额，包括安全文明施工费、暂估价及暂列金额等。

(7)　合同价格。发包人用于支付承包人按照合同约定完成承包范围内全部工作的金额，包括合同履行过程中按合同约定发生的价格变化。

(8)　暂估价。发包人在工程量清单或预算书中提供的用于支付必然发生但暂时不能确定价格的材料、工程设备的单价，专业工程以及服务工作的金额。

(9)　暂列金额。发包人在工程量清单或预算书中暂定并包括在合同价格中的一笔款项，用于工程合同签订时尚未确定或者不可预见的所需材料、工程设备、服务的采购，施工中可能发生的工程变更，合同约定调整因素出现时的合同价格调整以及发生的索赔，现场签证确认等的费用。

(10) 计日工。合同履行过程中，承包人完成发包人提出的零散工作或需要采用计日工计价的变更工作时，按合同中约定的单价计价的一种方式。

3. 建设工程的主体

1)　发包人责任

(1)　除专用合同条款另有约定外，发包人应根据合同工程的施工需要，负责办理取得出入施工场地的专用和临时道路的通行权，以及取得为工程建设所需修建场外设施的权利，并承担有关费用。承包人应协助发包人办理上述手续。

(2) 发包人应在专用合同条款约定的期限内，通过监理人向承包人提供测量基准点、基准线和水准点及其书面资料。

发包人应对其提供的测量基准点、基准线和水准点及其书面资料的真实性、准确性和完整性负责。发包人提供上述基准资料错误导致承包人测量放线工作的返工或造成工程损失的，发包人应当承担由此增加的费用和(或)工期延误的责任，并向承包人支付合理利润。

(3) 发包人的施工安全责任。

发包人应按合同约定履行安全职责，授权监理人按合同约定的安全工作内容监督、检查承包人安全工作的实施，组织承包人和有关单位进行安全检查。

发包人应对其现场机构雇佣的全部人员的工伤事故承担责任，但由于承包人原因造成发包人人员工伤的，应由承包人承担责任。

免发包人应负责赔偿以下情况造成的第三者人身伤亡和财产损失。

① 工程或工程的任何部分对土地的占用所造成的第三者财产损失；

② 由于发包人原因在施工场地及其毗邻地带造成的第三者人身伤亡和财产损失。

(4) 治安保卫的责任。除合同另有约定外，发包人应与当地公安部门协商，在现场建立治安管理机构或联防组织，统一管理施工场地的治安保卫事项，履行合同工程的治安保卫职责。

发包人和承包人除应协助现场治安管理机构或联防组织维护施工场地的社会治安外，还应做好包括生活区在内的各自管辖区的治安保卫工作。

除合同另有约定外，发包人和承包人应在工程开工后，共同编制施工场地治安管理计划，并制定应对突发治安事件的紧急预案。在工程施工过程中，发生暴乱、爆炸等恐怖事件，以及群殴、械斗等群体性突发治安事件的，发包人和承包人应立即向当地政府报告。发包人和承包人应积极协助当地有关部门采取措施平息事态，防止事态扩大，尽量减少财产损失和避免人员伤亡。

(5) 工程施工过程中发生事故的，承包人应立即通知监理人，监理人应立即通知发包人。发包人和承包人应立即组织人员和设备进行紧急抢救和抢修，减少人员伤亡和财产损失，防止事故扩大，并保护事故现场。需要移动现场物品时，应作出标记和书面记录，妥善保管有关证据。发包人和承包人应按国家有关规定，及时如实地向有关部门报告事故发生的情况，以及正在采取的紧急措施等。

(6) 发包人应将其持有的现场地质勘探资料、水文气象资料提供给承包人，并对其准确性负责。但承包人应对其阅读上述有关资料后所作出的解释和推断负责。

2) 发包人义务

(1) 遵守法律。发包人在履行合同过程中应遵守法律，并保证承包人免于承担因发包人违反法律而引起的任何责任。

(2) 发出开工通知。发包人应委托监理人按合同约定向承包人发出开工通知。

(3) 提供施工场地。发包人应按专用合同条款约定向承包人提供施工场地，以及施工场地内地下管线和地下设施等有关资料，并保证资料的真实、准确与完整。

(4) 协助承包人办理证件和批件。发包人应协助承包人办理法律规定的有关施工证件和批件。

(5) 组织设计交底。发包人应根据合同进度计划，组织设计单位向承包人进行设计交底。

(6) 支付合同价款。发包人应按合同约定向承包人及时支付合同价款。

(7) 组织竣工验收。发包人应按合同约定及时组织竣工验收。

(8) 其他义务。发包人应履行合同约定的其他义务。

3) 发包人违约的情形

在履行合同过程中发生的下列情形，属发包人违约：

(1) 发包人未能按合同约定支付预付款或合同价款，或拖延、拒绝批准付款申请和支付凭证，导致付款延误的；

(2) 发包人原因造成停工的；

(3) 监理人无正当理由没有在约定期限内发出复工指示，导致承包人无法复工的；

(4) 发包人无法继续履行或明确表示不履行或实质上已停止履行合同的；

(5) 发包人不履行合同约定的其他义务。

4) 承包人的责任与义务

(1) 承包人的一般责任与义务。

① 遵守法律。承包人在履行合同过程中应遵守法律，并保证发包人免于承担因承包人违反法律而引起的任何责任。

② 依法纳税。承包人应按有关法律规定纳税，应缴纳的税金包括在合同价格内。

③ 完成各项承包工作。承包人应按合同约定以及监理人的指示，实施完成全部工程，并修补工程中的任何缺陷。除专用合同条款另有约定外，承包人应提供为完成合同工作所需的劳务、材料、施工设备、工程设备和其他物品，并按合同约定负责临时设施的设计、建造、运行、维护、管理和拆除。

④ 对施工作业和施工方法的完备性负责。承包人应按合同约定的工作内容和施工进度要求，编制施工组织设计和施工措施计划，并对所有施工作业和施工方法的完备性和安全可靠性负责。

⑤ 保证工程施工和人员安全。承包人应按合同约定采取施工安全措施，确保工程及其人员、材料、设备和设施的安全，防止因工程施工造成的人身伤害和财产损失。

⑥ 负责施工场地及其周边环境与生态的保护工作。承包人应按照合同约定负责施工场地及其周边环境与生态的保护工作。

⑦ 避免施工对公众与他人的利益造成损害。承包人在进行合同约定的各项工作时，不得侵害发包人与他人使用公用道路、水源、市政管网等公共设施的权利，避免对邻近的公共设施产生干扰。承包人占用或使用他人的施工场地，影响他人作业或生活的，应承担相应责任。

⑧ 为他人提供方便。承包人应按监理人的指示为他人在施工场地或附近实施与工程有关的其他各项工作提供可能的条件。除合同另有约定外，提供有关条件的内容和可能发生的费用，由监理人按合同规定的办法与双方商定或确定。

⑨ 工程的维护和照管。工程接收证书颁发前，承包人应负责照管和维护工程。工程接收证书颁发时尚有部分未竣工工程的，承包人还应负责该未竣工工程的照管和维护工作，直至竣工后移交给发包人为止。

⑩ 其他义务。承包人应履行合同约定的其他义务。

(2) 承包人的其他责任与义务。

① 承包人不得将工程主体、关键性工作分包给第三人。除专用合同条款另有约定外，未经发包人同意，承包人不得将工程的其他部分或工作分包给第三人。

承包人应与分包人就分包工程向发包人承担连带责任。

② 承包人应在接到开工通知后28天内，向监理人提交承包人在施工场地的管理机构以及人员安排的报告，其内容应包括管理机构的设置、各主要岗位的技术和管理人员名单及其资格，以及各工种技术工人的安排状况。承包人应向监理人提交施工场地人员变动情况的报告。

③ 承包人应对施工场地和周围环境进行勘察，并收集有关地质、水文、气象条件、交通条件、风俗习惯以及其他为完成合同工作有关的当地资料。在全部合同工作中，应视为承包人已充分估计了应承担的责任和风险。

建设工程施工合同的内容.mp4

4. 建设工程施工合同的内容

建设工程施工合同是指由承包人进行工程建设，发包人支付价款的合同。在建设工程施工合同方面，目前适用的示范文本主要为《建设工程施工合同示范文本》(简称示范文本)，中国的各类建设工程施工合同基本都采纳了这一示范合同文本。

建设工程施工合同主要内容包括以下几项。

(1) 工程概况：包括工程的具体地点，占地面积，结构特征(如钢筋混凝土的规格，工程跨度、层数等)。

(2) 合同工期：包括开、竣工日期以及延期开工的责任、工期延误的责任、工期提前的条件等。

(3) 质量标准：发、承包人必须遵守《建设工程质量条例》的有关规定，保证质量符合工程建设强制性标准，约定工程应达到的等级(合格或者优良)，还应约定质量达不到要求的违约责任及争议的解决办法等。

(4) 签约合同价和合同价格形式：在以招标投标方式签订的合同中，以中标时确定的金额为准。采用何种形式进行结算，需双方根据具体情况进行协商，并在合同中明确约定。

(5) 工程验收及工程价款的支付：包括验收范围和内容，标准和依据，验收人员的组成，验收方式和日期。建设工程竣工后，发包人应根据施工图纸及说明书以及国家颁布的施工验收规范和质量检验标准及时进行验收。

(6) 设计文件及概算预算、技术资料的提供日期及提供方式。

(7) 材料的供应及材料进场期限。

(8) 工程变更：合同签订后，发包人或监理工程师有权改变合同中规定的工程项目，承包人应按变更后的工程项目要求进行施工。因工程变更增加或减少的费用，应在合同的总价中予以调整，工期也要相应改变。

(9) 违约、索赔和争议。

(10) 当事人约定的其他事项。

5. 建设工程施工合同的作用

建设工程施工合同的签订为项目管理提供了管理对象，是施工管理全过程的基础，也是工程建设质量控制、进度控制与投资控制的主要依据。在市场经济条件下，建设市场主体之间的权利义务关系主要是通过合同确立的，而合同管理贯穿于工程实施的全过程和工程实施的各个方面，作为其他工作的指南，对整个项目的实施起到总控制和总保证的作用。其特点如下。

(1) 不同利益的当事人，在同一经济事务中发生一定的关系，但当事人只能是业主和中标人；

(2) 合同当事人在一定的合同事务中，有各自不同的允诺，这种允诺是出于自愿的；

(3) 当事人在合同关系中法律地位是平等的，一方不得强迫另一方接受自己的意见；

(4) 合同的缔结受一定的社会制度、法律、政策的约束，合同订立的内容必须合法，为法律所承认；

(5) 合同的订立一般采用书面形式，书面合同由于有法律强制性，因此对措词的准确性和鲜明性要求十分严格，不容有丝毫的含糊。

表 5-1　建设工程施工合同(节选)

发包人(全称)：________________________________ 承包人(全称)：________________________________ 依照《中华人民共和国合同法》《中华人民共和国建筑法》及其他有关法律、行政法规，遵循平等、自愿、公平和诚实信用的原则，发、承包人就__________工程施工及有关事项协商一致，订立本合同。达成协议如下： 一、工程概况 工程名称：________________________________ 工程地点：________________________________ 工程规模及结构特征：________________________ 工程承包范围：____________________________ 群体工程应附承包人承揽工程项目一览表(附件 1) 工程立项批准文号：________________________ 资金来源：________________________________ 二、合同工期 计划开工日期：____________________________ 计划竣工日期：____________________________ 合同工期总日历天数____天 三、质量标准 工程质量标准：__合格__ 四、合同价款 币种： 合同总价(大写)：________________元(人民币) (小写)：￥：____________元 五、组成合同的文件 组成本合同的文件包括。

续表

1. 本合同协议书
2. 中标通知书
3. 投标书及其附件
4. 经确认的工程报价单
5. 本合同专用条款和补充条款
6. 本合同通用条款
7. 技术标准和要求
8. 图纸
9. 已标价工程量清单或预算书
10. 双方有关工程的洽商、变更等书面记录和文件
11. 发包人或工程师有关通知及工程会议纪要
12. 工程进行过程中的有关信件、数据电文(电报、电传、传真、电子数据交换和电子邮件)

六、项目经理

承包人项目经理：________________

七、词语定义

本协议书中有关词语含义与本合同第二部分《通用条款》中分别赋予它们的定义相同。

八、承包人承诺

承包人向发包人承诺按照合同约定及工程师的指令进行施工、竣工并在质量保修期内承担工程质量保修责任并履行本合同书所约定的全部义务。

九、发包人承诺

发包人向承包人承诺按照合同约定的期限和方式支付合同价款及其他应当支付的款项，并履行本合同所约定的全部义务。

十、补充协议

合同未尽事宜，合同当事人另行签订补充协议，补充协议是合同的组成部分。

十一、合同生效

合同订立时间：______年___月___日

合同订立地点：__________________

本合同双方约定____________后生效

发包人和承包人约定双方法定代表人签字或盖章后生效，并送工程所在地县级以上地方人民政府建设行政主管部门备案。

发包人：(公章)	承包人：(公章)
组织机构代码：	组织机构代码：
住　　所：	住　　所：
法定代表人：	法定代表人：
委托代理人：	委托代理人：
电　　话：	电　　话：
传　　真：	传　　真：
电子信箱：	电子信箱：
开户银行：	开户银行：
账　　号：	账　　号：
邮政编码：	邮政编码：

6. 示范文本

《示范文本》由《协议书》《通用合同条款》与《专用条款》三部分组成，并附有 11 个附件，分别是附件 1：承包人承揽工程项目一览表和专用合同条款附件：附件 2：发包人供应材料设备一览表；附件 3：工程质量保修书；附件 4：主要建设工程文件目录；附件 5：承包人用于本工程施工的机械设备表；附件 6：承包人主要施工管理人员表；附件 7：分包人主要施工管理人员表；附件 8：履约担保格式；附件 9：预付款担保格式；附件 10：支付担保格式；附件 11：暂估价一览表。通用条款是对双方合同权利义务的详细规定，可适用于各种不同的工程项目，具有相对固定性。专用条款则是合同双方针对特定工程项目所作的特别约定。

1) 《协议书》

协议书是对双方就建设工程施工合同内容达成一致意见的书面确认，主要包括工程概况、合同工期、质量标准、签约合同价和合同价格形式、项目经理、合同文件构成、承诺以及合同生效条件等重要内容，集中约定了合同当事人基本的合同权利与义务，如表 5-1 所示。

2) 《通用合同条款》

《通用合同条款》是合同当事人根据《中华人民共和国建筑法》《中华人民共和国合同法》等法律法规的规定，就工程建设的实施及相关事项，对合同当事人的权利义务作出的原则性约定，规范承发包双方的履行义务。

《通用合同条款》共计 20 条，具体条款分别为：一般约定、发包人、承包人、监理人、工程质量、安全文明施工与环境保护、工期和进度、材料与设备、试验与检验、变更、价格调整、合同价格、计量与支付、验收和工程试车、竣工结算、缺陷责任与保修、违约、不可抗力、保险、索赔和争议解决。前述条款安排既考虑了现行法律法规对工程建设的有关要求，也考虑了建设工程施工管理的特殊需要，《通用合同条款》适用于各类建设施工。

3) 《专用合同条款》

《专用合同条款》是对通用合同条款原则性约定的细化、完善、补充、修改或另行约定的条款。合同当事人可以根据不同建设工程的特点及具体情况，通过双方的谈判、协商对相应的专用合同条款进行修改补充。如果合同通用条款与合同专用条款之间有不一致之处，以合同专用条款为准。在使用专用合同条款时，应注意以下事项：

① 专用合同条款的编号应与相应的通用合同条款的编号一致；

② 合同当事人可以通过对专用合同条款的修改，满足具体建设工程的特殊要求，避免直接修改通用合同条款；

③ 在专用合同条款中有横道线的地方，合同当事人可针对相应的通用合同条款进行细化、完善、补充、修改或另行约定；如无细化、完善、补充、修改或另行约定，则填写“无”或划“/”。

7. 合同文件的优先顺序

组成合同的各项文件应互相解释，互为说明。除专用合同条款另有约定外，解释合同文件的优先顺序如下。

(1) 合同协议书；
(2) 中标通知书(如果有)；
(3) 投标书及其附录(如果有)；
(4) 专用合同条款及其附件；
(5) 通用合同条款；
(6) 技术标准和要求；
(7) 图纸；
(8) 已标价工程量清单或预算书；
(9) 其他合同文件。

上述各项合同文件包括合同当事人就该项合同文件所作出的补充和修改，属于同一类内容的文件，应以最新签署的为准。当合同文件内容含糊不清或不一致时，在不影响工程正常进行的情况下，由发包人和承包人协商解决。双方也可以请负责监理的工程师作出解释，双方协商不成或不同意负责监理工程师的解释时，按通用条款有关争议的约定处理。

合同履行中，双方有关工作的洽谈、变更等书面协议或文件视为本合同的组成部分。在不违反法律和行政法规的前提下，当事人可通过协商变更合同的内容，这些变更的协议或文件的效力高于其他合同文件，签署在后的协议或文件的效力高于签署在前的协议或文件。

5.1.2 建设工程合同的特征

建设工程合同的特征.mp4

建设工程合同除了具备合同的一般特征外，还具有自身的特征。

1. 合同标的的特殊性

(1) 建设工程建造地点在空间上的固定性。建设工程都是建造在建设单位所指定的地点，建成后不能移动，只能在建造地点使用。

(2) 建设工程生产的单件性。建设工程的生产，都是根据每个建设单位的特定要求，单独设计，并在指定的地点单独进行建造。

(3) 建设工程生产的露天性。因其固定性和体积大的问题，其生产一般都是在露天进行。

(4) 建设工程生产质量，因选用的建材，施工技术条件不同，建筑安装工人的技术熟练度和企业生产经营管理水平不同等诸多因素的影响，势必会导致很大的差异。

(5) 生产工期的差异性也很明显。

2. 合同主体的严格性

建设工程合同主体一般只能是法人。发包人一般是经过批准进行工程项目建设的法人，具有相应的协调能力。承包人必须具备法人资格，而且应当具备相应的从事勘察、设计、施工等资质。无营业执照或无承包资质的单位不能作为建设工程合同的主体，资质等级低的单位不能越级承包建设工程。

3. 合同履行的长期性

与一般工业产品生产相比，建筑物的施工具有结构复杂、体积大、建筑材料类型多、工作量大等特点，因此工期都比较长。在较长的合同期内，双方履行义务往往会受到不可抗力、履行过程中法律法规政策的变化、市场价格的浮动等因素的影响，必然导致合同的内容约定与履行管理都很复杂。

4. 建设工程合同的程序性

建筑工程合同的标的是建筑工程，具有不可移动且长期发挥效用的特性，和人民群众生活有着密切的关系，因此该合同的订立和履行，必须符合国家基本建设计划的要求，并接受有关政府部门的管理和监督。

5. 建设工程合同的次序性

国有投资项目未经立项，没有可行性研究，就不能签订勘察设计合同；没有完成勘察设计工作，就不能签订施工合同。

5.2　建设工程合同的分类

5.2.1　以工程计价方式分类

1. 单价合同

单价合同的概念.mp4

单价合同是承发包双方约定以工程量清单及其综合单价进行合同价款计算、调整和确认的建设工程施工合同。单价合同又分为固定单价合同和可调单价合同。

1)　固定单价合同

固定单价合同是指合同中确定的各项单价在工程实施期间不因价格变动而调整。在这类合同中，承包商承担价格的风险，发包方承担工程量的风险。在国际贸易当中的工程承包里，固定单价合同是指根据单位工程量的固定价格与实际完成的工程量来计算合同的实际总价的工程承包合同。

2)　可调单价合同

可调单价合同的可调，一般是在工程招标文件中规定。在合同中签订的单价，根据合同约定的条款，可作调值。有的工程在招标或签约时，因某些不确定因素而在合同中暂定某些分部分项工程的单价，在工程结算时，再根据实际情况和合同约定对合同单价进行调整，确定实际结算单价。

采用这种承包方式的优点是对发包商与承包商双方都没有太大风险；缺点是业主需要安排专门力量来核实已经完成的工程量，要在施工过程中花费不少精力，协调工作量大。另外，用于计算应付工程款的实际工程量可能超过预测的工程量，即实际投资容易超过计划投资，对投资控制不利。

2. 总价合同

总价合同的概念.mp4

总价合同是承发包双方约定以施工图及其预算和有关条件进行合同价款计算调整和确认的建设工程施工合同。总价合同分为固定总价合同和可调总价合同。

1) 固定总价合同

固定总价合同又称“包死合同”，它是指承包整个工程的合同价款总额已经确定，在工程实施中不再因物价上涨而变化，因此，固定总价合同在签订合同价时应考虑价格风险因素。对承包商而言，固定总价合同一经签订，承包人首先要承担的是价格风险。询价失误和合同履行过程中的价格上涨风险或者工程量漏算错算而造成的损失均由自己承担。这类合同通常适用于工程量小、工期短，在施工过程中环境因素变化小，工程条件稳定并合理；工程设计详细，图纸完整、清楚，工程任务和范围明确；工程结构和技术简单，风险小；投标期相对宽裕，承包人可以有充足的时间详细考察现场、复核工程量，分析招标文件，拟定施工计划的工程。

2) 可调总价合同

确定的合同总价在工程实施期间可随价格变化而调整。发包人和承包人在商定合同时，以招标文件的要求和当时的物价计算出合同总价，这是一个相对固定的价格。在合同执行过程中，由于通货膨胀而使所用的工料成本增加时，可按照合同约定对合同总价进行相应的调整。可调总价合同使发包人承担了通货膨胀的风险，承包人承担其他风险。一般适用于工期较长的项目。

3. 成本加酬金合同

成本加酬金合同
概念.mp4

成本加酬金合同又称成本补偿合同，承包方的实际成本实报实销，工程施工的最终合同价格将按照工程的实际成本再加上一定的酬金进行计算。工程实际发生的成本，主要包括人工费、材料费、施工机械使用费、其他直接费和施工管理费以及各项独立费。

1) 成本加酬金合同适用情况

(1) 工程特别复杂，工程技术、结构方案不能预先确定，或者尽管可以确定工程技术和结构方案，但是不能进行竞争性的招标活动并以总价合同或单价合同的形式确定承包人，如研究开发性质的工程项目。

(2) 时间特别紧迫，如抢险救灾工程，来不及进行详细的计划和商谈。

2) 成本加酬金合同的优点

(1) 可以通过分段施工缩短工期，而不必等待所有施工图完成才开始招标和施工；

(2) 可以减少承包人的对立情绪，承包人对工程变更和不可预见条件的反应会比较积极和迅速；

(3) 可以利用承包人的施工技术专家，帮助改进或弥补设计中的不足；

(4) 业主可以根据自身力量和需要，较深入地介入和控制工程施工和管理；

(5) 也可以通过确定最大保证价格约束工程成本不超过某一限值，从而转移一部分风险。

3) 成本加酬金合同分类

成本加酬金合同分为三种，分别是成本加固定酬金合同和成本加固定百分比酬金合同与成本加浮动酬金合同。

(1) 成本加固定酬金合同。

酬金采取事先商定一个固定数目的数值，这种承包方式克服了酬金随成本水涨船高的现象，它虽不能鼓励承包人降低成本，但可鼓励承包人为尽快取得酬金而缩短工期。有时，为鼓励承包人更好的完成任务，也可在固定酬金之外，再根据工程质量、工期和降低成本情况另加奖金。计算公式为：

总造价=实际发生的工程成本+固定酬金 (5-1)

(2) 成本加固定百分比酬金合同。

签订合同时双方约定，酬金按实际发生的直接成本费乘以某一具体百分比计算，这种合同的工程总造价公式为：

总造价=实际发生的工程成本×(1+固定百分数) (5-2)

这种承包方式，承包人不承担任何价格变化或工程量变化的风险，这些风险主要由业主承担，对业主的投资控制很不利。而总造价越高，承包人所得的酬金就越高，这样承包人不仅不会注意对成本的精打细算，反而会提高成本，所以现在这种承包方式已经很少采用。

(3) 成本加浮动酬金合同。

签订合同时，双方预先约定该工程的预期成本、固定酬金以及实际发生的直接成本与预期成本比较后的奖罚计算方法，计算公式为：

总造价=签订合同时双方约定的预期成本+固定酬金+酬金奖罚部分 (5-3)

采用这种方式，通常限定减少酬金的最高限度为原定的固定酬金数额。这也意味着，承包人所碰到的最糟糕的情况只是得不到酬金，而不必承担实际成本超支部分的赔偿责任。其优点是承包人、发包人双方都没有太大风险，同时也能鼓励承包人降低成本和缩短工期。其缺点是在实践中估算预期成本比较困难，对预期成本的估算精确度要求很高，这就需要发包人、承包人有非常丰富的经验。

【案例 5-1】 某工程项目施工采用了包工包全部材料的固定价格合同。工程招标文件参考资料中提供的用砂地点距工地 4km。但是开工后，检查该砂质量不符合要求，承包人只得从另一距工地 20km 的供砂地点采购，并且在一个关键工作面上又发生了几种原因造成的临时停工。在 5 月 20 日至 5 月 26 日，承包人的施工设备出现了从未出现过的故障，应于 5 月 24 日交给承包人的后续图纸直到 6 月 10 日才交给承包人，6 月 7 日到 6 月 12 日施工现场下了罕见的特大暴雨，造成了 6 月 11 日到 6 月 14 日该地区的供电全面中断。

问题：

(1) 你认为应该在业主支付给承包人的工程进度款中扣除因设备故障引起的竣工拖期违约损失赔偿金吗？为什么？

(2) 索赔成立的条件是什么？

5.2.2 以承包人所处地位分类

以承包人所处地位进行分类的承包模式.mp4

1. 总承包

总承包简称总包，是指发包人一个建设项目全过程中某个或某几个阶段的全部工作发包给一个承包人承包，该承包人可以将自己承包范围内的若干专业性工作，再分包给不同的专业承包人去完成，并对其统一协调和监督管理。各专业承包人只同总承包人发生直接关系，不与发包人发生直接关系。

采用总承包方式有利于理清工程建设中业主与承包人、总包与分包、执法机构与市场主体之间的各种复杂关系，组织协调工作量要比平行承包小得多，合同管理也比平行承发包简单，对投资控制有利。对进度控制和质量控制有有利的一面也有不利的一面。总包合同的价格，一般要比平行承发包合同的价格高5%～15%，这是因为总承包人所要承担的风险大。

2. 分承包

分承包简称分包，总承包人在与项目法人签订某工程项目总承包合同后，总承包人将该工程项目的某一部分工程或某一单项工程分包给分包商完成与其签订的承包合同。分包合同的当事人是总承包人与分承包人。分包人作为承包人的一部分，不能越过总承包人与业主(或工程师)发生直接工作联系，或有任何私下约定。分包工程价款由总承包人与分包人结算。项目法人与分承包人之间不直接发生合同法律关系，未经总承包人同意，业主不得以任何名义向分包人支付各种工程款。分承包人要间接地承担总承包人对项目法人承担的相关工程项目的义务。但是分承包人承包的工程不能是总承包人承包范围内的主体结构工程或主要部分(关键性部分)，主体结构工程或主要部分必须由总承包人自行完成。

3. 独立承包

独立承包是指承包人依靠自身力量自行完成承包任务的承发包方式，此方式适用于规模较小，技术要求比较简单的工程项目。

4. 联合承包

联合体是指由多家工程承包公司为了承包某项工程而组成的一次性组织机构。联合承包合同依不同的联合方式而分为合伙承包合同和合资承包合同两种主要形式。在合伙承包合同中，各合伙单位作为承包合同的一方共同对业主负责，并且相互承担连带责任；在合资承包合同中，按照合资承包合同，各承包人共同组成具有独立法人资格的实体即合资承包公司，该合资承包公司作为工程承包合同的一方，以自己独立法人地位向业主负责，而其内部相互之间的权利义务关系则由组成合资公司的合资经营协议及章程来规定。联合承包只适用于大型或结构复杂的工程，参加联合的各方，通常是采用成立工程项目合营公司、合资公司、联合集团等形式。

在市场竞争日趋激烈的形势下，采用联合承包的方式，优越性十分明显。它可以有效地减弱多家承包商的竞争，化解和防范承包风险；使承包人在人员、技术、管理上取长补短，发挥各自的特长和优势；增强共同承包大型或结构复杂工程的能力。通常，联营体承包仅在某一工程中进行，该工程结束，联营体解散，无其他牵挂。如果愿意，各方还可以继续寻求新的合作机会。所以它比合营与合资有更大的灵活性。

5. 直接承包

直接承包是指不同的承包人在同一个工程项目上，分别与发包人签订承包合同，各自

直接对发包人负责。各承包人之间不存在总承包与分承包的关系，现场的协调工作由发包人自己去做，也可聘请专业的项目经理去做。

5.3　无效合同和效力待定合同的规定

5.3.1　无效合同

民事行为无效的规定.mp4

无效合同是指合同内容或者形式违反了法律、行政法规的强制性规定和社会公共利益，因而不能产生法律约束力，不受到法律保护的合同。

无效合同的特征是：①具有违法性；②具有不可履行性；③自订立之时就不具有法律效力。

1. 无效合同的类型

《合同法》规定，有下列情形之一的合同无效。

(1)　一方以欺诈、胁迫的手段订立合同，损害国家利益。

所谓欺诈，是指故意隐瞒真实情况或者故意告知对方虚假的情况，欺骗对方，诱使对方做出错误的意思表示而与之订立合同。所谓胁迫，是指行为人以将要发生的损害或者以直接实施损害相威胁，使对方当事人产生恐惧而与之订立合同。

(2)　恶意串通。

所谓恶意串通，是指合同双方当事人非法勾结，为牟取私利而共同订立的损害国家、集体或者第三人利益的合同。在实践中，常见的还有代理人与第三人勾结，订立合同，损害被代理人利益的行为。

(3)　以合法形式掩盖非法目的。

以合法行式掩盖非法目的又称伪装合同，即行为人为达到非法目的以迂回的方法避开法律或者行政法规的强制性规定。

(4)　损害社会公共利益。

损害社会公共利益的合同，实质上是违反了社会主义的公共道德，破坏了社会经济秩序和生活秩序。

(5)　违反法律、行政法规的强制性规定。

法律、行政法规中包含强制性规定和任意性规定。强制性规定排除了合同当事人的意思自由，即当事人在合同中不得协议排除法律、行政法规的强制性规定，否则将构成无效合同；对于任意性规定，当事人可以约定排除，如当事人可以约定商品的价格等。

应当指出的是，法律是指全国人大及其常委会颁布的法律，行政法规是指由国务院颁布的法规。在实践中，某些将仅违反了地方规定的合同认定为无效是违法的。

2. 无效的免责条款

免责条款，是指当事人在合同中约定免除或者限制其未来责任的合同条款。免责条款无效，是指没有法律约束力的免责条款。

《合同法》规定，合同中的下列免责条款无效：

(1) 造成对方人身伤害的；

(2) 因故意或者重大过失造成对方财产损失的。

造成对方人身伤害就侵犯了对方的人身权，造成对方财产损失就侵犯了对方的财产权。人身权和财产权是法律赋予的权利，如果合同中的条款对此予以侵犯，该条款就是违法条款，这样的免责条款是无效的。

3. 建设工程无效施工合同的主要情形

《最高人民法院关于审理建设工程施工合同纠纷案件适用法律问题的解释》规定，建设工程施工合同具有下列情形之一的，应当根据《合同法》第 52 条第 5 项的规定(即违反法律、行政法规的强制性规定)，认定无效：

(1) 承包人未取得建筑施工企业资质或者超越资质等级的；

(2) 没有资质的实际施工人借用有资质的建筑施工企业名义的；

(3) 建设工程必须进行招标而未招标或者中标无效的。

同时还规定，承包人非法转包、违法分包建设工程或者没有资质的实际施工人借用有资质的建筑施工企业名义与他人签订建设工程施工合同的行为无效。

4. 无效合同的法律后果

《合同法)规定，无效的合同或者被撤销的合同自始没有法律约束力。合同部分无效，不影响其他部分效力的，其他部分仍然有效。

合同无效、被撤销或者终止的，不影响合同中独立存在的有关解决争议方法的条款的效力。

合同无效或者被撤销后，因该合同取得的财产，应当予以返还；不能返还或者没有必要返还的，应当折价补偿。有过错的一方应当赔偿对方因此所受到的损失，双方都有过错的，应当各自承担相应责任。

5. 无效施工合同的工程款结算

《最高人民法院关于审理建设工程施工合同纠纷案件适用法律问题的解释》规定，建设工程施工合同无效，但建设工程经竣工验收合格，承包人请求参照合同约定支付工程价款的，应予支持。

建设工程施工合同无效，且建设工程经竣工验收不合格的，按照以下情形分别处理：

(1) 修复后的建设工程经竣工验收合格，发包人请求承包人承担修复费用的，应予支持；

(2) 修复后的建设工程经竣工验收不合格，承包人请求支付工程价款的，不予支持。

5.3.2 效力待定合同

效力待定合同是指合同虽然已经成立，但因其不完全符合有关生效要件的规定，其合同效力能否发生尚未确定，一般须经有权人表示承认才能生效。

《合同法》规定的效力待定合同有三种，即限制行为能力人订立的合同，无权代理人订立的合同，无处分权人处分他人的财产订立的合同。

1. 限制行为能力人订立的合同

《合同法》规定，限制民事行为能力人订立的合同，经法定代理人追认后，该合同有效，但纯获利益的合同或者与其年龄、智力、精神健康状况相适应而订立的合同，不必经法定代理人追认。

相对人可以催告法定代理人在 1 个月内予以追认。法定代理人未作表示的，视为拒绝追认。合同被追认之前，善意相对人有撤销的权利。撤销应当以通知的方式作出。

2. 无权代理人订立的合同

行为人没有代理权、超越代理权或者代理权终止后以被代理人名义订立的合同，未经被代理人追认，对被代理人不发生效力，由行为人承担责任。

相对人可以催告被代理人在1个月内予以追认。被代理人未作表示的，视为拒绝追认。合同被追认之前，善意相对人有撤销的权利。撤销应当以通知的方式作出。

3. 无权处分行为

无处分权的人处分他人财产，经权利人追认或者无处分权的人订立合同后取得处分权的，该合同有效。

【案例 5-2】 A公司将某工程发包给具有一级施工资质的B公司，并签订了《建设工程施工合同》，工程暂估价款为1亿元，B公司承包后，又与具有三级施工资质的C公司签订了转包协议，将该工程全部转包给C公司，工程暂估价款为8000万元。C公司完成部分工程的施工后被A公司通知停工，已经建设的部分工程均验收合格。A公司将B公司和C公司作为共同被告诉至法院，要求如下。

(1) 解除A公司与B公司签订的施工合同。

(2) 确认B公司与C公司转包合同无效。

(3) B公司赔偿A公司各项损失合计7500万元，C公司与B公司承担连带赔偿责任。

A公司的要求法院会同意吗？为什么？

【案例 5-3】 某商品住宅项目总建筑面积8.75万平方米，总投资1520万元。建设单位A公司通过邀请招标的方式进行招标，B公司中标，双方于2017年3月15日签订了施工总承包合同。

2017年8月15日，建设单位将包含在施工总承包合同范围内的铝合金窗工程直接发包给C装饰公司(建筑装修装饰工程专业承包二级)，合同价款为约340万元。B公司的做法属于违法分包吗？为什么？

5.4 案 例 分 析

【案例 1】

某海滨城市为发展旅游业，经批准兴建一座三星级大酒店。项目甲方于2013年10月10日分别与某建筑工程公司(乙方)和某外资装饰工程公司(丙方)签订了主体建筑工程施工合同和装饰工程施工合同。

合同约定主体建筑工程于2013年11月10日正式开工，竣工日期为2015年4月25日。因主体工程与装饰工程分别为两个独立的合同，由两个承包商分别承建，为了保证工期，当事人约定：主体建筑工程与装饰工程施工采取立体交叉作业，即主体完成3层，装饰工程承包者立即进行装饰作业。为保证装饰工程达到三星级水平，业主委托监理公司实施“装饰工程监理”。

在工程施工过程中，甲方要求乙方将竣工日期提前至2015年3月8日，双方协商修订施工方案后达成协议。大酒店于2015年3月10日剪彩开业。

2017年8月1日，乙方因甲方少付工程款向法院上诉。乙方诉称：甲方于2015年3月8日签发了竣工验收报告，并已开张营业，至今已达2年有余。但在结算工程款时，甲方本应支付工程总价款1600万元人民币，实际只付了1400万元人民币，特请求法庭判决被告支付剩余的200万元及其在拖延期间的利息。

2017年10月10日庭审中，被告辩称：原告主体建筑工程施工质量有问题，如大堂、电梯间门洞、大厅墙面、游泳池等主体施工质量不合格，因此应该进行返工，并提出索赔，经监理工程师签字报业主代表认可，共需支付20万美元，折合人民币125万元，此项费用应由原告承担。另外还有其他质量问题，并因此造成客房、机房设备、设施损失共计人民币75万元。两项共计损失200万元人民币，应从总工程款中扣除，故支付乙方主体工程款总额为1400万元人民币。

原告辩称：被告称工程主体不合格不属实，并向法庭呈交了业主及有关方面签字的合格竣工验收报告及业主致乙方的感谢信等证据。

被告又辩称：竣工验收报告及感谢信，是在原告法定代表人宴请我方时，提出了为企业晋级的情况下，我方代表才签的字。此外，被告代理人又向法庭呈交业主向外资某装饰工程公司提出的索赔16万美元(经监理工程师和业主代表签字)的56件清单。

原告再辩称：被告代表发言纯属戏言，怎能以签署竣工验收报告为儿戏，请求法庭以文字为证。

原告又指出：被告委托的监理工程师监理的装饰合同，支付给装饰公司的费用凭单，并无我方(乙方)代表的签字认可，因此不承担责任。

原告最后请求法庭关注，在长达两年多的时间里，甲方从未向乙方提出过工程存在质量问题。

【问题】

(1) 原告和被告之间的合同是否有效?

(2) 如果在装修施工时，主体工程施工质量不合格时，业主应采取哪些正当措施?

(3) 该项工程竣工结算中，甲方从未向乙方提出质量问题，直至乙方于2017年8月1日向人民法院提出诉讼后，甲方在答辩中才提出质量问题，对此是否应依法给予保护?

【答案】

(1) 原、被告之间的合同有效。

(2) 若在装修施工时，发现主体工程施工质量有问题，甲方应通知乙方对主体工程施工质量问题进行处理，使其达到合格标准。若乙方不予处理，则甲方可以邀请其他有经验的承包商进行处理，工程费用先由甲方垫付，之后在乙方的工程质量保证金中扣除。

(3) 法院应保护双方的权益不受伤害。甲方有拖欠工程款之嫌，工程质量有问题应及时通知乙方进行处理，但甲方没有这么做，装修公司提出的索赔文件只能代表甲方与装修方之间的合同关系，不能把装修公司的索赔转嫁给乙方。

【案例 2】

某建设单位(甲方)拟建一栋职工住宅，通过招标方式确定由某施工单位(乙方)承建。甲、乙双方签订的施工合同摘要如下。

一、协议书中的部分条款

(一)工程概况

工程名称：职工住宅楼

工程地点：市区

工程内容：建筑面积为 3000m^2 的砖混结构住宅楼

(二)工程承包范围

承包范围：某建筑设计院设计的施工图所包括的土建、装饰、水暖电工程

(三)合同工期

开工日期：2017 年 3 月 21 日

竣工日期：2017 年 9 月 30 日

合同工期总日历天数：190 天(扣除 5 月 1 日～3 日节假日)

(四)质量标准

工程质量标准：达到甲方规定的质量标准

(五)合同价款

合同总价为：壹佰伍拾陆万肆仟元人民币(￥156.4 万元)

(八)乙方承诺的质量保修

在该项目设计规定的使用年限(50 年)内，乙方承担全部保修责任。

(九)甲方承诺的合同价款支付期限与方式

(1) 工程预付款：于开工之日支付合同总价的 10%作为预付款。工程实施后，预付款从工程后期进度款中扣回。

(2) 工程进度款：基础工程完成后，支付合同总价的 15%；主体结构三层完成后，支付合同总价的 20%；主体结构全部封顶后，支付合同总价的 20%；工程基本竣工时，支付合同总价的 25%。为确保工程如期竣工，乙方不得因甲方资金的暂时不到位而停工和拖延工期。

(3) 竣工结算：工程竣工验收后，进行竣工结算。结算时扣留全部工程造价的 3%作为工程质量保证金。

(十)合同生效

合同订立时间：2017 年 3 月 5 日

合同订立地点：××市××区××街××号

本合同双方约定：经双方主管部门批准及公证后生效

二、专用条款中有关合同价款的条款

本合同价款采用固定总价合同方式确定。

合同价款包括的风险范围：

(1) 工程变更事件发生导致工程造价增减不超过合同总价的 10%；

(2) 政策性规定以外的材料价格涨落等因素造成工程成本变化。

风险费用的计算方法：风险费用已包括在合同总价中。

风险范围以外合同价款调整方法：按实际竣工建筑面积以 600.00 元/m² 调整合同价款。

三、补充协议条款

在上述施工合同协议条款签订后，甲、乙双方又接着签订了补充施工合同协议条款。摘要如下。

(1) 木门窗均用水曲柳板包门窗套；

(2) 铝合金窗 90 系列改用某铝合金厂 42 型系列产品；

(3) 挑阳台均采用某铝合金厂 42 型系列铝合金窗封闭。

【问题】

1. 上述合同属于哪种合同类型？

2. 该合同签订的条款有哪些不妥之处？请改正。

3. 对合同中未规定的承包商义务，合同实施过程中又必须进行的工程内容，承包商应如何处理？

【答案】

1. 从上述签订的合同来看，该工程属于总价合同方式。

2. 该合同条款存在的不妥之处及正确做法如下。

(1) 合同工期总日历天数不应扣除节假日，而应将该节假日时间加到总日历天数中，合同总工期的日历天数应为 193 天。

(2) 不应以甲方规定的质量标准作为该工程的质量标准，而应以《建筑工程施工质量验收统一标准》中规定的质量标准作为该工程的质量标准。

(3) 在该项目设计规定的使用年限(50 年)内，乙方承担全部保修责任是不妥的，应按《房屋建筑工程质量保修办法》规定。

(4) 根据《建设工程施工合同(示范文本)》的规定，应在不迟于开工日期前 7 天支付工程预付款。

(5) 应在合同中明确约定预付款的起扣点和扣回方式。

(6) 工程价款支付条款中的“基本竣工时间”应修订为具体明确的时间。

(7) “乙方不得因甲方资金的暂时不到位而停工和拖延工期”条款显失公平，应说明在什么期限内甲方资金不到位乙方不得停工和拖延工期，逾期支付的利息如何计算。

(8) 根据《建设工程质量保证金管理暂行办法》的规定，在施工合同中双方约定的工程质量保证金保留时间应为 6 个月、12 个月或 24 个月，保留时间应从工程通过竣(交)工验收之日算起。

(9) 合同双方是合法的独立法人单位，不应约定经双方主管部门批准后该合同生效，合同应自签订之日起生效。

(10) 专用条款中有关风险范围以外合同价款调整方法(按实际竣工建筑面积以 600.00 元/m² 调整合同价款)与合同的风险范围、风险费用的计算方法相矛盾。应针对可能出现的除合同价款包括的风险范围以外的内容约定合同价款调整方法。

(11) 补充施工合同条款仅仅补充了工程内容，在补充施工合同协议条款中，不仅要补充工程内容，而且要说明其价款是否需要调整，若需要应如何调整。

3. 承包商首先应及时与甲方协商，确认该部分工程内容是否由乙方完成。如果需要由乙方完成，则应与甲方商签补充合同条款，就该部分工程内容明确双方各自的权利义务，并对工程计划作出相应的调整；如果由其他承包商完成，乙方也要与甲方就该部分工程内容的协作配合条件及相应的费用等问题达成一致，以保证工程的顺利进行。

本章小结

通过对本章的学习，读者了解建设工程合同的类型，施工文件的组成，施工合同有关价款、质量、进度等条款相关内容。学完本章课程，读者可以掌握合同计价方式，承包人所处地位分类，无效合同与效力待定合同等基本知识。

实训练习

一、单选题

1. 以下成本加酬金合同方式中，对业主的造价管理最不利的合同形式是(　　)。
   A. 成本加固定酬金合同　　B. 成本加固定百分比酬金合同
   C. 成本加浮动酬金合同　　D. 目标成本加奖罚合同

2. 依照施工合同示范文本通用条款规定，施工合同履行中，如果发包人出于某种考虑要求提前竣工，则发包人应(　　)。
   A. 负责修改施工进度计划　　B. 与承包人协商并签订提前竣工协议
   C. 向承包人直接发出提前竣工的指令　　D. 减少对工程质量的检测试验

3. 下列关于建设工程施工合同的工期说法不正确的是(　　)。
   A. 在合同协议书内应明确注明开工日期
   B. 在合同协议书内应明确注明竣工日期
   C. 招标选择承包人的，工期总日历天数就是招标文件要求的天数
   D. 在合同协议书内应明确注明合同工期总日历天数

4. 在施工合同履行过程中，如果发包人不按照合同规定时间及时向承包人支付工程进度款，承包人无权(　　)。
   A. 立即停止施工　　B. 追究违约责任
   C. 要求签订延期付款协议　　D. 在未达成付款协议且施工无法进行时停止施工

5. 下列关于合同生效的时间说法不正确的是(　　)。
   A. 一般说来，依法成立的合同，自成立时生效
   B. 书面合同自当事人双方签字或者盖章时生效
   C. 附解除条件的合同，自条件成就时生效
   D. 附生效条件的合同，自条件成就时生效

二、多选题

1. 合同文件是索赔的最主要依据，包括(　　)。
   A. 本合同协议书及中标通知书
   B. 投标书及其附件

C. 本合同专用条款和通用条款

D. 标准、规范及有关技术文件，图纸，工程量清单和工程报价单或预算书

E. 相关证据

2. 承包人的主要任务有(　　)。

A. 明确承包人的总任务

B. 明确合同中的工程量清单、图纸、工程说明、技术规范的定义

C. 明确工程变更的索赔有效期

D. 明确工程变更的补偿范围

E. 承包人不能按合同规定工期完成工程的违约金或承担发包人损失的条款

3. 《施工合同文本》规定，对于在施工中发生不可抗力，(　　)发生的费用由承包人承担。

A. 工程本身的损害

B. 发包人人员伤亡

C. 造成承包人设备、机械的损坏及停工

D. 所需清理修复工作

E. 承包人人员伤亡

4. 在施工合同中，(　　)等工作应由发包人完成。

A. 临时用地、占道申报批准手续

B. 土地征用和拆迁

C. 提供工程地质报告

D. 保护施工现场地下管道和邻近建筑物及构筑物

E. 提供相应的工程进度计划及进度统计报表

5. 建设工程监理合同示范文本中规定属于额外监理工作的情况包括(　　)。

A. 因承包商严重违约委托人与其终止合同后监理单位完成的善后工作

B. 由于非监理单位原因导致的监理服务时间延长

C. 原应由委托人承担的义务双方协议改由监理单位承担

D. 应委托人要求监理单位提出更改服务内容建议后增加的工作内容

E. 不可抗力事件发生导致合同的履行被迫暂停，事件影响消失后恢复监理服务前的准备工作

三、简答题

1. 简述承包人与发包人的权利都有哪些。
2. 试分析建筑工程合同分为哪几种合同，每种合同适用于什么情况？
3. 简述建设施工合同特征。

第 5 章　课后答案.pdf

实训工作单一

班级		姓名		日期	
教学项目	建设工程合同管理				
任务	建设工程合同概述		要求	1. 掌握建设工程合同的基本内容 2. 了解建设工程合同的特征	
相关知识	建设工程合同相关知识				
其他要求					
学习过程记录					
评语			指导老师		

实训工作单(二)

<table>
<tr><td>班级</td><td></td><td>姓名</td><td></td><td>日期</td><td></td></tr>
<tr><td>教学项目</td><td colspan="5">建设工程合同管理</td></tr>
<tr><td>任务</td><td colspan="2">建设工程合同的分类和效力</td><td>要求</td><td colspan="2">1. 掌握建设工程合同的分类
2. 掌握建设工程合同无效的情形</td></tr>
<tr><td>相关知识</td><td colspan="5">建设工程合同相关知识</td></tr>
<tr><td>其他要求</td><td colspan="5"></td></tr>
<tr><td colspan="6">学习过程记录</td></tr>
<tr><td>评语</td><td colspan="3"></td><td>指导老师</td><td></td></tr>
</table>

第6章　建设施工合同教案.pdf

第6章　建设工程施工合同　06

第6章　建设工程施工合同.avi

【学习目标】

1. 了解建设工程施工合同的基本内容与特性
2. 熟悉中标程序
3. 掌握合同的审查、谈判和订立

【教学要求】

本章要点	掌握层次	相关知识点
建设工程施工合同的特征	1. 了解建设工程施工合同的概念 2. 掌握建设工程施工合同的特征	建设工程施工合同概述
建设工程施工合同的分类	了解建设工程施工合同的分类	建设工程施工合同分类
中标程序	1. 了解中标的程序 2. 掌握中标无效的几种情况	中标和中标通知书
合同订立	1. 掌握邀约与承诺的概念 2. 掌握合同订立的原则	施工合同的审查、谈判与签订

【项目案例导入】

某施工单位根据领取的某2000m^{2}两层厂房工程项目招标文件和全套施工图纸，采用低报价策略编制了投标文件，并获得中标。该施工单位(乙方)于某年某月某日和建设单位(甲方)签订了该工程项目的固定价格施工合同。合同工期为8个月。甲方在乙方进入施工现场后，因资金紧缺，无法如期支付工程款，口头要求乙方暂停施工一个月，乙方亦口头答应。工程按合同规定期限验收时，甲方发现工程质量有问题，要求返工。两个月后，返工完毕。结算时甲方认为乙方延迟交付工程，应按合同约定偿付逾期违约金。乙方认为临时停工是甲方要求的。乙方为抢工期，加快施工进度才出现了质量问题，因此延迟交付的责任不在乙方。甲方则认为临时停工和不顺延工期是当时乙方答应的。乙方应履行承诺，承担违约责任。

【项目问题导入】

工程合同的选择非常重要，只有选择合适的施工合同才能保证合同双方的利益，请根据本章内容，分析该工程采用固定价格合同是否合适？

6.1 建设工程施工合同概述

6.1.1 建设工程施工合同的概念及其特征

建设工程施工合同的概念.mp4

建设工程施工合同是指在工程建设构成中发包人(建设单位)与承包人(施工单位)依法订立的，明确双方权利与义务的协议。在工程建设中，承包人的主要义务是进行工程建设，权利是得到工程价款。发包人的主要义务是支付工程价款，权利是得到完整的、符合约定的建筑产品。

1. 建设工程施工合同的基本特征

建设工程施工合同的特征.mp4

建设工程施工合同在理论上是属于广义的承揽合同的一种。但建设工程施工合同不论从作用、标的物与管理上都不同于一般的承揽合同，所以我国一直把建设工程施工合同列为单独的一种合同。其特征如下。

1) 合同标的的特殊性

施工合同的标的是建筑产品，而建筑产品和其他产品相比具有固定性、生产流动性、单件性、形体庞大、生产周期长等特点。这些特点决定了施工合同标的的特殊性。

2) 合同内容繁杂

由于施工合同涉及多种主体以及他们之间的法律关系与经济关系，这些关系都要求施工合同内容尽量详细，导致了施工合同内容的繁杂。例如，施工合同除了应当具备合同的一般内容外，还应对安全施工、专利技术使用、发现地下障碍和文物、工程分包、不可抗力、工程变更、材料设备的供应与运输、验收等内容作出规定。

3) 合同履行期限长

由于工程建设的工期一般较长，再加上必要的施工准备时间和办理竣工结算及保修期的时间，决定了施工合同的履行期限具有长期性。

4) 合同监督严格

由于施工合同的履行对国家的经济发展和人民的工作和生活都有重大的影响，因此国家对施工合同实施非常严格的监督。在施工合同的订立、履行、变更与终止全过程中，除了要求合同当事人对合同进行严格的管理外，合同的主管机关(工商行政管理机构)、建设行政主管机关、金融机构等都要对施工合同进行严格监督。

5)　合同涉及面广

施工合同在国家法律、行政法规方面涉及面广，其合同签订的依据有：《中华人民共和国合同法》《民事诉讼法》《民法通则》《中华人民共和国建筑法》《中华人民共和国保险法》《中华人民共和国担保法》《中华人民共和国标准化法》《中华人民共和国文物保护法》《中华人民共和国环境噪声污染防治法》《中华人民共和国反不正当竞争法》《中华人民共和国仲裁法》《建设工程施工合同管理法》等；此外，施工合同监督方面还涉及工程行政管理部门、建设工程行政主管部门；合同履行中产生纠纷还要涉及仲裁委员会或人民法院。

2. 合同的内容

合同的内容由当事人约定，这是合同自由的主要体现。合同法规定了合同一般应当包括的条款，但具备这些条款不是合同法成立的必备条件。建设工程合同也应当包括这些内容，但由于建设工程合同往往比较复杂，合同中的内容往往并不全部在狭义的合同文本中，如有些内容反映在工程量表中，有些内容反映在当事人约定采用的质量标准里。

根据《中华人民共和国合同法》第十二条，合同的内容一般包括以下条款。

(1)　当事人的名称或者名字和住所。

(2)　标的。

(3)　数量。

(4)　质量。

(5)　价款或者报酬。

(6)　履行的期限、地点和方式。

(7)　违约责任。

(8)　解决争议的方法。

6.1.2　建设工程施工合同的分类

建设工程施工合同的分类.mp4

1. 按合同法分类

按照《中华人民共和国合同法》的规定，建设工程施工合同分为三种。

1)　建设工程勘察合同

建设工程勘察合同是承包人进行工程勘察，发包人支付价款的合同。建设工程勘察单位称为承包人，建设单位或者有关单位称为发包人(委托方)。建设工程勘察合同的标的是为建设工程需要而作的勘察成果。工程勘察是工程建设的第一个环节，也是保证建设工程质量的基础环节。为了确保工程勘察的质量，勘察合同的承包人必须是经国家或省级主管机关批准，持有《勘察许可证》，具有法人资格的勘察单位。建设工程勘察合同必须符合国家规定的基本建设程序，勘察合同由建设单位或有关单位提出委托，经与勘察部门协商，双方取得一致意见，即可签订，任何违反国家规定的建设程序的勘察合同均是无效的。

2)　建设工程设计合同

建设工程设计合同是承包人进行工程设计，委托方支付价款的合同。建设单位或有关单位为委托方，建设工程设计单位为承包人。建设工程设计合同的标的是为建设工程需要而作的设计成果。工程设计是工程建设的第二个环节，是保证建设工程质量的重要环节。工程设计合同的承包人必须是经国家或省级主要机关批准，持有《设计许可证》，具有法人资格的设计单位。只有具备了上级批准的设计任务书，建设工程设计合同才能订立，小型单项工程必须具有上级机关批准的文件方能订立。如果单独委托施工图设计任务，应当同时具有经有关部门批准的初步设计文件方能订立。

3) 建设工程施工合同

建设工程施工合同是工程建设单位与施工单位，也就是发包人与承包人以完成商定的建设工程为目的，明确双方相互权利义务的协议。建设工程施工合同的发包人可以是法人，也可以是依法成立的其他组织或公民，而承包人必须是法人。

2. 按承包工程计价方式分类

建设工程施工合同根据合同计价方式的不同，一般可以划分为总价合同、单价合同和成本加酬金合同三种类型。

根据价款是否可以调整，总价合同可以分为固定总价合同和可调总价合同两种形式；单价合同也可以分为固定单价合同和可调单价合同。

工程项目具体选择何种合同计价形式，主要依据设计图纸深度、工期长短、工程的规模和复杂程度进行确定。对使用工程量清单计价的工程，宜采用单价合同，但并不排斥总价合同。工程量清单计价的适用性不受合同形式的影响。

3. 按承发包方式分类

按承发包方式分类如下。

(1) 勘察设计或施工总承包合同。

(2) 单位工程承包合同。

(3) 工程项目总承包合同。

(4) BOT 合同(特许权协议)。

4. 与建设工程有关的其他合同

(1) 建设工程委托监理合同。

(2) 建设工程保险合同。

(3) 建设工程物资采购合同。

(4) 建设工程担保合同。

6.1.3 建设工程施工合同的组成及解释顺序

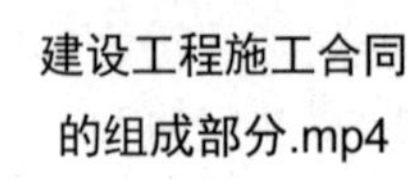

建设工程施工合同的组成部分.mp4

1. 建设工程施工合同的组成

建设工程施工合同的组成具体如下。

(1) 施工合同协议书(双方有关工程的洽商、变更等书面协议或文件都是施工合同协议书的组成部分)。

(2) 中标通知书。

(3) 投标书及附件。

(4) 施工合同通用条款。根据法律与行政法规规定及建筑施工的需要订立，通用于建筑施工的条款，其代表我国的工程施工惯例。

(5) 施工合同专用条款。发包人与承包人根据法律与行政法规规定，结合具体工程实际，经协商达成一致意见的条款，是对通用条款的补充或修改。

(6) 标准、规范及有关技术文件。

(7) 图纸。

(8) 工程量清单。

(9) 工程报价单或预算书。

2. 建设施工合同解释

建设施工合同的解释具体如下。

(1) 合同文件应能够互相解释与互相说明。

(2) 当合同文件中出现不一致时，建设施工合同的组成顺序就是合同的优先解释顺序。

(3) 当合同文件出现含糊不清或者当事人有不同理解时，按照合同争议的解决方式处理。

(4) 在不违反法律与行政法规的前提下，当事人可以通过协商变更施工合同。此变更的协议或文件，效力高于其他合同文件，签署在后的协议或文件高于在前的。

(5) 招标文件应是最优先的，不响应招标文件的当废标处理。因此招标文件不在“施工合同”的解释顺序里，但可以在施工合同中约定招标文件作为合同的组成部分。

6.2　中标和中标通知书

6.2.1　中标程序

中标也称定标，即招标人从评标委员会推荐的中标候选人中确定中标人，并向中标人发出中标通知书，同时将中标结果通知所有未中标的投标人。中标既是竞争结果的确定环节，也是容易发生异议、投诉与举报的环节，有关行政监督部门应当依法进行管理。

中标的概念.mp4

1. 中标选定

(1) 评标委员会完成评标后，应当向招标人提出书面评标报告，并推荐合格的中标候选人(一般 2～3 人)，并标明前后顺序。

(2) 招标人应当从评标委员会所推荐的中标候选人中选取中标人，不能在评标委员会推荐的中标候选人以外选取中标人。招标人可以授权评标委员会直接选取中标人。

(3) 在评标委员会提出书面报告后，招标人应当在 30 个工作日之内确定中标人。

(4) 招标人确定中标人后应当向中标人发出中标通知书，同时将中标结果发送给未中标的投标人(发出中标通知书)。

(5) 要求中标人在 30 日内签订合同，签订合同后 5 个工作日内，应向未中标的投标人退还投标保证金。

2. 招标人提交报告进行备案

招标人应在发出招标通知书后 15 日内向招标投标管理机构提交书面报告备案，书面报告中至少应包括下列内容。

(1) 招标范围。

(2) 招标方式和发布招标公告的媒介。

(3) 招标文件中应包括投标人须知、技术条款、评价标准和方法、合同主要条款等内容。

(4) 评标委员会的组成和评标报告。

(5) 中标结果。

3. 中标无效的几种情况

(1) 招标代理机构违反《招标投标法》规定，泄露应当保密的与招标投标活动有关的情况和资料，从而影响中标结果的，中标无效。

(2) 招标代理机构与招标人、投标人串通损害国家利益，社会公共利益或者他人合法权益，从而影响中标结果的，中标无效。

(3) 招标人以不合理的条件限制或者排斥潜在投标人，对潜在投标人实行歧视待遇的，强制要求投标人组成联合体共同投标的，或者限制投标人之间竞争的，从而影响中标结果的，中标无效。

(4) 依法必须进行招标的项目的招标人向他人透露已获取招标文件的潜在投标人的名称、数量或者可能影响公平竞争的有关招标投标的其他情况的，或者泄露标底，从而影响中标结果的，中标无效。

(5) 投标人相互串通投标或者与招标人串通投标的，中标无效。

(6) 投标人以向招标人或者评标委员会成员行贿的手段谋取中标的，中标无效。

(7) 投标人以他人名义投标或者以其他方式弄虚作假，骗取中标的，中标无效。

(8) 依法必须进行招标的项目，招标人违反《招标投标法》规定，与投标人就投标价格、投标方案等实质性内容进行谈判，从而影响中标结果的，中标无效。

(9) 招标人在评标委员会依法推荐的中标候选人以外确定中标人的，中标无效。

(10) 依法必须进行招标的项目在所有投标被评标委员会否决后自行确定中标人的，中标无效。

(11) 中标人将中标项目转让给他人或将中标项目拆分后分别转让给他人的，违反《招标投标法》规定将中标项目的部分主体、关键性工作分包给他人的，或者分包人再次分包的，中标无效。

6.2.2 中标通知书

中标通知书.mp4

1. 中标通知书的概念

中标通知书上是招标人对其选中的投标人的承诺，是招标人同意某投标人要约的意思表示。但是《招标投标法》对于中标通知书的规定，有两点不同于合同

法关于承诺的规定。一是合同法规定，承诺通知到达要约人时才发生法律效力，而中标通知书只要发出后即发生法律效力。在中标通知书发出以后，如果招标人改变中标结果，或者中标人放弃中标项目，都应当依法承担法律责任。二是合同法规定，承诺生效时合同成立，而中标通知书发出后，承诺虽然发生法律效力，但在书面合同订立之前，合同尚未成立。招标投标法这种特殊的规定，是为了适应招标投标的特殊情况，更加有利于招标人对投标人的约束，保护招标人的权利。

2. 中标通知书的性质

根据《招标投标法》规定，中标人确定后，招标人应当将中标结果通知中标人及所有未中标的投标人。中标通知书就是向中标的投标人发出的告知其中标的书面通知文件。但要确定中标通知书的性质还得结合我国《合同法》的相关规定进行分析确定。

中标通知书如表 6-1 所示。

表 6-1　中标通知书

中标通知书
____________(中标人名称)： 你方于__________(投标日期)所递交的__________________投标文件已被我方接受，被确定为中标人。 中标价：__________元 工期：________日历天 工程质量：符合______________________标准 请你方在接到本通知书后的___日内到________(指定地点)与我方签订施工承包合同。 特此通知。 招标人__________(单位盖章) 法定代表人或委托代理人：__________(签字) _______年______月_______日

6.2.3 中标通知书的法律效力

中标通知书对中标人的法律效力.mp4

1. 中华人民共和国招标投标法

中标人确定后，招标人应当向中标人发出中标通知书，并同时将中标结果通知所有未中标的投标人。

中标通知书对招标人和中标人都具有法律效力。中标通知书发出后，招标人改变中标结果的，或者中标人放弃中标项目的，应当依法承担各自的法律责任。

招标人和中标人应当自中标通知书发出之日起三十日内，按照招标文件和中标人的投标文件订立书面合同。招标人和中标人不得再行订立背离合同实质性内容的其他协议。

2. 中华人民共和国政府采购法

采购人与中标、成交供应商应当在中标、成交通知书发出之日起三十日内，按照采购文件确定的事项签订政府采购合同。

中标、成交通知书对采购人和中标、成交供应商均具有法律效力。中标、成交通知书发出后，采购人改变中标、成交结果的，或者中标、成交供应商放弃中标成交项目的，应当依法承担各自的法律责任。

3. 政府采购货物和服务招标投标管理办法

招标采购单位在发布招标公告、发出投标邀请书或者发出招标文件后，不得擅自终止招标。

采购人、采购代理机构在发布招标公告、资格预审公告或者发出投标邀请书后，除因重大变故采购任务取消情况外，不得擅自终止招标活动。

6.3 施工合同的审查、谈判与签订

6.3.1 合同签订前的审查与分析

合同签订前实行评审制度。合同评审机构设在信用(合同)管理机构内部，组成人员包括主管副总、信用(合同)管理机构负责人、信用(合同)管理员、合同承办人、供销、财务部门负责人等。

1. 合同评审程序

合同评审的程序.mp4

(1) 合同承办人将合同草本及相关资料交信用(合同)管理员初审。

(2) 信用(合同)管理员填写合同评审表中的初审记录后，交信用(合同)管理机构负责人审批，签署审批意见。

(3) 特殊/重大合同，由信用(合同)管理机构负责人组织有关部门进行会审，信用(合同)管理员汇总各部门会审意见后交信用(合同)管理机构负责人签署意见，并报主管副总批准实施。

2. 合同签订的审查内容

1) 主体资格审查

(1) 对法人必须审查原件或者盖有工商行政管理局复印专用章的公司法人营业执照或营业执照的副本复印件。

(2) 对非法人经济组织，应当审查其是否按法律规定登记并领取营业执照。对分支机构或是事业单位和社会团体设立的经营单位，除审查其经营范围外，还应同时审查其所从属的法人主体资格。

(3) 对外方当事人的资格审查，应调查清楚其地位和性质、公司或组织是否合法存在、法定名称、地址、法定代表人姓名、国籍及公司或组织注册地。

2) 信誉审查

为减少损失在签订合同时一定要调查当事人的商业信誉程度。

3) 履约能力审查

对方当事人在合同中负有提供专业性较强的劳务、工程项目或限制项目等义务时，应当要求对方当事人提供由政府法定机构颁发的经营许可证或资质等级证书等证明。

4) 签订合同前需要审查代理人的代理身份和代理资格

(1) 代理人职务资格证明及个人身份证。

(2) 被代理人签发的授权委托书。

(3) 代理行为是否超越了代理权限或代理权是否超出了代理期限。

5) 不能作为主体资格和履约能力的证明资料

下列资料不能作为主体资格和履约能力的证明资料，但可归入合同档案保存，以备考查。

(1) 名片。

(2) 厂家介绍、产品介绍等资料。

(3) 各类广告、宣传资料。

(4) 各类电话等通讯工具号码。

(5) 对方当事人提供的未经我方合同承办人见证而复制的，或未与原件核对无异的复印资料。

3. 特殊/重大合同评审的附加程序

1) 签订特殊/重大合同，应当进行可行性审查

合同的可行性审查由信用(合同)管理机构负责人组织有关部门以会签的形式进行。也可以通过召开有关部门负责人会议的形式进行。

2) 签订特殊/重大合同，应当进行合法性审查

合同的合法性审查，由合同承办人按其隶属关系，送交信用(合同)管理机构进行合法性审查。

4. 审查的原则

1) 科学原则

为了保证申请人或投标人具有合法的投标资格和相应的履约能力，招标人应根据招标采购项目的规模、技术管理特性要求，结合国家企业资质等级标准和市场竞争状况，科学、合理地设立资格审查办法、资格条件以及审查标准。招标人应慎重对待投标资格的条件和标准，这将直接影响合格投标人的质量和数量，进而影响到投标的竞争程度和项目招标的期望目标的实现。

2) 合格原则

通过资格审查，选择资质、能力、业绩、信誉合格的资格预审申请人参加投标。

3) 适用原则

资格审查有资格预审和资格后审，两种办法各有适用条件和优缺点。因此，招标项目采用资格预审还是资格后审，应当根据招标项目的特点需要，结合潜在投标人的数量和招标的时间等因素综合考虑，选择适用的资格审查办法。

5. 审查的技巧和方法

对于任何需要审查的合同，不论合同的标题是如何表述的，首先应当通过阅读合同的全部条款，准确把握合同项下所涉法律关系的性质，以确定该合同所适用的法律法规。在审查合同前，必须认真查阅相关的法律法规及司法解释。同时，平时注意收集有关的合同范本，尽量根据权威部门推荐的示范文本，并结合法律法规的规定进行审查。

合同审查的重点为合同的效力，合同的履行与中止，合同的终止与解除，违约责任和争议解决条款。

1) 合同的效力问题

(1) 《合同法》第52条规定了合同无效的五种情形。①一方以欺诈、胁迫的手段订立的合同，损害国家利益的；②恶意串通，损害国家、集体或者第三人利益的；③以合法形式掩盖非法目的的；④损害社会公共利益的；⑤违反法律、行政法规的强制性规定的。

因此，在审查合同时，应认真分析合同所涉及的法律关系，判断是否存在导致合同被认定为无效的情形，并认真分析合同无效情况下产生的法律后果。

(2) 注意审查合同的主体。主体的行为能力可以决定合同的效力。对于特殊行业的主体，要审查其是否具有从事合同行为的资格，如果合同主体不具有法律与行政法规规定的资格，可能会导致合同无效，因此对主体的审查也是合同审查的重点。

(3) 对于无权代理、无权处分的主体签订的合同，应当在审查意见中明确可能导致合同被变更与被撤销的法律后果。

(4) 注意合同是否附条件或附期限。

(5) 注意合同中是否存在无效的条款，包括无效的免责条款和无效的仲裁条款。

2) 合同的履行和中止

(1) 合同的履行。

《合同法》规定，当事人应当按照约定全面履行自己的义务。当事人应当遵循诚实信用原则，根据合同的性质、目的和交易习惯履行通知、协助、保密等义务。

合同生效后，当事人不得因姓名、名称的变更或者法定代表人、负责人、承办人的变动而不履行合同义务。

(2) 合同的中止。

合同中止履行是指债务人依法行使抗辩权拒绝债权人的履行请求，使合同权利、义务关系暂处于停止状态。在合同中止履行期间，权利、义务关系依然存在，在抗辩权消灭后，合同的权利、义务关系恢复原来的效力。

3) 合同的终止和解除

合同的终止和解除是两个并不完全等同的法律概念，合同解除是合同终止的情形之一，合同审查时应掌握关于合同的权利义务终止的相关规定。

(1) 合同的终止。合同终止是指合同权利义务的终止，其法律后果只发生一个向后的效力，即合同不再履行。《合同法》第91条规定了合同终止的若干情况。债务已按照约定履行；合同解除；债务相互抵消；债务人依法将标的物提存；债权人免除债务；债权债务同归于一人；法律规定或当事人约定终止的其他情形。

许多合同文本都有专门条款约定合同终止的情况。但有些约定往往是对违约责任的重复，而违约的情形是可依据合同中关于违约责任的约定承担责任，这种责任的承担与合同终止的法律后果往往是不同的，因此，应结合关于违约责任的约定，分析对合同终止的约定是否属于可以且必要的情形。

(2) 合同的解除。《合同法》第 93 条规定了当事人双方可以在合同中约定解除合同的条件，这些条件的设置往往与一方违约相联系，这是在合同审查时需注意的问题。

《合同法》第 94 条规定了单方解除合同的情形，但应当注意，这种解除权是一种单方任意解除权而非法定解除权，对该条的适用仍需当事人的约定。同时，这种解除需要提出解除的一方通知对方，且在通知到达对方时发生效力。这也是在合同审查时需要注意的问题之一。特别是在一方迟延履行时，只有这种迟延达到根本违约的程度时，另一方才享有单方解除权，否则应给予违约方合理期限令其履行合同义务而不能解除合同。

审查时还要注意，是否约定了行使解除权的期限。根据《合同法》第 95 条的规定，双方可以约定行使解除权的期限，没有约定的适用法律规定，法律也没有规定的，则在对方催告后的合理期限内必须行使，否则会导致该权利的丧失。合同法分则许多条款都有关于法定解除的特别规定，如赠与合同、不定期租赁合同、承揽合同、委托合同、货运合同、保险合同等，这要求审查时掌握合同法分则或其他单行法对各类合同的具体规定。

合同解除的效力较合同终止更为复杂。首先，它产生一个向后的效力，即对将来发生的效力——未履行的终止履行；其次，对于合同解除的溯及力问题，《合同法》并没有做统一的规定，而是根据履行情况和合同性质，可以要求恢复原状(相互返还)；最后也是最为重要的一点，多数合同在违约责任条款中会约定一方有权解除合同，并要求对方承担违约责任，这种约定实际上是错误的，正确的表述是：解除权人有损失的，可要求违约方赔偿损失。可以约定该赔偿金的计算方法。

4) 合同的争议解决条款

主要涉及仲裁条款的效力问题。目前对于约定两个仲裁机构的，应当选择其中一个仲裁机构申请仲裁，合同争议解决条款应当写明仲裁机构的名称、仲裁事项。对于诉讼的条款，应注意选择的法院是否有效。

5) 几类常见合同的审查

(1) 买卖合同。

① 注意审查对合同项下标的的描述，应当有品名、规格、型号、数量、单价(或总价)。

② 交货条款：交货时间、地点。

③ 付款方式：应注意审查付款条件。

④ 验收：应注意验收与付款的衔接问题。

⑤ 运输条款：应注意审查运输费用的承担、运输和交货条款的衔接。

⑥ 包装：注意审查是否有特殊的包装要求。

⑦ 检验条款：第 4 项所列明的验收条款是基于通信类产品、设备往往需要在安装、调试后经过试运行方可确定产品或设备的可用性，因此在通信类产品和设备的买卖合同中与付款相挂钩的往往有初验、终验等条款。而此处检验条款是指《合同法》第 157 条、158 条规定的情形，往往是到货时的检验。

⑧ 安装、调试、初验、试运行和终验条款：应注意各个环节的衔接及各环节的处理和对下一环节的影响。

⑨ 培训条款：注意培训费用、培训内容的约定。

⑩ 保修：注意保修期限的起始点和保修期内故障的处理。

⑪ 索赔和违约责任：有关违约责任及赔偿并不一定仅出现在索赔和违约责任这一专章条款中，可能散见在各个条款中，因此在审查违约责任时应注意前述各条款的内容中是否存在出现违约的情形，如果在相关各方义务的条款(如保密条款)中没有约定违约责任，则应在违约责任专章中有所约定。对于违约责任部分，可以列一个“帽子条款”，将各种违约情形笼统地约定在一个条款中，如任何一方违反本合同中的承诺、保证及本合同约定的义务，应向守约方支付违约金并赔偿守约方因此而遭受的损失。

⑫ 争议解决：注意审查仲裁条款的效力问题。

⑬ 不可抗力条款：应注意对不可抗力的界定是否和法律规定的一致。

对于买卖合同，应当掌握合同法关于分期付款买卖、试用买卖、凭样品买卖的特殊规定，尤其是对合同解除方面的特殊规定，这与违约责任有密切关系。

(2) 建设工程合同(工程类合同)。

① 这类合同特别要注意审查合同总额(或称工程总价)和款项支付条款之间的联系，特别要注意是否有对工程款的审计的条款。有些合同在工程概况条款中约定了合同总额，该数额是确定的，但在付款条款中又约定了经审计后再付款，显然，这样的合同条款是相互矛盾的，应当在合同总额中写明是暂定数额，具体款项按审计结果确定。

② 工程类合同涉及大量的合同附件，要注意与合同的相关条款的一致性。

③ 竣工验收条款和付款条款是紧密联系的，因此要注意审查竣工验收条款。此外，竣工验收又关系到交付、保修期等。

④ 注意违约责任的约定，特别要注意到工期延误、因工程质量问题造成无法验收时的违约责任等。

⑤ 对于经过招投标程序的，还需要审查有关的招投标文件与合同约定是否相符。

(3) 租赁合同。

① 注意《合同法》对租赁期限的特别规定(《合同法》第 214、215 条)，这是租赁合同审查的重点之一。

② 对于出租方对租赁标的是否享有完整的权利。鉴于审查合同时缺乏相关的权利证明材料，因此可以要求出租方对于其享有对租赁标的的完整权利作出承诺，并在违约责任条款中明确若出租方违反该承诺保证的，视为出租方违约。出租方对租赁标的物是否享有完整的权利，往往影响到合同的效力，因此在审查时应当特别注意。

③ 租赁标的的维护问题，《合同法》第 220 条规定，原则上是由出租人履行维修义务，但当事人可以约定，因此在审查合同时应注意是否有关于标的物维修的特别约定，如没有，则维修义务属于出租方。

④ 租赁合同中如有转租条款的，应审查是否明确转租需经出租人同意。此外，应根据情况提示转租的法律后果，及承租人对于租赁标的的毁损灭失仍应向出租人承担赔偿责任。

⑤ 一部分合同采用的名称是《租赁合同》，但通读合同全部条款后会发现，该合同实质上是一个融资租赁合同。合同法对融资租赁合同有专门的规定，因此熟悉这些规定才能对融资租赁合同进行全面审查。同时，对融资租赁合同，通常宜采用买卖和租赁两个合

同分别进行约定，因此应注意两份合同的呼应一致。

⑥　违约责任方面，应注意出租人迟延交付租赁标的，交付的租赁标的有瑕疵(包括权利瑕疵和质量瑕疵等方面)的违约责任，承租人迟延支付租金、违反合同约定使用租赁标的、擅自转租、擅自改善租赁标的等方面的违约责任。

注：《合同法》第二百一十四条规定，租赁期限不得超过二十年。超过二十年的，超过部分无效。租赁期届满，当事人可以续订租赁合同，但约定的租赁期限自续订之日起不得超过二十年。

《合同法》第二百一十五条规定，租赁期限六个月以上的，应当采用书面形式。当事人未采用书面形式的，视为不定期租赁。

(4)　业务合作类合同。

①　对于业务合作类合同，首先要审查合作各方是否具有合作的主体资格条件，尤其是对特定的行业如通信类行业，必须经过特定的审批，取得从事该行业的资格，如果不具备这样的资格，可能导致所签订的合作协议因违反法律、行政法规的强制性规定而无效。

②　需要认真审查合作各方的义务，分析可能出现的违约情形，对各方的责任应界定明确。

③　涉及合作分成的条款应仔细审查。

④　注意违约责任条款。

⑤　合作类合同中往往有保密条款存在，如没有的，一般可以建议增加。

⑥　部分合作类合同为了规避对主体资格的限制，双方会采用代理方式进行合作，对这种合作模式应注意费用的支付问题，在合同条款中不应出现“业务分成”等概念，有关费用只能以代理费等形式体现。

合同审查是一项对审查者的要求较为全面的工作，不但要有扎实的法律基础，还要熟悉企业管理、经济运行的相关知识，当然一切经验都需要慢慢累积的过程，边学边审，将知识和实践结合起来，很快就能形成自己审查合同的技巧和方法。

6.3.2　合同谈判

合同谈判是建筑施工合同签订双方共同商谈的合作细节，明确所有合同参与方的权利与义务，以及各方违约的处理方式的协商过程。

1. 合同谈判的主要内容

1)　工程内容和范围的确认

工程范围是指承包人需要完成的工作。对此，承包人必须要予以确认。这个确认后的内容和范围不仅包括招标文件中谈到的范围，还将包括将来的合同变更所涉及的范围。谈判中应使施工、设备采购、安装与调试、材料采购、运输与储存等工作的范围具体明确，责任分明，以防报价漏项及引发施工过程中的矛盾。如有的合同条件规定：“除另有规定外的一切工程”“承包商可以合理推知需要提供的为本工程服务所需的一切辅助工程”等。其中不确定的内容，应该在合同中加以明确，或争取写明。

2) 合同文件

应将双方一致同意的修改意见和补充意见整理为正式的“附录”并由双方签字作为合同的组成部分。应将投标前发包方回应各承包方质疑的书面答复作为合同的组成部分。因为这些答复既是标价计算的依据也可能是今后索赔的依据。应该注明“同时由双方签字确认的图样属于合同文件”以防止发包方借补图样的机会增加工程内容。对于工程量清单及价格清单应该根据议标阶段做出的修正重新审定并经双方签字。采用标准合同文本在签字前依然需要进行全面检查，且对于关键词和数字更应该反复核对不得有任何大意。

3) 不可预见的自然条件和人为障碍

必须在合同中明确界定“不可预见的自然条件和人为障碍”的内容。若招标文件中提供的气象、地质、水文资料与实际情况有出入，则应争取列出“遇非正常气象和水文情况时由发包方提供额外补偿费用”的条款。

【案例 6-1】 2015 年 5 月，发包方与承包方签订了一份工程建设合同。合同规定：由承包方承建该发包方的供水管线工程。合同对工期、质量、验收、拨款、结算等都作了详细规定。2015 年 6 月，供水管线工程进行隐蔽之前，承包方通知该发包方派人来进行检查。然而，发包方由于种种原因迟迟未派人到施工现场进行检查。由于未经检查，承包方只得暂时停工，并顺延工程日期十余天，该承包方为此蒙受了近 5 万元的损失。工程逾期完工后，发包方拒绝承担承包方因停工所受的损失，反而以承包方逾期完工应承担责任为由，上诉至法院。请根据本章内容分析如何在合同中进行一些不可预见的自然条件和人为障碍问题的约定。

4) 各种因素列入合同条件之中

如果由于发包方的原因导致承包方不能如期开工，则工期应顺延。施工中如因变更设计造成工程量增加或修改原设计方案，或不能按时验收工程，承包方有权要求延长工期。同时，承包方有权要求发包方按时验收工程，以免拖延付款影响承包方的资金周转和工期。发包方向承包方提交的现场应包括施工临时用地并写明其占用土地的一切补偿费用均由发包方承担。应规定现场移交包括场地测量图样、文件和各种测量标志的时间和移交的内容。承包方应有“由于工程变更、恶劣气候影响或其他由于发包方的原因要求延长竣工时间”的正当权利。

5) 关于工程维修

应当明确维修工程的范围、维修期限和维修责任，一般工程维修期届满应退还维修保证金。承包方应争取以维修保函替代工程价款的保证金。因为维修保函具有保函有效期的规定，可以保障承包方在维修期满时自行撤销其维修责任。

6) 关于工程的变更和增减

工程变更应有一个合适的限额，超过限额承包方有权修改单价。对于单项工程的大幅度变更，应在工程施工初期提出并争取规定限期。超过限期且大幅度增加的单项工程，由发包方承担材料、工资价格上涨而引起的额外费用。大幅度减少的单项工程，发包方应承担因材料已订货而造成的损失。

7) 合同款支付方式的条款

工程合同的付款分 4 个阶段进行：预付款、工程进度款、最终付款和退还保留金。

(1) 预付款是在承包合同签字后，在预付款保函的抵押下由发包人无息地向承包人预支付的项目初期准备费。若没有预付款支付条件，承包人在合同谈判时有理由要求按动员费的形式支付。预付款的偿还因发包人要求和合同规定而异。如何偿还需要协商并确定下来，写入合同之中。

(2) 工程进度付款是随着工程的实施按一定时间(通常以月计)完成的工程量支付的款项。应该明确付款的方式、时间等相关内容，同时约定违约条款。

(3) 最终付款是最后结算性的付款，它是在工程完工并且在维修期满后经发包人代表验收并签发最终竣工证书后进行。关于最终付款的相关内容也不应在合同中明确。关于退还保证金问题，承包商争取降低扣留金额的数额，使之不超过合同总价的 5%；并争取工程竣工验收合格后全部退回，或者用维修保函代替扣留的应付工程款。

(4) 保留金的退还一般分两次进行。当颁发整个工程的移交证书时，将一半保留金退还给承包人；当工程的缺陷责任期满时，另一半保留金将由工程师开具证书付给承包人。如果签发的移交证书，仅是永久工程的某一区域或部分的移交证书时，则退还的保留金仅是移交部分的保留金，并且也只是一半。如果工程的缺陷责任期满时，承包商仍有未完工作，则工程师有权在剩余工程完成之前扣发他认为与需要完成的工程费用相应的保留金余款。

【案例 6-2】 某工程的承包人与发包人于 2014 年 2 月签订了施工合同，合同约定了承包范围为市政管网、中庭广场施工图在内的全部工程，合同价暂定为 215 万元(合同约定按实结算)，合同工期 120 天。申请人于 2014 年 3 月开工，于 2014 年 9 月竣工验收。由于双方对管沟开挖的土方工程量、大理石的粘贴方式、售楼处等零星拆除工程的计价产生争议，发包人至 2017 年 3 月仍未办理结算。请根据本章内容分析如何在合同中进行价款结算的约定。

8) 关于工程验收

验收主要包括中间验收、隐蔽工程验收、竣工验收和材料设备的验收。在审查验收条款时，应注意的问题是验收范围、验收时间和验收质量标准等是否已在合同中明确表明。因为验收是承包工程实施过程中的一项重要工作，它直接影响工程的工期和质量，需要认真对待。

9) 关于违约责任

为了确认违约责任，在审查违约责任条款时应注意以下两点。

(1) 要明确不履行合同中的行为，如合同到期后未能完工，或施工过程中施工质量不符合要求，或劳务合同中的人员素质不符合要求，或发包人不能按期付款等。在对自己一方确定违约责任时，一定要同时规定对方的某些行为是自己一方履约的先决条件，否则不应构成违约责任。

(2) 针对自己关键性的权利，即对方的主要义务，应向对方规定违约责任。如承包人必须按期、按质完工；发包人必须按规定付款等，都要详细规定各自的履约义务和违约责任。规定对方的违约责任就是保证自己享有的权利。

【案例 6-3】 发包方与承包方双方于 2013 年 6 月签订了施工合同，该工程为三栋小高层商住楼，建筑面积 3785m^2，承包范围为土建与水电安装工程，合同价暂定为 6600 万元，按实际结算，合同对计价原则进行了约定，合同工期 650 天。被申请人于 2013 年 8 月开工，施工至主体封顶，发包方与承包方因工程进度款与施工质量等问题产生纠纷造成停工，双方当事人在没有对已完工程量、现场备料、施工设备等进行核对并形成清单的情况下，发包方单方解除了施工合同，直接将工程发包给第三人施工。请结合本章内容分析如何在合同中对违约责任进行约定。

2. 合同谈判的策略

谈判是通过不断的会晤确定各方权利与义务的过程，它直接关系到各方最终利益的得失。因此，谈判绝不是一项简单的机械性工作，而是集合了策略与技巧的艺术。

(1) 求同存异。谈判时应尽快摸清对方的意图、关注的重点，以便在谈判中做到对症下药，有的放矢。争论中保持心平气和的态度，临阵不乱、镇定自诺、据理力争。要避免不礼貌的提问，以防引起对方反感甚至导致谈判破裂。应努力求同存异，创造和谐气氛逐步接近。

(2) 掌握谈判的进程。在充满合作气氛的阶段，展开自己所关注的议题商讨，从而抓住时机，达成有利于己方的协议。而在气氛紧张时，则引导谈判进入双方具有共识的议题，一方面缓和气氛，另一方面缩小双方差距，推进谈判进程。

(3) 合理分配谈判时间。对于议题的商讨时间应得当，不要过多拘泥于细节问题。这样可以缩短谈判时间，降低交易成本。

(4) 谈判气氛激烈的时候采取润滑措施，舒缓压力。在我国最常见的方式是桌式谈判。通过餐宴，联络谈判方的感情，拉近双方的心理距离，进而在和谐的氛围中重新回到议题。

(5) 注意谈判氛围。遇有僵持的局面必须适时采取相应策略，拖延和休会；私下个别接触；设立专门小组，由双方的专家或组员去分组协商，提出建议。一方面可使僵持的局面缓解，另一方面可提高工作效率，使问题得以圆满解决。

(6) 高起点战略。有经验的谈判者在谈判之初会有意识地向对方提出苛求的谈判条件。这样对方会过高估计本方的谈判底线，从而在谈判中做出更多让步。

(7) 避实就虚。利用对方的弱点，猛烈攻击，迫其就范，做出妥协。而对于己方的弱点，则要尽量注意回避。

(8) 对等让步策略。主动在某问题上让步时，同时对对方提出相应的让步条件，一方面可争得谈判的主动权，另一方面又可促使对方让步条件的达成。

(9) 充分利用专家的作用。充分发挥各领域专家的作用，既可以在专业问题上获得技术支持，又可以利用专家的权威性给对方以心理压力。

3. 合同谈判的规则

(1) 谈判前应做好充分准备。如备齐文件和资料，拟好谈判的内容和方案。

(2) 在合同中要预防对方把工程风险转嫁本方。如果发现，要有同样的响应条款来抵御。

(3) 谈判的主要负责人不宜急于表态，应先让副手主谈，正手在旁试听，从中找出问题的症结，以备进攻。

(4) 谈判中要抓住实质性问题，不要在枝节问题上争论不休。实质性问题不宜轻易让步，而枝节问题要表现出宽宏大量的风度。

(5) 谈判要有礼貌，态度要诚恳、友好、平易近人，发言要稳重，少说空话、大话。当意见不一致时不能急躁，更不能感情冲动，甚至使用侮辱性语言。一旦出现僵局时，可暂时休会。

(6) 对等让步原则。当对方已作出一定让步时，自己也应考虑做出相应的让步。

(7) 谈判时必须记录，但不宜录音，否则会使对方情绪紧张，影响谈判效果。

4. 合同谈判的原则

合同谈判的原则.mp4

(1) 客观性原则。要求谈判人全面搜集信息材料；客观分析信息材料；寻求客观标准，如法律规定、国际惯例等；不屈从压力，只服从事实和真理。

(2) 公平竞争的原则。谈判是为了谋求一致，需要合作，但合作并不排斥竞争。要做到公平竞争，其一，各方地位一律平等。其二，标准要公平。这个标准不应以一方认定的标准判断，而应以各方都认同的标准为标准。其三，给人以选择的机会，即从各自提出的众多方案中筛选出最优的方案，最大限度满足各方需要，没有选择就无从谈判。其四，协议公平。尼尔伦伯格认为“谈判获得成功的基本哲理是：每方都是胜者”，即我们今天所说的“双赢”。只有公平的协议，才能保证协议的真正履行。强权之下达成的不平等协议是没有持久约束力的。

(3) 妥协互补原则。所谓妥协就是用让步的方法避免冲突或争执。但妥协不是目的，而是求得利益互补。在谈判中会出现许多僵局，而唯有某种妥协才能打破僵局，使谈判得以继续，直至协议达成。至于妥协，有根本妥协和非根本妥协之分。谈判各方的利益都不是单一的，这表现在谈判方案的多项条款中，其中某些主要条款必须是志在必得，不能放弃的，妥协只能在非根本利益上的条款体现，有时即使谈判破裂也在所不惜，因为这时在非根本利益上得到补偿，也不足以弥补根本的损失。所以，谈判前，各方都必须明确自己的根本利益。

(4) 依法谈判的原则。国与国之间的谈判要依据国际法和国际惯例，国内商务谈判，自然应遵守我国有关的法律和法规。

(5) 求同存异的原则。谈判的前提是各方需要和利益的不同，但谈判的目的不是扩大分歧，而是弥合分歧，使各方成为谋求共同利益、解决问题的伙伴。

5. 合同谈判的性质

(1) 谈判是人的行为。对于谈判各方来说，既可以成为一种动力，也可以成为一种阻力。

(2) 谈判是满足需要和获取利益的行为。但是，谈判任何一方的需要都必须从与对方的合作中或从对方承诺的某种行为中才能得到满足。

(3) 谈判是人与人之间的相互沟通行为。谈判各方需要的满足应在相互沟通中实现。谈判各方的沟通包括两个方面：利益沟通和信息沟通。利益沟通，即达成协议，求得双方利益的一致或互补，这是谈判的目的和本质。利益沟通必须以信息沟通为前提条件。相互沟通存在障碍，其障碍在于，谈判各方所处的地位和环境不同，因而看问题的观点和方法相异。扫除这一障碍的关键是全面地搜集信息，客观地分析事实，设身处地地从对方的角度去观察、思考。

6.3.3 合同订立

合同订立的原则.mp4

合同的订立又称缔约，是当事人为设立、变更、终止财产权利义务关系而进行协商并达成协议的过程。

1. 合同订立应具备的条件

(1) 初步设计已经批准。

(2) 工程项目已经列入年度建设计划。

(3) 有能够满足施工需要的设计文件和有关技术资料。

(4) 建设资金和主要建筑材料设备来源已经落实。

(5) 中标通知书已经下达。

2. 要约与承诺

当事人订立合同，采用要约与承诺方式。合同的成立需要经过要约和承诺两个阶段，这是民法学界的共识，也是国际合同公约和世界各国合同立法的通行做法。建设工程合同的订立同样需要通过要约与承诺。

1) 要约条件

(1) 内容具体确定。

(2) 表明接受要约人承诺，要约人即受该意思表示约束。

2) 邀请要约

要约邀请是希望他人向自己发出要约的意思表示。

3) 要约的撤回和撤销

(1) 要约撤回是指要约在发生法律效力之前，欲使其不发生法律效力而取消要约的意思表示。

(2) 要约撤销是指在要约发生法律效力之后，要约人欲使其丧失法律效力而取消该项要约的意思表示。

4) 承诺

承诺是受要约人作出的同意要约的意思表示，承诺具有以下条件。

(1) 承诺必须由受要约人作出。

(2) 承诺只能向要约人作出。

(3) 承诺的内容应当与要约的内容相一致。

(4) 承诺必须在承诺期限发出。

《合同法》第 18 条规定：“要约可以撤销，撤销要约的通知应当在受要约人发出承诺通知之前到达受要约人”。

3. 合同订立的原则

合同订立的原则.avi

1) 自愿原则

根据《中华人民共和国合同法》第 4 条：“当事人依法享有自愿订立合同的权利，任何单位和个人不得非法干预”的规定，民事活动除

法律强制性的规定外，由当事人自愿约定。

自愿原则的内容如下。

(1) 订立合同自愿。

(2) 与谁订合同自愿。

(3) 合同内容由当事人在不违背法律的情况下自愿约定。

(4) 当事人可以协议补充、变更有关内容。

(5) 双方可以协议解除合同。

(6) 可以自由约定违约责任，在发生争议时，当事人可以自愿选择解决争议的方式。

2) 平等原则

根据《中华人民共和国合同法》第 3 条：“合同当事人的法律地位平等，一方不得将自己的意志强加给另一方”的规定，平等原则是指地位平等的合同当事人，在充分协商达成一致意思表示的前提下订立合同的原则。

平等原则内容如下。

(1) 合同当事人的法律地位一律平等。不论所有制性质，也不问单位大小和经济实力的强弱，其地位都是平等的。

(2) 合同中的权利义务对等。当事人所取得的财产、劳务或工作成果与其履行的义务大体相当；要求一方不得无偿占有另一方的财产，侵犯他人权益；要求禁止平调和无偿调拨；

(3) 合同当事人必须就合同条款充分协商，取得一致，合同才能成立。任何一方都不得凌驾于另一方之上，不得把自己的意志强加给另一方，更不得以强迫命令、胁迫等手段签订合同。

3) 诚实信用原则

根据《中华人民共和国合同法》第 6 条：“当事人行使权利、履行义务应当遵循诚实信用原则”的规定，诚实信用原则要求当事人在订立合同的全过程中，都要诚实，讲信用，不得有欺诈或其他违背诚实信用的行为。

4) 公平原则

根据《中华人民共和国合同法》第 5 条：“当事人应当遵循公平原则，确定各方的权利和义务”的规定，公平原则要求合同双方当事人之间的权利义务要公平合理，具体内容如下。

(1) 在订立合同时，要根据公平原则确定双方的权利和义务。

(2) 根据公平原则确定风险的合理分配。

(3) 根据公平原则确定违约责任。

5) 善良风俗原则

根据《中华人民共和国合同法》第 7 条：“当事人订立、履行合同，应当遵守法律、行政法规，尊重社会公德，不得扰乱社会经济秩序和损害社会公共利益”的规定，“遵守法律、行政法规，尊重社会公德，不得扰乱社会经济秩序和损害社会公共利益”指的就是善良风俗原则，包括以下内涵。

(1) 合同的内容要符合法律、行政法规规定的精神和原则。

(2) 合同的内容要符合社会上被普遍认可的道德行为准则。

6.4 案例分析

【案例 1】

A 国甲公司向 B 国乙公司出口丁苯橡胶已一年，第二年甲公司又向乙公司报价，以便继续供货。甲公司根据国际市场行情，将价格从前一年的成交价每吨下调了 120 美元(前一年 1200 美元/吨)，乙公司觉得可以接受，建议甲公司到 B 国签约。甲公司人员一行二人到了 B 国乙公司总部，双方开始谈判。乙公司说：“贵方价格仍太高，请甲公司人员看看 B 国市场的价格，三天以后再谈”。甲公司人员感到被戏弄，很生气，但人已来 B 国，谈判必须进行。

甲公司人员通过有关协会收集到 B 国海关丁苯橡胶进口统计信息，发现从哥伦比亚、比利时、南非等国进口量较大。从 A 国进口也不少，甲公司是占额较大的一家。南非价格水平最低但高于 A 国产品价。哥伦比亚、比利时价格均高于南非。在 B 国市场的调查中，批发和零售价均高出甲公司的现报价 30%～40%，市场虽呈降势，但甲公司的价格是目前世界市场最低的价。为什么乙公司人员还这么说？甲公司人员分析，对手以为甲公司人员既然来了 B 国，肯定急于拿到合同后回国。可以借此机会再压甲公司一手。那么乙公司会不会不急于订货而找理由呢？

甲公司人员分析，若不急于订货，为什么邀请甲公司人员来 B 国？再说乙公司人员过去与甲公司人员打过交道，而且合作顺利，对甲公司的工作很满意，这些人会突然变得不信任甲公司人员了吗？从态度上看不像，他们来机场接甲公司人员。且晚上一起喝酒，并且气氛良好。从上述分析，甲公司人员一致认为，乙公司意在压价。根据这个分析，经过商量甲公司人员决定在价格条件上做文章。首先态度应强硬(因为来前对方已表示同意甲公司报价)，不怕空手而归。其次，价格还要涨回市场水平(即 1200 美元/吨左右)。向领导汇报后，仅一天半就将新的价格通知乙公司。

在一天半后的中午前，甲公司人员电话告诉乙公司人员，“调查已结束。我公司来 B 国前的报价低了，应涨回去年成交的价位，但为了老朋友的交情，可以每吨下调 20 美元，而不再是 120 美元，请贵方研究，有结果请通知我们，若我们不在饭店，则请留言”。乙公司人员接到电话后一个小时，即回电话约甲公司人员到其公司会谈。乙公司认为：甲公司不应把过去的价格再往上调。甲公司认为：这是乙公司给的权利。我们按乙公司要求进行了市场调查，结果应该涨价。乙公司希望甲公司多少降些价，甲公司认为原报价已降到底。经过几回合的讨论，双方同意按甲公司来 B 国前的报价成交。这样，甲公司成功地使乙公司放弃了压价的要求，按计划拿到合同。

【问题】

1. 甲公司的决策是否正确？为什么？
2. 甲公司运用何种程序、何种方式做出的决策？其决策属什么类型？
3. 甲公司是如何实施决策的？
4. 乙公司在谈判中，反映了什么决策？
5. 乙公司决策的过程和实施情况如何？

【分析】

1. 正确，因为按行前条件拿到了合同。

2. 甲公司运用了信息收集，信息分析，方案假设，论证和选取等五个步骤，以小范围形式确定，属于战略性决策。

3. 分梯次捍卫决策，先电话后面谈。先业务员谈后领导拍板。同时运用时间效益加强执行力度，把原本三天回复对方的期限缩短为一天半回复，使态度变得更强硬。

4. 甲公司的决策变为战略性决策，它在根本条件和总体策略上做了新的决定，成交条件更低，谈判冷处理，让乙公司坐冷板凳。

5. 乙公司决策过程较短，仅以杀价为目标，抱着能压就压的心态，所以实施时不坚决。

【案例 2】

某综合办公楼工程，甲建设单位通过公开招标方式确定工程由乙承包商为中标单位，双方签订了工程总承包合同。由于乙承包商不具有勘查、设计能力，经甲建设单位同意，乙分别与丙建筑设计院和丁建筑工程公司签订了工程勘查、设计合同和工程施工合同。勘查、设计合同约定由丙对甲的办公楼及附属公共设施提供设计服务，并按勘查、设计合同的约定交付有关的设计文件和资料。施工合同约定由丁根据丙提供的设计图纸进行施工，工程竣工时根据国家有关验收规定及设计图纸进行质量验收。

合同签订后，丙按时将设计文件和有关资料交付给丁，丁根据设计图纸进行施工。工程竣工后，甲会同有关质量监督部门对工程进行验收，发现工程存在严重质量问题，其质量问题是由于设计不符合规范所致。原来丙未对现场进行仔细勘查即自行设计，导致设计不合理，给甲带来了重大损失。丙以与甲方没有合同关系为由拒绝承担责任，乙又以自己不是设计人为由推卸责任，甲遂以丙为被告向法院提起诉讼。

【问题】

1. 本案例中，甲与乙、乙与丙、乙与丁分别签订的合同是否有效？并分别说明理由。

2. 甲以丙为被告向法院提起诉讼是否妥当？为什么？

3. 工程存在严重质量问题的责任应如何划分？

【分析】

1. 合同有效性的判定。

(1) 甲与乙签订的总承包合同有效。根据《中华人民共和国合同法》和《中华人民共和国建筑法》的有关规定，发包人可以与总承包单位订立建设工程合同，也可以分别与勘查人、设计人、施工人订立勘查、设计、施工承包合同。

(2) 乙与丙签订的分包合同有效。根据《中华人民共和国合同法》和《中华人民共和国建筑法》的有关规定，总承包人或者勘查、设计、施工承包人经发包人同意，可以将自己承包的部分工作交由第三人完成。

(3) 乙与丁签订的分包合同无效。根据《中华人民共和国合同法》和《中华人民共和国建筑法》的有关规定：承包人不得将其承包的全部建设工程肢解以后以分包的名义分别转包给第三人。建设工程主体结构的施工必须由承包人自行完成。因此，乙将由自己总承包的施工工作全部分包给丁，违反了《中华人民共和国合同法》和《中华人民共和国建筑法》的强制性规定，导致乙与丁之间的工程分包合同无效。

2. 甲以丙为被告向法院提起诉讼不妥。因为甲与丙不存在合同关系，乙作为该工程的总承包单位与丙建筑设计院之间是总包和分包的关系，根据《中华人民共和国合同法》及《中华人民共和国建筑法》的规定，总承包单位依法将建设工程分包给其他单位的，分包单位应当按照分包合同的约定对其分包工程的质量向总承包单位负责。

3. 工程存在严重质量问题的责任划分为：丙未对现场进行仔细勘察即自行设计导致设计不合理，给甲带来了重大损失，乙应对工程建设质量问题向甲承担责任。

【案例 3】

某施工单位根据领取的某 2000m^2 两层厂房工程项目招标文件和全套施工图纸，采用低报价策略编制了投标文件，并获得中标。该施工单位(乙方)于某年某月某日与建设单位(甲方)签订了该工程项目的固定价格施工合同。合同工期为 8 个月。甲方在乙方进入施工现场后，因资金紧缺，无法如期支付工程款，口头要求乙方暂停施工一个月。乙方亦口头答应。工程按合同规定期限验收时，甲方发现工程质量有问题，要求返工。两个月后，返工完毕。结算时甲方认为乙方迟延交付工程，应按合同约定偿付逾期违约金。乙方认为临时停工是甲方要求的。乙方为抢工期，加快施工进度才出现了质量问题，因此迟延交付的责任不在乙方。甲方则认为临时停工和不顺延工期是当时乙方答应的，乙方应履行承诺，承担违约责任。

【问题】

1. 该工程采用固定价格合同是否合适？

2. 该施工合同的变更形式是否妥当？此合同争议依据合同法律规范应如何处理？

【分析】

本案例主要考核建设工程施工合同的类型及其适用性，解决合同争议的法律依据。建设工程施工合同以计价方式不同可分为：固定价格合同、可调价格合同和成本加酬金合同。根据各类合同的适用范围，分析该工程采用固定价格合同是否合适。

【答案】

1. 因为固定价格合同适用于工程量不大且能够较准确计算、工期较短、技术不太复杂、风险不大的项目。该工程基本符合这些条件，故采用固定价格合同是合适的。

2. 根据《中华人民共和国合同法》和《建设工程施工合同(示范文本)》的有关规定，建设工程合同应当采取书面形式，合同变更亦应当采取书面形式。若在应急情况下，可采取口头形式，但事后应予以书面形式确认。否则，在合同双方对合同变更内容有争议时，往往因口头形式协议很难举证，而不得不以书面协议约定的内容为准。本案例中甲方要求临时停工，乙方亦答应，是甲、乙双方的口头协议，且事后并未以书面的形式确认，所以该合同变更形式不妥。在竣工结算时双方发生了争议，对此只能以原书面合同规定为准。在施工期间，甲方因资金紧缺要求乙方停工一个月，此时乙方应享有索赔权。乙方虽然未按规定程序及时提出索赔，丧失了索赔权，但是根据《民法通则》的规定，在民事权利的诉讼时效期内，仍享有通过诉讼要求甲方承担违约责任的权利。甲方未能及时支付工程款，应对停工承担责任，故应当赔偿乙方停工一个月的实际经济损失，工期顺延一个月。工程因质量问题返工，造成逾期交付，责任在乙方，故乙方应当支付逾期交工一个月的违约金，因质量问题引起的返工费用由乙方承担。

本章小结

通过本章的学习，读者认识了建设工程施工的概念、特征、分类以及组成，了解了中标程序及中标通知书对招标人、投标人的法律效力，掌握了合同谈判的过程，合同谈判的内容以及合同订立的内容及原则。

实训练习

一、单选题

1. 邀请投标对象的数目以(　　)家为宜。

A. 7　　B. 6　　C. 3　　D. 5～7

2. 中标通知书(　　)具有法律效力。

A. 只对中标人　　B. 只对招标人

C. 对中标人和招标人　　D. 对投标人和招标人

3. 对于中标通知书的法律效力，下列说法正确的是(　　)。

A. 中标通知书就是正式合同　　B. 中标通知书属于要约邀请

C. 中标通知书属于要约　　D. 中标通知书属于承诺

4. 谈判者在谈判中以及在谈判之初会有意识地向对方提出苛求的谈判条件，使对方过高估计本方的谈判底线，从而在谈判中做出更多让步。这种谈判技巧称为(　　)。

A. 避实就虚　　B. 不平衡报价　　C. 高起点战略　　D. 先发制人战略

5. 谈判者在充分分析形势做出正确判断的同时，利用对方弱点让其妥协，并规避己方弱点的谈判技巧称为(　　)。

A. 先发制人　　B. 不平衡战略　　C. 避实就虚　　D. 高起点战略

6. 当事人订立合同，必须经过的程序是(　　)。

A. 承担和承诺　　B. 要约和担保　　C. 承诺和公证　　D. 要约和承诺

7. 按照《中华人民共和国合同法》的规定，建设工程合同包括(　　)。

A. 建设工程监理合同、建设工程设计合同、建筑施工合同

B. 建设工程勘察合同、建设工程设计合同、建筑施工合同

C. 建设工程监理合同、建设工程勘察合同、建设工程设计合同

D. 建设工程设计合同、建设工程设备合同、建设工程勘察合同

二、多选题

1. 合同法规定，先履行义务方有确切证据证明对方有哪些情形(　　)，可以行使不安抗辩权。

A. 未按合同约定办理保险　　B. 经营状况严重恶化

C. 为了逃避债务转移财产或抽逃资金　　D. 丧失商业信誉

E. 财务状况恶化但提供了第三人的担保

2. 甲决定将与乙签订合同中的义务转移给丙，按照合同法的规定(　　)。

A. 无须征得乙同意　　B. 丙直接对乙承担合同义务

C. 丙可以对乙行使抗辩权　　D. 丙只能对甲行使抗辩权

E. 甲对丙不履行合同的行为不承担责任

3. 依照担保法规定，不能作为保证合同的担保人的是(　　)。

A. 幼儿园　　B. 银行　　C. 学校

D. 企业　　E. 医院

4. 属于无效合同的情况包括(　　)。

A. 一方以欺诈的手段订立合同损害对方当事人的利益

B. 显失公平订立的合同

C. 实现合同标的会损害社会公共利益

D. 与对方恶意串通损害第三人利益

E. 一方乘人之危订立显失公平的合同损害对方合法权益

5. 在建设工程委托监理合同的履行中，监理人执行监理业务时可以行使的权力包括(　　)。

A. 选定施工合同的承包人　　B. 批准施工合同承包人选定的分包人

C. 确定工程规模　　D. 主持工程建设有关协作单位的组织协调

E. 审核承包人的索赔

6. 合同担保的方式有(　　)。

A. 保证　　B. 抵押　　C. 质押

D. 预付款　　E. 罚款

7. 工程建设监理委托合同的当事人有(　　)。

A. 发包人　　B. 监理单位　　C. 监理工程师

D. 施工企业　　E. 质量监督站

8. 工程建设监理合同示范文本规定，建设监理单位服务的内容包括(　　)。

A. 正常的监理工作　　B. 附属工作　　C. 附加工作

D. 额外工作　　E. 业主要求的工作

三、简答题

1. 建筑施工合同的特征有哪些？

2. 简述中标程序。

3. 简述要约撤回和要约撤销的区别。

第 6 章　课后答案.pdf

实训工作单一

<table>
<tr><td>班级</td><td></td><td>姓名</td><td></td><td>日期</td><td></td></tr>
<tr><td>教学项目</td><td colspan="5">建设工程施工合同</td></tr>
<tr><td>任务</td><td colspan="2">建设工程施工合同概述</td><td>要求</td><td colspan="2">1.建设工程施工合同的概念和特征
2.建设工程施工合同的分类</td></tr>
<tr><td>相关知识</td><td colspan="5">建设工程施工合同相关知识</td></tr>
<tr><td>其他要求</td><td colspan="5"></td></tr>
<tr><td colspan="6">学习过程记录</td></tr>
<tr><td>评语</td><td colspan="2"></td><td colspan="2">指导老师</td><td></td></tr>
</table>

实训工作单二

<table>
<tr><td>班级</td><td></td><td>姓名</td><td></td><td>日期</td><td></td></tr>
<tr><td>教学项目</td><td colspan="5">建设工程施工合同</td></tr>
<tr><td>任务</td><td colspan="3">建设工程施工合同的谈判和订立</td><td>要求</td><td>模拟合同谈判和订立过程</td></tr>
<tr><td>相关知识</td><td colspan="5">建设工程施工合同相关知识</td></tr>
<tr><td>其他要求</td><td colspan="5"></td></tr>
<tr><td colspan="6">模拟合同谈判和订立过程记录</td></tr>
<tr><td>评语</td><td colspan="3"></td><td>指导老师</td><td></td></tr>
</table>

第7章　建设施工合同管理　07

【学习目标】

1. 理解什么是建设施工合同
2. 了解建设施工合同的履约原则
3. 了解建设施工合同进度和质量管理
4. 了解对建设施工合同安全管理和风险管理的处理

【教学要求】

本章要点	掌握层次	相关知识点
建设施工合同的履行原则	1. 了解建设施工合同的履约原则 2. 掌握无效合同的情形及合同无效后的处理原则	建设施工合同的履约管理
建设施工合同进度管理的程序	了解建设施工合同进度管理的程序	建设施工合同的进度管理
建设施工合同的风险管理	1. 了解工程项目风险的特征 2. 掌握施工合同风险的产生原因	建设施工合同的安全管理、风险管理和争端处理

【项目案例导入】

2017年5月30日，某市政道路排水工程在施工过程中，发生一起边坡坍塌事故，造成4人死亡、2人重伤，直接经济损失约160万元。该排水工程造价约400万元，沟槽深度约7m，上部宽7m，沟底宽1.45m。事发当日在浇筑沟槽混凝土垫层作业中，东侧边坡发生坍塌，将1名工人掩埋。正在附近作业的其余多名施工人员立即下到沟槽底部，从东、南、北三个方向围成半月形扒土施救，并用挖掘机将塌落的大块土方清出，然后用挖掘机斗抵住东侧沟壁，保护沟槽底部的救援人员。经过约半个小时的救援，被埋人员的双腿已露出。此时，挖掘机司机发现沟槽东侧边坡又开始掉土，立即叫沟底的人向南撤离，但仍有 6 人被塌落的土方掩埋。

【项目问题导入】

建设施工合同管理不仅包括合同的履约管理，还包括进度管理、质量管理、安全管理、风险管理等，请结合案例分析建设施工合同安全管理的重要性。

7.1 建设施工合同的履约管理

7.1.1 建设施工合同的履约概念

建设施工合同是指发包人(建设单位)和承包人(施工方)为完成商定的施工工程，明确相互权利与义务的协议。

建设施工合同.mp3

依照施工合同，施工单位应完成建设单位交给的施工任务，建设单位应按照规定提供必要的条件并支付工程价款。建设施工合同是承包人进行工程建设施工，发包人支付价款的合同，是建设工程的主要合同，同时也是工程建设质量控制、进度控制、投资控制的主要依据。施工合同的当事人是发包人和承包人，双方是平等的民事主体。

建设施工合同履行是指合同生效后，合同当事人为实现订立合同欲达到的预期目的而依照全面履行诚实信用原则完成合同义务的行为。

项目当事人应当严格按照合同约定的标的、数量、质量，由合同约定履行义务的主体在合同约定的履行期限与履行地点，按照合同约定的价款或者报酬以及履行方式，全面地完成合同所约定的属于自己的义务。在履行过程中以诚实、真诚、善意的态度行使合同权利与履行合同义务，以及及时通知、提供必要条件和说明等义务。

建设施工合同履约过程中，不可避免地会存在合同执行问题和工程变更问题等。既有传统的以工程变更指令形式产生的工程变更，又包括由业主违约和不可抗力等因素被动形成的工程变更。由于工程变更对工程施工的影响，人们对工程变更提出了诸多控制办法，如程序控制，强化监理制度以及加强决策者对投资行为的管理和引导等，但由于工程变更的复杂性，对工程变更的控制还缺乏从技术手段、经济手段以及法律手段多角度的系统研究。因此，加强对建筑施工合同中的变更控制研究具有重要的现实意义。

1. 施工合同管理的意义与价值

一旦项目延期或者变更涉诉，工期是最容易被对方起诉或反诉的一个点。实际竣工日期与合同约定的竣工日期相差的天数乘以合同约定的处罚标准，就是施工单位需要承担的违约金，如果给对方造成的损失大于违约金的，还需要承担超出的损失部分。

因而，对于施工单位来说，只有提出足够的能够延长工期的相关证据，才有可能避免承担违约责任的风险。当然并不是每个项目都需要将工期的履约管理放在首位，风险项目才是关键。而什么样的项目才是风险项目呢？一般的房地产项目、私营企业的项目、建设单位信誉差的项目以及非长期合作的项目都可以列入风险项目。其次，可以根据具体项目的情况以及合同的有关条款来判断风险项目，比如，建设单位对使用该工程的迫切程度、建设单位是否按约付款、该项目上其他施工单位对建设单位的评价以及合同中对于工期延期处罚的轻重等。以此判断出某个项目是风险项目后再进行重点跟踪管理。

2. 控制施工合同履行的有效措施办法

1)　加强精细管理，保证合同实施的可控性

(1)　做好合同文件管理工作。

合同及补充合同协议乃至经常性的工地会议纪要与工作联系单等，实际上都是合同内容的一种延伸和解释。应建立技术档案，对合同执行情况进行动态分析，根据分析结果采取积极主动的措施，与合同方进行有效的沟通。

(2)　按合同要求的时限履行义务。

新颁布的《合同示范文本》对工程中的各项业务和意外情况处理的时限都作了具体规定。承发包双方和监理工程师都应在合同要求的时限内履行各自的义务。否则，容易引起索赔。

(3)　公正地处理索赔。

索赔是合同履行过程中一方主张权利的要求，在主张权利的同时要提供事实证据。根据事实证据和合同条款，另一方作出承认或者部分承认并予以赔偿相应的费用和延长相应的工期。当然也可以采取反索赔来维护自己的合法权益。但不是就同一个问题的推诿，而是找出对方违约的地方提出反索赔要求。

(4)　严格现场签证制度。

工程项目施工过程经常出现各种与合同约定不符的情况，必须及时办理现场签证。由于签证是双方对事实意思表示一致的结果，可以直接作为追加工程合同价款的计算依据。因此要严格把控签证权限制和签证手续的程序，提倡只签客观实际情况而不签造价，只签实际工作量、点工数、施工措施而不签造价。结算部门应严把审核关，拒绝不合理的现场签证。

2)　努力营造氛围，合同双方诚信守约经营

大力倡导诚实信用原则，不管是业主或承包商，都应遵守诚信原则，这是一个企业信誉的核心。切不可为了局部利益或眼前利益而做出不诚信的行为。不讲诚信不但使国家或业主投资利益受到损害，也使施工企业长期的利益受到损害。入世后，我国建筑市场竞争的关键点会由以前的“最低成本”竞争逐渐转变为“诚信度”竞争。缺乏诚信必将受到经济规律的惩罚。加强政策引导和支持，加快各种担保和保险制度的推行，如履约担保、投标担保、投资担保、支付担保等，使合同执行的活动处于利益风险共承担，权利与义务均等的环境中。同时针对建筑工程开辟更多的保险品种，以转移风险也是值得借鉴的方式。要将合同管理贯穿于从投标到工程竣工的全过程，既有利于合同目标的实现，又使技术和经济相结合，产生良好的经济效益。因此，加强合同管理是企业重要的管理手段，也是综合实力的体现。

3) 大力推行建设施工合同示范文本

因为履约率与合同的质量有很大关系，好的合同文本有利于履约。使用合同示范文本，将有利于避免由于合同管理人员法律水平和文化水平不高而产生的漏洞，有利于明确合同主体的责任，有利于合同争议的解决。

7.1.2 建设施工合同的履行原则

建设施工合同的履行原则.mp3

1. 建设施工合同的履行原则

1) 适当履行原则

适当履行原则是指当事人应依合同约定的标的、质量、数量，由适当主体在适当的期限和地点，以适当的方式，全面完成合同义务的原则。这一原则要求如下。

(1) 履行主体适当。即当事人必须亲自履行合同义务或接受履行，不得擅自转让合同义务或合同权利让其他人代为履行或接受履行。

(2) 履行标的物的数量和质量适当。即当事人必须按照合同约定的标的物履行义务，而且还应依合同约定的数量和质量来给付标的物。

(3) 履行期限适当。即当事人必须依照合同约定的时间来履行合同，债务人不得迟延履行，债权人不得迟延受领。如果合同未约定履行时间，则双方当事人可随时提出或要求履行，但必须给对方必要的准备时间。

(4) 履行地点适当。即当事人必须严格依照合同约定的地点来履行合同。

(5) 履行方式适当。履行方式包括标的物的履行方式以及价款或酬金的履行方式，当事人必须严格依照合同约定的方式履行合同。

2) 协作履行原则

协作履行原则是指在建筑施工合同履行过程中，双方当事人应互助合作共同完成合同义务的原则。合同是双方的民事法律行为，不仅仅是债务人一方的事情，债务人实施给付，需要债权人积极配合受领给付，才能达到合同目的。由于在合同履行的过程中，债务人比债权人更多地受诚实信用和适当履行等原则的约束，所以协作履行往往是对债权人的要求。协作履行原则也是诚实信用原则在合同履行方面的具体体现。协作履行原则具有以下要求。

(1) 债务人履行合同债务时，债权人应适当受领给付。

(2) 债务人履行合同债务时，债权人应创造必要条件与提供方便。

(3) 债务人因故不能履行或不能完全履行合同义务时，债权人应积极采取措施防止损失扩大，否则，应就扩大的损失自负其责。

3) 经济合理原则

经济合理原则是指在建筑施工合同履行过程中，应讲究经济效益，以最少的成本取得最佳的合同效益。在市场经济中，交易主体都是理性地追求自身利益最大化的主体。因此，如何以最少的履约成本完成交易过程，一直都是合同当事人所追求的目标。交易主体在合同履行的过程中应遵守经济合理原则是必然的要求。

4)　情势变更原则

所谓情势是指建设施工合同成立后出现的不可预见的情况。所谓变更，是指合同得以成立的环境或基础发生异常变动。我国学者一般认为，变更指的是构成合同基础的情势发生根本的变化。在建筑施工合同有效成立之后以及履行之前，如果出现某种不可归责于当事人原因的客观变化会直接影响合同履行结果时，若仍然要求当事人按原合同的约定履行合同，往往会给一方当事人造成显失公平的结果。这时，法律允许当事人变更或解除合同而免除违约责任的承担。这种处理合同履行过程中情势发生变化的法律规定，就是情势变更原则。

近年来，我国的建筑行业发展较快，建筑行业的发展拉动了很多相关行业的发展，建筑行业的发展已经成了我国国民经济发展的重要增长点。

2. 无效合同的情形及合同无效后的处理原则

无效合同指合同虽然已经成立，但因其在内容和形式上违反了法律和行政法规的强制性规定以及社会公共利益，因此被确认为无效。无效合同一般有两种情况，一种是合同违反了法律、行政法规的强制性规定和公共秩序，法律直接规定此类合同无效；另一种是合同违反了法律、行政规定，但法律并没有直接规定此类合同无效，合同是否有效要经过人民法院的认定。

7.1.3 建设施工合同条款分析

建设施工合同条款分析是将合同目标和合同条款规定落实到合同施工的具体问题和具体事件上，用以指导具体工作，使合同能顺利地履行，最终实现合同目标。

合同分析是从合同执行的角度去分析、补充和解释合同的具体内容和要求，将合同目标和合同规定落实到合同实施的具体问题和具体时间上，用以指导具体工作，使合同能符合日常工程管理的需要，使工程按合同要求实施，为合同执行和控制确定依据。合同分析不同于招投标过程中对招标文件的分析，其目的和侧重点都不同。

1. 建设施工合同的基本要求

(1)　准确性和客观性。

(2)　简易性。

(3)　合同双方的一致性。

(4)　全面性。

合同分析的内容有合同的法律基础、承包人的任务、发包人的责任、合同价格、施工工期、违约责任、验收、移交及保修、索赔程序和争议解决。

实施和管理贯彻于项目管理的全过程，在现今这个越来越法制化的社会体系中，因为合同纠纷而使双方对簿公堂的事情也越来越多，那么管理者就需要从自身的专业角度，全面专业地把控合同条款，将可能造成施工争议的条款预先完善和说明。

建设施工合同分为工程施工类合同、设备及材料采购类合同、劳务类合同三大类，本文将重点分析前两类合同中的关键条款，分析管理要点和注意事项。

2. 合同范围的划分

合同范围的划分也称施工界面的划分。往往在订立合同时，合同双方是明确合同范围的，但由于合同的文字描述不够全面或是叙述有歧义，使工程完工后双方就合同范围各执一词。尤其在总包施工与独立发包工程之间的施工界面，总包单位与精装修工程的界面划分。比如在电梯采购安装合同中，就需要特别明确电梯安装公司的电源接入处在哪里，是否由电梯安装公司自行从电梯电源配电箱接电缆入电梯供电，是否由电梯安装公司负责安装底坑爬梯及层门钢牛腿和电梯井永久性照明，还有实现电梯三方(或五方)通话功能的电缆线采购安装是否由电梯安装公司一并完成。电梯采购合同中除质保外是否提供几年的免费保养服务，保养服务是清包、半包还是全包，这些都可能是订立合同时的疏忽之处。

3. 合同价格形式

2013 版施工合同示范文本中将合同价格形式分为三类，即单价形式合同、总价形式合同、其他价格形式合同。单价形式合同的含义是单价相对固定，仅在约定的范围内合同单价不作调整；总价形式合同则是指合同当事人约定以施工图、已标价工程量清单和预算书及有关条件进行合同价格计算调整和确认的建筑施工合同，在约定的范围内合同总价不作调整；其他价格形式合同，如成本加酬金与定额计价等。

一般情况下采用单价形式合同比较多，这里需明确综合单价包含的风险范围和风险费用的计算方式，在 2017 版工程量清单计价规范中，也强制性要求明确应由投标人承担的风险范围及其费用。风险范围一般包括投标人投标时漏报、错报和报价失误；投标报价时人工、材料、机械台班单价与工程实施时的差异；施工管理不当带来的人工、机械的窝工，材料使用不当带来的材料浪费；管理不善带来的管理费透支；经营不善带来的经济效益下降等。

4. 履约担保和预付款担保

履约担保和预付款担保都是为了保障建设方的权利和利益，从防范合同风险角度考虑，可以有效防止承包人在收到预付款后或施工过程中，将合同款项挪作他用或宣布破产等。履约担保一般应当自提供担保之日起至颁发工程接收证书之日止，因此承包人应保证履约担保在颁发工程接收证书前一直有效。预付款担保有效期自预付款支付给承包人起生效，至发包人签发进度款支付证书说明已完全扣清为止。

履约担保、预付款担保.mp3

5. 工料机调价方式

采用投标价或以合同约定的价格月份对应造价管理部门发布的价格为基准，与施工期造价管理部门每月发布的价格相比(加权平均法或算术平均法)，人工、钢材、其他主材价格的变化幅度原则上大于±3%(含 3%下同)、±5%、±8%应调整其超过幅度部分要素价格。在实际操作中一般采用以合同约定的价格对应造价管理部分发布的价格为基准，这样操作简便，且无论投标报价是否低于或高于基准价。

6. 保险

保险.mp3

建设工程资金投入高，施工周期长，涉及技术领域广泛，施工安全性要求高，另外还存在很多不可预见的风险因素，这些因素决定了建设工程领域是个高风险的行业。工程保险就是把工程项目中的重大风险转移到保险公司。建筑工程一切险或安装工程一切险应由建设方投保并出资，建设方和承包方分别为其施工现场的全部员工办理意外工伤保险。

例如保险期为两年的办公楼建设项目，总建筑面积约 65 000m^2，工程一切险的保费按建安工程费的万分之五计取，一般在 15 万元以内，仅占全部建设成本很小的比例却可以抵御较大的风险损失，就项目的风险管理来说十分有必要。

7. 争议解决

合同双方发生争议有时也是不可避免的，如争议不能达成一致的情况下，解决方式就显得至关重要。一般合同约定有两种方式解决，一是向约定的仲裁委员会申请仲裁，二是向有管辖权的人民法院起诉。

在此并不建议建设项目争议选用仲裁方式解决，因为建设项目涉及金额比较庞大，而仲裁实行一裁终局制，仲裁裁决一经仲裁庭作出即发生法律效力，如由一方当事人对裁决存有异议也无法再行起诉，对于国有投资项目容易造成国有资产的流失。

8. 直接发包工程的现场管理

整个建设项目中专业体系庞大并涉及广泛，比如幕墙工程、空调工程、消防工程、智能化工程等都需要更加专业的单位进行图纸深化和施工，但现场的协调和配合就完全要靠总包单位的管理了。在 2013 版建筑施工合同示范文本中，就增加了此项条款，“发包人应与承包人或由发包人直接发包的专业工程的承包人签订施工现场统一管理协议，明确各方的权利义务。施工现场统一管理协议作为专用合同条款的附件”。

在此值得注意的是，只有在发包人直接发包专业工程的情况下，才需要单独订立现场管理协议，现场统一管理协议应由发包人、承包人与专业工程承包人三方共同签订。施工现场的管理也是合同管理中非常重要的一个方面，项目是否可以顺利实施，竣工档案资料是否编制合规，承包人的现场管理工作至关重要。

7.2　建设施工合同的进度管理

7.2.1　建设施工合同进度管理的概念

施工进度管理的概念.mp3

1. 施工进度管理的概念

施工进度管理是指在项目建设过程中按经审批的工程进度计划，采用适当的方法定期跟踪并检查工程实际进度状况，与计划进度比较找出两者之间的偏差，并对产生偏差的各种因素及影响工程目标的程度进行分析与评估，以及组织、指导、协调、监督监理单位和承包人及相关单位，及时采取有效措施调整工程进度计划，使工程进度按计划执行，直至按设定的工期目标如期完成，或在保证工程质量和不增加工程造价的条件下提前完成。

施工的进度和质量与投资关系是相互联系的。在项目实施中进度与投资的关系是加快进度往往要增加投资，采取各种赶工措施使工程建设项目及早竣工，尽快发挥工程建设投资的经济效益。而进度与质量的关系是加快进度，使人、机械超强工作造成工人疲劳，机械维修，材料供应紧张，施工条件的改变，可能会影响到工程质量。适度均衡地加快施工进度，可以在计划工期内得到合理的提前，可以保证施工质量。严格控制质量，可以避免返工，进度则会加快。反之则会因返工，造成工期延后，增加施工成本。投资与质量的关系是质量好要增加施工成本，但严格控制质量，可以避免返工，提高了承包人的施工效益，减少建设项目的经常性维护费用，延长工程使用年限，反而降低了投资成本，提高了建设单位的投资效益。

施工项目部根据合同规定的工期要求编制施工进度计划，并以此作为管理的目标，对施工的全过程经常进行检查，对比、分析，及时发现实施中的偏差，并采取有效措施，调整工程建设施工进度计划，保证工期目标的实现。

施工进度管理控制是对工程项目建设阶段的工作程序和持续时间进行规划、实施、检查、调查等一系列活动的总称。工程建设项目的进度控制，是工程建设过程中一项重要而复杂的任务，是工程建设的三大目标的重要部分。它有利于投资效益尽快发挥，有利于维持良好的经济秩序，有利于提高企业的经济效益。

2. 建设工程施工的进度管理及其重要性

加强施工进度控制是规范施工行为和保证施工目标实现的关键，通过监控施工过程中各种不确定因素进而减少对施工进度的不利影响，可以使施工成本最小化和资源消耗均衡化从而提高工程施工经济效益，进而为提高经济效益创造了条件。进度的动态控制既必要又必须。它不仅有利于国民经济利益的整体增长，还有利于业主和施工方。施工项目的进度计划与控制是施工企业一项十分重要的工作。其重要性有如下几点。

(1) 施工进度管理可以降低投资成本，提高投资效益。组织科学合理的流水施工，使各个工种能够依次连续在不同的施工段上反复完成相同的工作，这既有利于各种工种能够在平面上穿插施工，达到以空间换取时间的目的，从而缩短工期，有效地节约成本，又能保证施工质量和施工安全，使项目的整体效益得到保证，同时也提高了项目的投资效益。

(2) 施工项目管理可以提高企业的经济效益。施工项目管理是对工程建设中的工作流程和所用的时间进行规划、实施、调查等的总成。建筑工程的施工控制，是一项重要而且非常复杂的任务。是工程建设的重要组成部分。它不仅有利于提高投资效益，而且对维持较好的经济秩序以及提高企业的经济效益都有着重要的作用。

(3) 施工进度管理能有效地保证工期按期完成，施工工程管理的主要任务是对项目工期进行计算，管理人员对建设项目的规模、复杂程度和资金等进行科学的分析后，制作出项目的最佳工期。合同工期确定后，工程施工进度控制的任务就是根据进度目标确定实施方案，在施工过程中进行控制和调整，以实现进度控制的目标，具体来讲，进度控制的任务就是进行进度规划、进度控制和进度协调。

7.2.2 建设施工合同进度管理的程序

建设工程施工进度管理是一项系统的管理工程，为了使建筑工程项目按时保质地交付使用，避免延误工期给各方带来的经济损失，施工企业在项目施工中一定要做好进度管理工作，制订科学合理的进度计划，在施工过程中督促施工各方严格执行，并认真检查和记录情况，及时发现偏差并采取有效措施进行纠偏，确保实际工程能够按计划完成。工程进度涉及到业主和承包人的重大利益，是合同能否顺利执行的关键。施工进度管理的流程图如图 7-1 所示。

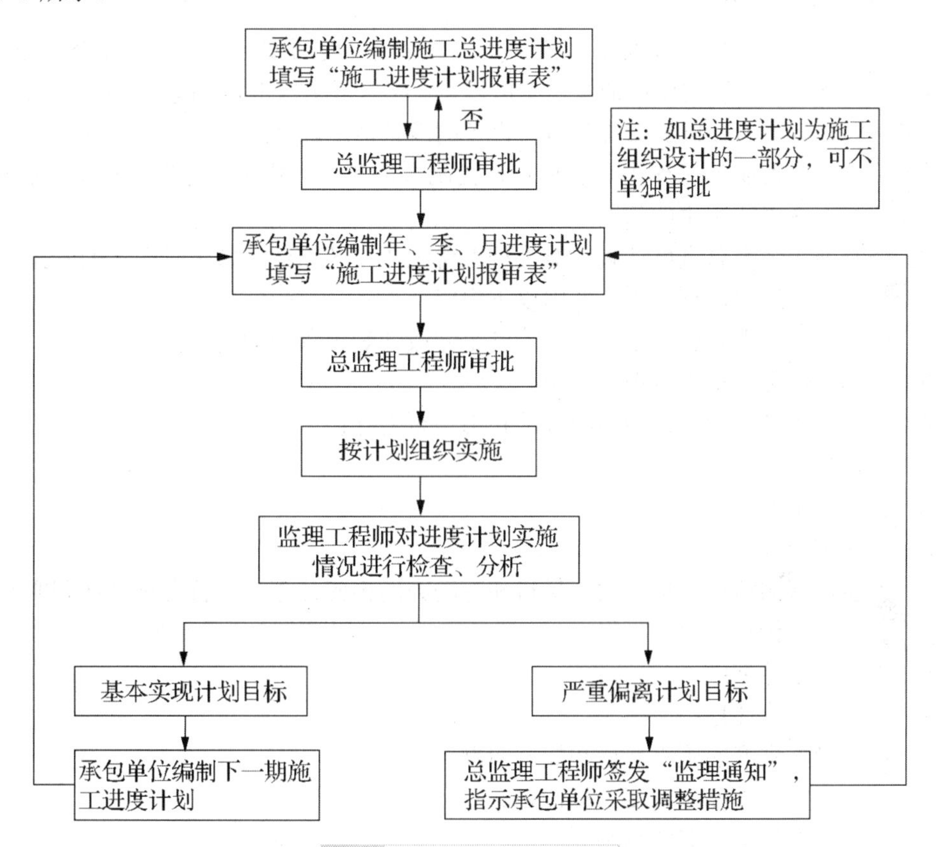

图 7-1　施工进度管理流程图

7.2.3 建设施工合同进度管理控制的内容

建设工程施工进度管理计划的内容.mp3

1. 建设工程施工进度管理计划的内容

建设工程施工进度管理计划是对进度计划的执行及偏差进行测量和分析，采取必要的控制手段和管理措施，保证实现工程进度目标的管理计划。建设工程施工进度管理计划包括以下内容。

(1) 对工程施工进度计划进行逐级分解，通过阶段性目标的实现保证最终工期目标的完成。

(2) 明确施工管理组织的进度控制职责，制定相应管理制度，针对不同施工阶段的特点，分别制定进度管理的施工组织措施、技术措施和合同措施等。

(3) 建立施工进度动态管理机制，及时纠正施工过程中的进度偏差，并制定特殊情况下的赶工措施。

(4) 根据项目周边环境特点，制定相应的协调措施，减少外部因素对施工进度的影响。

工程项目建设涉及专业面广，交叉施工复杂，不可预见因素较多，为了让工程施工有序开展，保质保量按期完成施工任务，应制定施工进度计划管理制度。

2. 施工前进度控制

施工单位应根据合同工期及工程部年度、季度或月度所安排的施工任务编制相应的施工进度计划，施工进度计划要详细并切实可行，其应包括单位工程(标段)分部工程的开工时间、完成时间、劳动力及机具安排和材料设备的准备情况。施工前进度控制包括以下内容。

(1) 确定进度控制的工作内容和特点，控制方法和具体措施，进度目标实现的风险分析，以及还有哪些尚待解决的问题。

(2) 编制施工组织总进度计划，对工程准备工作及各项任务做出时间上的安排。

(3) 编制工程进度计划，重点考虑以下内容。

① 所动用的人力和施工设备是否能满足完成计划工程量的需要；

② 基本工作程序是否合理、实用；

③ 施工设备是否配套，规模和技术状态是否良好；

④ 如何规划运输通道；

⑤ 工人的工作能力；

⑥ 工作空间分析；

⑦ 预留足够的清理现场时间，材料和劳动力的供应计划是否符合进度计划的要求；

⑧ 分包工程计划；

⑨ 临时工程计划；

⑩ 竣工、验收计划；

⑪ 可能影响进度的施工环境和技术问题。

(4) 编制年度、季度、月度工程计划。

(5) 施工进度控制方案的编制。

监理工程师在进行施工进度控制时，首先在监理规划和监理细则中编制项目的施工进度控制方案，作为进度控制的指导文件，其主要包括以下内容。

① 施工进度控制目标分解图；

② 实现施工进度控制目标的风险分析；

③ 施工进度控制的主要工作内容和深度；

④ 监理人员对进度控制的职责分工；

⑤ 进度控制工作流程；

⑥ 进度控制的方法包括：进度检查周期、数据采集方式、进度报表格式、统计分析方法等；

⑦ 进度控制的具体措施，包括组织措施、技术措施、经济措施及合同措施等；

⑧　尚待解决的有关问题。

(6)　施工进度计划的审核。

在正式开始施工前，监理工程师要对施工承包单位报送的施工进度计划进行审核，审核批准后，施工承包单位方可开工。

(7)　下达工程开工令。

项目总监理工程师应根据施工承包单位和建设单位双方进行工程开工准备的情况，及时审查施工承包单位提交的工程开工报审表。当具备开工条件时，及时签发工程开工令。

(8)　施工实际进度的动态控制。

在项目的施工过程中，由于受到各种因素的影响，项目的实际进度与计划进度常常会不一致，经常出现实际进度落后于计划进度。因此，监理人员应在施工过程中，定期或不定期地检查施工进度，及时发现进度偏差，并采取措施调整。

(9)　工程延期的处理。

工程延期是指由不属于施工单位的原因而导致的工程拖期，此时施工单位不仅有权提出延长工期的要求，而且还有权向建设单位提出赔偿费用的要求以弥补由此造成的额外损失。工程延期的处理对建设单位和施工单位都非常重要，监理工程师一定要认真对待。

7.2.4　建设施工合同进度管理的控制

1. 提高施工项目管理的方法

(1)　明确指导思想，增强施工进度控制的意识，建立项目管理的模式与组织构架。

一个成功的项目，必然有一个成功的管理团队，一套规范的工作模式和操作程序及业务制度。在市场经济条件下，工程建设进度的快慢，直接影响到经济效益的总体目标。对工程经济的控制，项目管理人员负有重要责任。这也是项目管理人员应尽的职责和最基本的要求。

(2)　加强业务学习，提高管理水平。

按合同工期完成施工任务。这既是合同要求也是实现企业经营目标的需要。在这一点上，建设单位和施工单位双方的利益是一致的。因此要进一步完善管理制度，使工程管理模范化、制度化、科学化。工程项目管理人员，不仅应该具有良好的专业技术素质，较高的协调和组织管理能力。而且还应有较强的学习能力和创新意识。对于提高工程质量、加快工程进度管理，项目管理人员肩负着重要责任。提高管理人员的整体素质是保证工程质量、加快进度的关键。因此针对人为因素、技术因素、材料和设备因素、机具因素、资金因素、气候因素等要勇于管理，善于管理，精心管理，同时要深入施工现场。

【案例 7-1】 发包方与承包方就某某商品楼的建设签订了一份总承包合同，合同规定在当年的 6 月份开始施工，次年的 11 月结束。在工程施工过程中由于施工方管理失误导致工程停工 1 个月，请结合本章内容分析一下如何进行工程项目的进度控制。

(3)　制定工程建设项目总进度目标和总计划。

进度计划的编制，涉及建设工程投资，设备材料供应、施工场地布置、主要施工机械状况、各附属设施的施工、各施工安装单位的配合及建设项目投产的时间要求。对这些综合因素要全面考虑、科学组织、合理安排、统筹兼顾，才能有一个很好的进度规划。

(4) 加强进度控制。

要对进度进行控制，必须对建设项目进展的全过程中，对计划进度与实际进度进行比较。在施工工程的实际进度与计划进度发生偏离，无论是进度加快、进度滞后都会对施工组织设计产生影响，都会对施工工序带来问题，都要及时采取有效措施加以调整，对偏离控制目标的要找出原因，坚决纠正。

(5) 提高进度协调能力。

进度协调的任务是对整个建设项目中各安装、土建等施工单位之间的进度搭接以及在空间交叉上进行协调。这些都是相互联系、相互制约的因素，对工程建设项目的实际进度都有着直接的影响，如果对这些单项工程之间的施工关系不加以必要的协调，将会造成工程施工秩序混乱，不能按期完成建设工程。

2. 施工进度计划

施工进度计划是施工进度控制的依据。因此编制施工进度计划以提高进度控制的质量成为进度控制的关键。由于施工进度计划分为施工总进度计划和单位工程施工进度计划两类，故其编制应分别对待。

工程进度目标按期实现的前提是要有一个科学合理的进度计划。工程项目建设进度受诸多因素影响，这就要求工程项目管理人员在事先对影响进度的各种因素进行全面调查研究、预测和评估，并编制可行的进度计划。然而在执行进度计划的过程中，不可避免地会出现影响进度按计划执行的其他因素，使工程项目进度难以按预定计划执行。这就需要工程管理者在执行进度计划过程中，运用动态控制原理，不断进行检查，将实际情况与进度计划进行对比，找出计划产生偏差的原因，特别是找出主要原因后，采取纠偏措施。措施的确定有两个前提，一是通过采取措施可以维持原进度计划，使之正常实施。二是采取措施后仍不能按原进度计划执行，这就要对原进度计划进行调整或修正后，再按新的进度计划执行。

工程进度控制管理是工程项目建设中与质量和投资并列的三大管理目标之一，其三者之间的关系是相互影响和相互制约的。在一般情况下，加快进度、缩短工期需要增加投资(在合理科学施工组织的前提下，投资将不增加或少增加)，但提前竣工为开发商提前获取预期收益创造了可能性。工程进度的加快有可能影响工程的质量，而对质量标准的严格控制极有可能影响工程进度，但如有严谨周密的质量保证措施，严格控制质量而不至于返工，会保证建设工程进度，也保证了工程质量标准及投资费用的有效控制。

开发商延期遭业主索赔.avi

工程进度控制管理不应仅局限于考虑施工本身的因素，还应对其他相关环节和相关部门自身因素给予足够的重视。如施工图设计、工程变更、营销策划、开发手续、协作单位等。只有通过对整个项目计划系统的综合有效控制，才能保证工期目标的实现。

7.3　建设施工合同的质量管理

工程质量管理.mp3

7.3.1　施工合同质量管理的内容

工程质量管理是指为保证和提高工程质量，运用一整套质量管理体系的方法所进行的系统管理活动。工程质量好与坏，是一个根本性的问题。工程项目建设，投资大，建成及使用时期长，只有合乎质量标准，才能投入生产和交付使用，发挥投资效益，满足社会需要。世界上许多国家对工程质量的要求，都有一套严密的监督检查办法。

广义的工程质量管理，泛指建设全过程的质量管理。其管理的范围贯穿于工程建设的决策、勘察、设计、施工的全过程。一般意义的质量管理，指的是工程施工阶段的管理。世界上许多国家对工程质量的要求是以正确的设计文件为依据，结合专业技术、经营管理和数理统计，建立一整套施工质量保证体系后，才能投入生产和交付使用。只有用最经济的手段，合格的质量标准，科学的方法，对影响工程质量的各种因素进行专业的综合治理，才可以建成符合标准与用户满意的工程项目。

工程项目建设，工程质量管理，要求把质量问题消灭在它的形成过程中，工程质量好与坏以预防为主。要把工程质量管理的重点从事后检查把关为主变为预防、改正为主。组织施工要制定科学的施工组织设计，从管结果变为管因素，把影响质量的诸因素查找出来，依靠科学的理论、程序、方法，使工程建设全过程都处于受控制状态。其重点如下。

1. 承包人的质量管理

承包人按照有关规定和约定向发包人和监理人提交工程质量保证体系及措施文件，建立完善的质量检查制度，并提交相应的工程质量文件。对于发包人和监理人违反法律规定和合同约定的错误指示，承包人有权拒绝实施。

承包人应对施工人员进行质量教育和技术培训，定期考核施工人员的劳动技能，严格执行施工规范和操作规程。

承包人应按照法律规定和发包人的要求，对材料、工程设备以及工程的所有部位及其施工工艺进行全过程的质量检查和检验，并作详细记录，编制工程质量报表，报送监理人审查。此外，承包人还应按照法律规定和发包人的要求，进行施工现场取样试验、工程复核测量和设备性能检测，并提供试验样品、提交试验报告和测量成果等。

2. 监理人的质量检查和检验

监理人按照法律规定和发包人授权对工程的所有部位及其施工工艺、材料和工程设备进行检查和检验。承包人应为监理人的检查和检验提供方便，包括监理人到施工现场，或制造和加工地点，或合同约定的其他地方进行察看和查阅施工原始记录。监理人为此进行的检查和检验，不免除或减轻承包人按照合同约定应当承担的责任。

监理人的检查和检验不应影响施工正常进行。监理人的检查和检验影响施工正常进行的，且经检查检验不合格的，影响正常施工的费用由承包人承担，工期不予顺延。经检查检验合格的，由此增加的费用和(或)延误的工期由发包人承担。

3. 隐蔽工程检查

1) 承包人自检

承包人应当对工程隐蔽部位进行自检，并经自检确认是否具备覆盖条件。

2) 检查程序

除专用合同条款另有约定外，工程隐蔽部位经承包人自检确认具备覆盖条件的，承包人应在共同检查前 48 小时书面通知监理人检查，通知中应载明隐蔽检查的内容、时间和地点，并应附有自检记录和必要的检查资料。

监理人应按时到场并对隐蔽工程及其施工工艺、材料和工程设备进行检查。经监理人检查确认质量符合隐蔽要求，并在验收记录上签字后，承包人才能进行覆盖。经监理人检查质量不合格的，承包人应在监理人指示的时间内完成修复，并由监理人重新检查，由此增加的费用和(或)延误的工期由承包人承担。

除专用合同条款另有约定外，监理人不能按时进行检查的，应在检查前 24 小时向承包人提交书面延期要求，但延期不能超过 48 小时，由此导致工期延误的，工期应予以顺延。监理人未按时进行检查，也未提出延期要求的，视为隐蔽工程检查合格，承包人可自行完成覆盖工作，并作相应记录报送监理人，监理人应签字确认。监理人事后对检查记录有疑问的，可按重新检查的约定重新进行检查。

3) 重新检查

承包人覆盖工程隐蔽部位后，发包人或监理人对质量有疑问的，可要求承包人对已覆盖的部位进行钻孔探测或揭开重新检查，承包人应遵照执行，并在检查后重新覆盖恢复原状。经检查证明工程质量符合合同要求的，由发包人承担由此增加的费用和(或)延误的工期，并支付承包人合理的利润；经检查证明工程质量不符合合同要求的，由此增加的费用和(或)延误的工期由承包人承担。

4) 承包人私自覆盖

承包人未通知监理人到场检查，私自将工程隐蔽部位覆盖的，监理人有权指示承包人钻孔探测或揭开检查，无论工程隐蔽部位质量是否合格，由此增加的费用和(或)延误的工期均由承包人承担。

4. 不合格工程的处理

(1) 因承包人原因造成工程不合格的，发包人有权随时要求承包人采取补救措施，直至达到合同要求的质量标准，由此增加的费用和(或)延误的工期由承包人承担。无法补救的，按照有关规定和约定执行。

(2) 因发包人原因造成工程不合格的，由此增加的费用和(或)延误的工期由发包人承担，并支付承包人合理的利润。

5. 分部分项工程验收

除专用合同条款另有约定外，分部分项工程经承包人自检合格并具备验收条件的，承包人应提前 48 小时通知监理人进行验收。监理人不能按时进行验收的，应在验收前 24 小时向承包人提交书面延期要求，但延期不能超过48小时。监理人未按时进行验收，也未提出延期要求的，承包人有权自行验收，监理人应认可验收结果。分部分项工程未经验收的，不得进入下一道工序施工。分部分项工程的验收资料应当作为竣工资料的组成部分。

6. 缺陷责任与保修

1) 工程保修的原则

在工程移交发包人后，因承包人原因产生的质量缺陷，承包人应承担质量缺陷责任和保修义务。缺陷责任期届满，承包人仍应按合同约定的工程各部位保修年限承担保修义务。

2) 缺陷责任期

缺陷责任期自实际竣工日期起计算，合同当事人应在专用合同条款约定缺陷责任期的具体期限，但该期限最长不超过24个月。单位工程先于全部工程进行验收，经验收合格并交付使用的，该单位工程缺陷责任期自单位工程验收合格之日起算。因发包人原因导致工程无法按合同约定期限进行竣工验收的，缺陷责任期自承包人提交竣工验收申请报告之日起开始计算；发包人未经竣工验收擅自使用工程的，缺陷责任期自工程转移占有之日起开始计算。

工程竣工验收合格后，因承包人原因导致的缺陷或损坏致使工程、单位工程或某项主要设备不能按原定目的使用的，则发包人有权要求承包人延长缺陷责任期，并应在原缺陷责任期届满前发出延长通知，但缺陷责任期最长不能超过24个月。

3) 缺陷责任期相关规定

除专用合同条款另有约定外，承包人应于缺陷责任期届满后 7 天内向发包人发出缺陷责任期届满通知，发包人应在收到缺陷责任期满通知后14天内核实承包人是否履行缺陷修复义务，承包人未能履行缺陷修复义务的，发包人有权扣除相应金额的维修费用。发包人应在收到缺陷责任期届满通知后14天内，向承包人颁发缺陷责任期终止证书。

4) 保修责任

工程保修期从工程竣工验收合格之日起算，具体分部分项工程的保修期由合同当事人在专用合同条款中约定，但不得低于法定最低保修年限。在工程保修期内，承包人应当根据有关法律规定以及合同约定承担保修责任。发包人未经竣工验收擅自使用工程的，保修期自转移占有之日起算。

任何一项缺陷或损坏修复后，经检查证明其影响了工程或工程设备的使用性能，承包人应重新进行合同约定的试验和试运行，试验和试运行的全部费用应由责任方承担。

【案例7-2】 某工程于2007年6月上旬开工，自开工以来建设单位资金到位，施工单位认真负责，监理单位合理履行其职责，各方配合默契，工程进行顺利。

至2007年8月下旬，该工程的某分项工程具备了验收条件。在此情况下，施工单位的项目经理出面，组织建设单位、监理单位等单位的相关人员参加，进行了该分项工程的验收，结果合格。验收工作结束后，施工单位编写了分项工程质量验收记录表，表格包括工程名称、结构类型、检验批次、建设单位名称、建设单位项目负责人、项目法人、监理单位名称、总监理工程师、施工单位名称、项目经理、项目技术负责人、检验部位与区段、施工单位检查评定结果、检查结论、验收结论等项目。监理工程师在分项工程质量验收记录表的“检查结论”项目中签字，施工单位项目经理在“验收结论”项目中签字。

请根据所学内容分析文中所述的分项工程质量验收工作有何不妥之处？

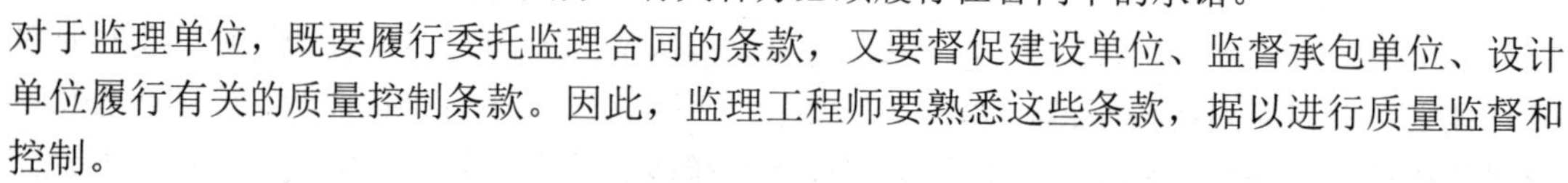

7.3.2 施工合同质量管理的依据

施工合同质量管理的依据.mp3

1. 施工阶段监理工程师进行质量控制的依据

1) 工程合同文件

工程施工承包合同文件和委托监理合同文件中分别规定了参与建设各方在质量控制方面的权利和义务，有关各方必须履行在合同中的承诺。对于监理单位，既要履行委托监理合同的条款，又要督促建设单位、监督承包单位、设计单位履行有关的质量控制条款。因此，监理工程师要熟悉这些条款，据以进行质量监督和控制。

2) 设计文件

“按图施工”是施工阶段质量控制的一项重要原则。因此，经过批准的设计图纸和技术说明书等设计文件，无疑是质量控制的重要依据。但是从严格质量管理和质量控制的角度出发，监理单位在施工前还应参加由建设单位组织的设计单位及承包单位参加的设计交底及图纸会审工作，以达到了解设计意图和质量要求，发现图纸差错和减少质量隐患的目的。

3) 国家及政府有关部门颁布的有关质量管理方面的法律法规性文件

(1) 现行《中华人民共和国建筑法》。

(2) 现行《建设工程质量管理条例》。

(3) 2001 年 4 月建设部发布的《建筑业企业资质管理规定》。

以上列举的是国家及建设主管部门所颁发的有关质量管理方面的法律法规性文件。这些文件都是建设行业质量管理方面所应遵循的基本法律法规性文件。

4) 有关质量检验与控制的专门技术法规性文件

这类文件一般是针对不同行业、不同质量控制对象而制定的技术法规性的文件，包括各种有关的标准、规范、规程或规定。

技术标准有国际标准、国家标准、行业标准、地方标准和企业标准之分。它们是建立和维护正常的生产和工作秩序应遵守的准则，也是衡量工程、设备和材料质量的尺度。例如：工程质量检验及验收标准；材料、半成品或构配件的技术检验和验收标准等。技术规程或规范，一般是执行技术标准，保证施工有序地进行，而为有关人员制定的行动的准则，通常也与质量的形成有密切关系，应严格遵守。

各种有关质量方面的规定，一般是由有关主管部门根据需要而发布的带有方针目标性的文件，它对于保证标准和规程、规范的实施和改善实际存在的问题，具有指令性和及时性的特点。此外，对于大型工程，特别是对外承包工程和外资、外贷工程的质量监理与控制中，可能还会涉及国际标准和国外标准或规范，当需要采用这些标准或规范进行质量控制时，还需要熟悉它们。

2. 专门技术法规性的依据

1)　工程项目施工质量验收标准

这类标准主要是由国家或部统一制定的，用以作为检验和验收工程项目质量水平所依据的技术法规性文件。例如，评定建筑工程质量验收的《建筑工程施工质量验收统一标准》(GB 50300—2001)、《混凝土结构工程施工质量验收规范》(GB 50204—2002)、《建筑装饰装修工程质量验收规范》(GB 50210—2001)等。对于其他行业如水利、电力、交通等工程项目的质量验收，也有与之类似的相应的质量验收标准。

2)　有关工程材料、半成品和构件质量控制方面的专门技术法规性依据

(1)　有关材料及其制品质量的技术标准。诸如水泥、木材及其制品、钢材、砖瓦、砌块、石材、石灰、砂、玻璃、陶瓷及其制品；涂料、保温及吸声材料、防水材料、塑料制品；建筑五金、电缆电线、绝缘材料以及其他材料或制品的质量标准。

(2)　有关材料或半成品取样、试验等方面的技术标准或规程。例如：木材的物理力学试验方法总则，钢材的机械及工艺试验取样法，水泥安定性检验方法等。

(3)　有关材料验收、包装、标志方面的技术标准和规定。例如，型钢的验收、包装、标志及质量证明书的一般规定；钢管验收、包装、标志及质量证明书的一般规定等。

3)　控制施工作业活动质量的技术规程

例如电焊操作规程、砌砖操作规程、混凝土施工操作规程等。它们是为了保证施工作业活动质量在作业过程中应遵照执行的技术规程。

4)　以新工艺、新技术、新材料工程的试验数据为基础制定的标准和规程

采用新工艺、新技术、新材料的工程，事先应进行试验，并应有权威性技术部门的技术鉴定书及有关的质量数据、指标等相关资料，在此基础上制定有关的质量标准和施工工艺规程，以此作为判断与控制质量的依据。

7.4　建设施工合同的安全管理、风险管理和争端处理

7.4.1　建设施工合同的安全管理

安全是人类生存与发展的最基本要求，是生命与健康的基本保障。安全生产是保护劳动者安全健康，保证国民经济持续发展的基本条件。

施工合同的安全管理.mp3

建设工程施工安全管理是一个系统性和综合性的管理，其管理的内容涉及建筑生产的各个环节。因此，建筑施工企业在安全管理中必须坚持“安全第一，预防为主，综合治理”的方针，制定安全政策、计划和措施，完善安全生产组织管理体系和检查体系，加强施工安全管理。

1. 针对安全管理职能的措施

针对我国建筑安全管理组织机构存在的问题，配合政府机构改革的需要，可以考虑从以下几个方面加以完善。

(1) 发展专业的承包、劳务分包企业，构建分包市场，规范分包市场行为。

根据《房屋建筑和市政基础设施工程施工分包管理办法》的要求，实行行业结构调整，建立总承包、专业承包、劳务分包三层企业结构，在继续做大做强总承包企业的同时，大力发展专业承包和劳务分包企业，努力构建合理的企业结构。

(2) 加强行业协会建设，完善其建筑安全管理职能。

行业协会是连接企业与企业、政府与企业之间的桥梁和纽带，是市场经济条件下建筑安全管理的重要力量，为了实现这样的目的，可以考虑对建设领域现有的行业协会，学会进行适当调整：

① 加强立法工作，改变现有的行政隶属关系。

② 改变现行的“一业一会”制度，企业可以根据自己的规模成立不同的行业分会。统一协会可以设立地方分支机构，既有利于沟通和管理，又不会造成机构的重复设立。打破原有的以行业为界限的专业建筑业协会组织，统一加入中国建筑业协会，改变现有的团体会员制度。对包括房屋建筑、市政建设、道路工程建设、铁路建设、冶金工程建设等在内的建筑企业实行统一管理，这样可以适应现在建筑施工企业跨行业经营的趋势。

③ 加强民主建设，实现行业自我管理。禁止政府部门在职人员担任或者兼任行业协会领导人员。通过立法或者行政授权，代理政府行使部分行业管理职能，积极配合政府做好职能转变工作。建筑业协会对建筑安全的管理职能主要集中在以下几个方面：将建筑安全与资质管理相结合；加强对成员的安全卫生教育，树立先进，批评落后，促使成员不断提高安全卫生工作水平；保持与政府部门的联系，提供业内信息数据，获得最新政策；应对行业内安全卫生突发事件，加强与政府沟通，消除不良影响，妥善处理善后工作，与其他组织进行有关建筑安全卫生的经验交流与合作等。

(3) 依法加大对违法用工的查处力度，建立长效机制，切实维护建筑劳务人员合法权益。

落实合同制作为建筑劳务监管重点，即强化分包合同和劳动合同管理，严厉打击违法分包，禁止违法用工。工程总包单位在分包时，必须选择有资质的分包单位，并依法签订分包合同。建筑业企业招用农民工，必须依法签订劳动合同，不具备法人资格和资质的单位和自然人，不得招用建筑农民工。

(4) 提高建筑企业的安全管理水平。安全生产的真正责任主体是企业本身，要想真正控制和减少事故发生，必须从根本上改善企业的安全生产条件，规范企业安全生产行为，明确和落实企业的安全生产主体责任。

企业内部要将安全生产管理责任制层层落实，制定相关教育制度、安全技术交底制度、检查制度、奖惩制度等各项安全制度，明确各层安全管理考核指标，严格要求员工不能只凭主观感觉估计是否有危险，一切行为都必须照章办事，养成遵章守纪的良好习惯。组织员工开展安全生产政策法规、安全文化、安全技术、安全管理和安全技能等系统安全培训，增强全员的安全意识和素质，特别是要提高农民工的安全意识，把建筑安全政策法规与安全行为准则化为人们的自觉行为规范，从而降低事故发生率。加大对安全技术研究的投入，提高对新技术、新工艺、新结构等复杂问题的危险预测和防范能力。建立重大事故应急救援处理预案，最大限度地降低事故带来的经济损失和减少人员伤亡。

2. 建设工程施工安全管理的措施

(1) 规范建筑业分包管理，完善安全法规。一个项目，严禁业主方肢解分包，严禁多次转包，加强总承包商对分包的管理。加强安全法建设，对存在违章指挥，不为施工操作员提供可靠的安全防护设施用品，强令民工冒险作业，长期连续作业的责任人，要依法追究其责任。施工企业应在目前现有的法规制度的基础上，认真总结经验，加强适合本企业生产管理工作实际的法律、标准和制度的补充完善，使企业的安全生产管理工作有法可依，有章可循，尽快步入规范化、制度化轨道。

施工单位在开工前必须针对本工程的特点，应对本工程施工全过程进行系统分析，根据现场情况建立安全管理体系。对危险较大的部位编制专项安全方案，对容易出现安全问题的地方应有应对措施。方案须经监理单位审批同意后方可实施。整个项目工程应实行项目经理负责制，安全责任层层落实到人。监理人员要仔细审查施工单位的施工安全管理是否有相应的安全施工技术标准，健全的安全管理体系，施工安全检查制度，安全施工方案及安全管理制度，并督促施工单位严格按方案施工。

(2) 健全安全组织机构，提高管理、施工及操作人员的素质。

① 建立健全安全组织机构。施工企业一般都有安全组织机构，但必须建立健全项目安全组织机构。根据项目的性质规模不同，采用不同的安全管理模式；

② 提高管理、操作人员素质及加强安全教育管理；

③ 要搞好员工培训，提高员工的素质和安全意识。要定期对现场施工人员进行施工技术、安全知识等方面知识的教育和培训，提高施工人员的素质。

(3) 加强原材料进场及施工机械的管理。

① 提高采购人员的素质和质量鉴定水平，选择有一定的专业知识和责任心强的人员来担当该项工作；采购材料要掌握材料信息，综合比较，择优进货。

② 施工机械设备进场时须提供合格证、质量证明书、说明书，起重机械设备安装时，须有安装资质的单位来安装，安装完毕后由具有资质的专业检测单位进行检测，检测合格后方可投入使用。

(4) 加强施工过程的安全管理。

由于工程的复杂性，施工过程中涉及的工种较多，作业面广，对每一个操作人员进行跟踪管理是不现实的。在工程中往往会由于某个操作人员的疏忽而产生安全问题。因此，施工单位要建立严格的安全交底及日常检查制度，在施工前对每个操作人员做好交底工作。施工时，安全员要加强现场巡查。监理人员应加强日常巡视，并定期组织相关人员进行现场安全检查，及时发现、处理安全隐患，从而确保工程施工的安全。

建筑工程施工安全工作要常抓不懈，要不断加强人员的安全教育及材料、施工机械的管理。在建筑工程施工过程中严把安全关，才能有效地提高安全管理水平，确保工程施工的安全。

【案例 7-3】 某某市某工程项目未领取《施工许可证》便擅自施工，施工过程中该工程项目的现场施工员根据公司的安排，通知搭棚队搭设脚手架，搭设时无施工方案，搭设完成后没有经过验收便投入使用。投入使用后，工程队在施工作业过程中，擅自拆除改动卸料平台架体，对架体稳定性造成一定的影响。

几个月后由于管理上的失误导致工程工期拖延，为了赶工期，工地施工人员根据公司安排，通知搭棚队负责人甲在工程未完成的情况下，先行拆除B、C栋与平台架体相连的脚手架。拆完外脚手架后，只剩下独立的平台架体。几天后，工程队带班在施工作业工程中，发现卸料平台架体不稳定，向工地施工员报告了此事，但施工员和搭棚队负责人及有关管理人员均未对平台架体进行安全检查和采取加固措施。

请结合本章所学内容分析在这个工程项目中出现了哪些安全问题，同时思考怎样去进行整改。

7.4.2 建设施工合同的风险管理

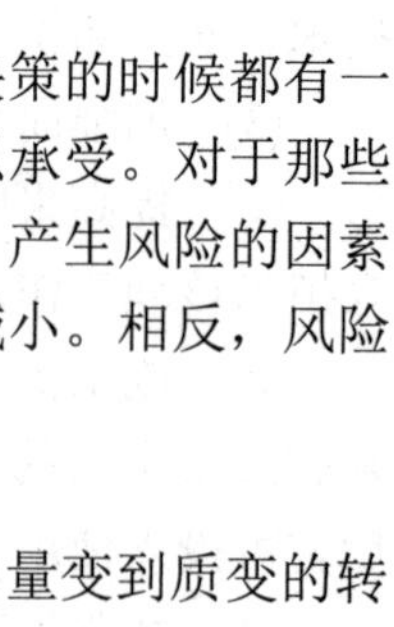

工程项目风险的特征.mp3

1. 工程项目风险的特征

1) 风险的客观存在性

产生风险的因素是客观存在的。风险的产生是不以人的意志为转移的，只要存在风险因素，风险就有可能发生。风险因素的不确定性、多方面性也造成了风险产生的客观性。因为风险千变万化，我们不能用某一种固定的方式去描述风险，但只要我们充分研究风险因素，运用科学的手段就能够有效地控制和管理风险，而且还能够有效化解风险，减少损失。

2) 风险的相对性

虽然风险客观存在，但是从另一个角度看，它也是相对的。人在做决策的时候都有一定的目标。对于一些收益较小的人来说，即便有一点风险，也会感觉难以承受。对于那些定了大目标、渴望大收益的人来说，一点风险就谈不上什么损失。另外，产生风险的因素也是在不断变化的，有时候产生风险的因素减少了，风险造成损失就会减小。相反，风险造成损失就会增大。

3) 风险的突发性

任何事物都是量变引起质变，风险因素的不断积累使得风险经历着由量变到质变的转化。由风险因素最初的量变积累具有不明确性，所以一旦某种突然发生，就让人觉得损失巨大、不可承受。风险的突发性会对人的心理带来巨大的冲击，为了避免这种突发性造成的心理变化，我们要运用科学知识对风险的因素有一个敏感的认知，并且进行有效的防范，这样才能够在一定程度上减少甚至避免风险损失。

4) 风险的阶段性

大部分风险的产生并不是贯穿整个施工阶段的，根据风险的产生发展过程可以把风险分为三个阶段：一是萌芽阶段；二是由因素积累，促使风险产生和发生阶段；三是损失阶段，即由于风险的发生，造成经济损失的阶段。对于风险的阶段性，我们只有深入地了解风险的阶段性，找到其各阶段的具体特点，把握风险发展方向，才可以在不同阶段，采取相应的有针对性的措施，打有准备之仗。

2. 施工合同风险产生的原因

1)　法律环境不佳

我国的法律体系还不完善，在建筑业合同法律体系中尤其明显，部分法律条文的不严谨导致有漏洞可寻。有法不依的现象十分严重、无法可依和执法不严的问题时有发生。合同管理人员法律意识和法律知识薄弱造成合同未依法订立，导致所签订的合同无法受到法律保护。

2)　合同管理人才匮乏

合同管理涉及内容多而广，专业性强，合格的合同管理人员不但需要有一定的专业技术知识，还需要具备法律知识和造价管理知识。合同订立之初，大多管理人员缺乏预见性，对未来有可能产生的情况预测不全面，对合同文本的分析又不够细致导致在工程实施过程中，常常因合同缺少某些重要的条款或者双方对某些条款的理解有差异等问题而发生争执，且对出现问题不知如何解决和保护自己的权益，从而给自己造成严重的损失。

3)　合同管理意识淡薄与合同管理手段落后

在实际施工中，随着市场形势的不断发展变化，不断有新的问题产生和提出新的要求，合同设立时不可能考虑和规定得面面俱到，这就需要不断完善合同管理制度。合同分散管理仍然是一些施工企业管理合同的方式，这就无法在出现问题时及时地进行补充管理，造成损失。

3. 施工合同风险的表现

建设施工合同的风险存在不确定性，有很多意想不到的风险，建设施工合同风险主要表现如下。

1)　建设施工合同合法性的风险

建设施工合同是《中华人民共和国合同法》规定下的一种商事合同在公平自愿诚信的基本原则下制定，该类合同的签订及联系必须符合国家强制性规定才是合法有效的。

2)　招投标的风险

建设施工合同要经过两个阶段，即要约和承诺两个阶段，合同的订立则是有直接发包和招标发包两种方式。目前国内一些较大的工程项目缔结建筑施工合同一般采用招投标的方式，但一些相对较小的建设工程来说，发包人一般不愿也没必要采用招投标的方式。但是，对于《招标投标法》中规定必须采用招投标方式的工程项目，必须遵循相应的程序性规定采用该方式进行。对于法律没有规定的一些相对较大的建设工程项目是否招投标，可以自行选择，但是很多业主还是愿意采用招投标的方式。若采用招投标方式，应注意该操作的合法性、可操作性、实际性及收益性。因此，建设施工合同风险则是前置性条件是否需要招投标及招投标程序是否符合相关程序及法律。

3)　承包人资质和具体施工单位资质不符

根据我国相关法律法规，建设工程项目承包人必须具有相应的资质才能对该项目承包施工。承包人没有取得建筑施工企业资质或者超越资质等级的以及没有资质的实际施工人借用有资质的建筑施工企业名义的，这三类主体以承包人的名义与发包人签订建筑施工合同的，该建筑施工合同无效。

根据《最高人民法院关于审理建筑施工合同纠纷案件适用法律问题的解释》中第五条

规定：“承包人超越资质等级许可的业务范围签订建设施工合同，在建设工程竣工前取得相应资质等级，当事人请求按照无效合同处理的，不予支持”。根据上述规定，超越资质等级的承包人与发包人签订建筑施工合同，但在建设工程竣工前取得相应资质等级的，该建筑施工合同视为有效；没有取得相应资质等级的，则合同无效。因此，承包人的主体资质是建设施工合同潜在的一个较大风险，本着对工程负责的原则，必须对其资质依法进行详细审查，不能蒙混过关。

4) 发包人资信和承包人管理风险

工程款包括工程预付款、工程进度款和竣工款、索赔价款，甚至合同以外零星项目工程款。在很多建设工程上，由于承包人对发包人的资信情况考察不足，在施工合同签好后，发包人由于资金不足，周转不开，支付能力差，而出现以各种原因拖欠工程款的情况，少则几个月多则几年。这对承包人的施工进展影响很大，甚至会影响承包人的资金周转，延误工期。发包人对建设工程项目需要予以投资进度控制，以达到工期控制、质量控制及结算控制等目的，这些都必须在工程合同中约定，否则将面临整个项目失控的风险。因此，发包人的资产及信誉也是风险产生的一个很大的因素。

5) 工期约定不明风险

对发包人来说，希望工程按照预想的进度进行，工期的长短对发包人的影响是很大的。如果建筑施工合同中工期约定不明，肯定会给发包人带来巨大风险损失。而承包人有权根据实际情况顺延工期。比如开工条件的约定，若开工条件不利于发包人，承包人就可以施工场地达不到施工条件为借口而要求顺延工期。因此，发包人要避免损失必须对工期进行详尽的研究，避免承包人顺延工期的风险。

6) 政治经济方面的风险

履约合同的最重要因素就是政治的稳定，政治环境的不稳定可能会使合同履约延期或终止，通货膨胀、汇率浮动、原材料价格变化也会给合同履约带来问题。在市场经济条件下，由于物价是市场控制波动的，如调价条款没有包含在施工合同中，则必然会给合同带来价格风险。

7.4.3 建设施工合同的风险处理

1. 风险处理要深入研究和全面分析招标文件

在获得招标文件后，施工单位要深入研究，全面分析和正确理解招标文件，弄清楚发包人的意图及要求并深刻分析投标人须知，一定要详细审查图纸，复核工程量，分析合同文本，研究相对应的投标策略，以减少签订合同后的风险。

2. 加强合同谈判和监督合同履行

(1) 施工合同谈判的重点是减少或避免风险的发生，当事人双方通过谈判尽量完善合同条文，使风险条款合理化，防止不必要风险的产生，对责任、权利和不平衡条款以及单方面约束性条款做出修改或限定，防止风险发生后，施工企业单独承担的情况，尽可能签订开口合同，即可调价格合同。

(2) 施工合同的管理会贯穿于施工整个过程，涉及到各项企业的管理工作，因此，企

业要制定完善的合同管理制度，明确有关部门在合同履行中的职责，做到各司其职、各负其责。同时可以制定适当的奖罚制度，做到奖罚严明。在合同履行过程中，对每一项工作都要严格管理并妥善安排，记录清楚细节，发包人应及时根据具体情况同承包人商谈更改合同细节，承包人则应严格执行合同中的规定，避免引起合同纠纷，给当事人双方带来不必要的损失。

3. 提高建设施工合同风险管理的策略

1) 建立健全施工合同管理制度

由于施工合同的管理环节比较多且较为复杂，如进行合同洽谈、草拟、签订、交底、分解责任、跟踪履行情况、变更、解除、终止等环节。因此，建立和健全施工合同管理制度非常重要。建设单位可在原有合同管理的基础上进一步规范。首先，对合同管理的每一个环节，制定切实可行的、可操作性强的合同管理制度，以使每个环节的管理有法可依、有章可循。然后进一步强化合同管理机制，包括责任分解制度、合同交底制度、进度款审查制度和批准制度、每日报送制度等。强化责任分解制度，将责任分解到各小组、个人，明确其工作的内容和责任，以促使各方互相配合并落实合同管理制度。

强化合同交底制度，则要求合同管理人员对各工作小组、各项目管理人员进行合同的交底工作，交底内容主要是向其说明和解释合同的主要内容。强化进度款审查和批准制度则要求制定详细的审查和批准步骤，要求合同管理部门严格遵循这一机制进行进度款的审核。每日报送制度的建立主要是为了让合同管理人员及时掌握建筑工程的相关信息，因此，要求各职能部门每日总结工程信息并上报合同管理处。通过建立健全施工合同管理制度，可为实现统筹整个工程项目的运行状态奠定基础。

2) 提高施工合同管理水平

首先是配备合同管理的专业人才，合同管理人员首先必须是优秀的工程技术人员，同时还必须熟练掌握和运用各种法律、法规；精通合同管理业务，进行系统的控制和管理，做好合同管理人才的配备和组织保证，是抓好合同管理的重点。只有合同管理人员增强其工作的前瞻性、预见性和系统性，才能真正做好合同管理，从而提高建设项目合同管理的效果。其次是完善工程建设合同管理体制，规范建设工程市场秩序，在签订合同的过程中，承发包双方应建立在平等的基础上，本着互惠互利的原则制定合同条款，并建立健全合同管理细则。

3) 合同赔偿管理

在工程建设项目中，因合同文件对施工期间发包人提供条件不到位而造成的补偿问题没有约定补偿方法，或补偿细致不完善造成的双方补偿纠纷问题屡屡发生。为促进补偿纠纷问题的处理以及控制类似问题的再次发生，工程筹建单位要随时结合施工现场实际情况，结合法律法规进行分析研究，保证合同签订双方合理的经济利益。

4) 做好建设施工合同的履行管理及评价工作

由于建设工程的合同内容非常丰富，能够很好地反映整个项目的建设过程。在项目完成后，对工程合同的履行情况进行评价有助于总结经验教训，为今后开展工作有很大帮助。合同终止后，管理人员应收集、整理、保存、登记相关建设工程的合同资料，并做好资料的编号、装订及归档等工作，使建设工程的合同资料管理走向规范化、程序化。与此同时，比较分析建设工程的实施计划与合同履行情况，并对合同的履行情况作出客观评价。通过评价工作，不断提高建设工程的施工合同管理水平。

4. 技术和组织措施

在施工过程中，不可能出现绝对无风险的情况，即使是成熟的技术也不可能出现无风险，因此选择一个合适的对策、适宜的技术方案也是风险管理的重要措施，配置完善的组织机构和综合素质较高的监理人可以增加抵抗风险的力量，并且提高风险识别的能力。因此监理人在审查施工组织设计和施工技术方案时，一定要遵循规范要求，还要从风险管理的角度充分权衡其风险概率、做出合理的风险评价。

5. 工程过程中加强索赔管理

现代的工程项目不仅规模大、技术性强而且投资额大、工期长，而建设施工合同均在工程开始前签订，不可能把各种因素对工程建设的影响考虑得面面俱到，容易造成合同执行过程中出现偏差而引发索赔。加强索赔管理是监理人在建设过程中风险管理的最关键环节。多数承包商已经把索赔当做一种规避风险的有效手段。但是，索赔并不是一件容易的事情，只有在施工过程中加强管理，不断积累经验，才能达到预期的效果。想要索赔，就要做好施工过程中资料的收集、整理和上报等基础工作，如果没有基础性资料作保障，空口无凭，业主、监理会拒绝承包商提出的索赔要求，索赔程序就不可能启动。

风险管理是为了达到一个既定目标而对所承担的各种风险进行系统管理的过程，其方法一定要科学并且符合法律的相关规定。虽然风险具有不确定性，但并非完全不可知，绝大多数的风险是可以预测的。而且风险概率在一段时间、一定范围内是稳定的。但想要预测风险也不是轻而易举的，需要依靠观察和掌握相关知识，参考有关资料，熟悉法律法规，大量听取专家意见才能大致预测风险。想要掌握合适的处理风险方法，只有准确地对风险做出预测。

建设工艺项目涉及面广，复杂烦琐，因此任何一个施工单位并不是对所有项目工艺都熟悉并有能力胜任，总有一些是施工企业从未涉及或者不太熟悉的。由于初次尝试肯定要承担巨大风险，为了降低这种风险，可以将所承建项目的一些专业性较强的单项分包给专业的公司，这样可以降低风险。同时对分包商的承包工程及其工作要严格监督管理，督促分包商认真履行分包合同，将部分风险转嫁到分包商的身上，把总分包之间可能发生的风险减小到最低限度。

对监理人来说，要想控制合同风险，除了要正确理解监理工作的内涵，熟悉和掌握工程合同相关的法律法规之外，还要分配适合的合同管理组织结构和有经验的管理人员，在管理合同的过程中也能更加顺利从容地面对突发情况。在执行合同的整个过程中，加强合同管理和全面分析工程风险的能力，推行索赔管理制度。

施工合同对建设工程施工单位具有重要作用。在工程施工过程中，应十分注重施工合同的风险管理，通过多种手段防范风险的发生，包括建立健全施工合同管理制度、做好合同管理工作、选派高素质的合同谈判人员以及做好合同的履行管理及评价工作等，以切实保证建设单位工程建设的经济效益。

7.4.4　案例分析

【案例 1】

某建筑安装工程项目的原施工进度双代号网络计划如图 7-2 所示，该工程总工期为 20 个月。在上述网络计划中，C、F、J 三项工作均为土方工程，土方工程量分别为 8000m^3、10 000m^3、7000m^3 共计 25 000m^3，土方单价为 19 元/m^3。合同中规定，土方工程量增加超出原估算工程量 15%时，新的土方单价可从原来的 19 元/m^3 调整到 17 元/m^3。在工程按计划进行 4 个月后(已完成 A、B 两项工作的施工)，业主提出增加一项新的土方工程 N，该项工作要求在 F 工作结束以后开始，并在 G 工作开始前完成，以保证 G 工作在 E 和 N 工作完成后开始施工，根据承包人提出并经监理工程师审核批复，该项 N 工作的土方工程量约为 10 000m^3，施工时间需要 3 个月。

根据施工计划安排，C、F、J 工作和新增加的土方工程 N 使用同一台挖土机先后施工，现承包方提出由于增加土方工程 N 后，使租用的挖土机增加了闲置时间，要求补偿挖土机的闲置费用(每台闲置 1 天为 800 元)和延长工期 3 个月。

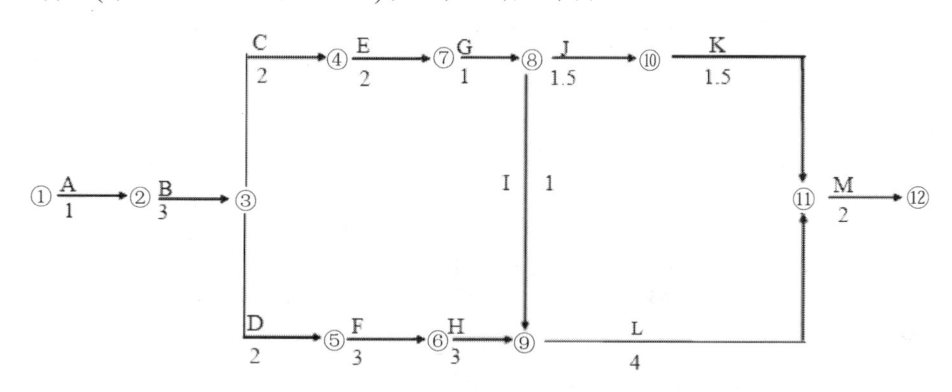

图 7-2　施工进度双代号网络计划图

1. 增加一项新的土方工程 N 后，土方工程的总费用应为多少？
2. 承包方施工机械闲置补偿要求合理吗？为什么？
3. 若给予承包方延长工期，应延长多长时间？

解答：

1. 计算土方工程总费用。

(1)　增加 N 工作后，土方工程总量为 25 000+10 000=35 000(m^3)

(2)　超出原估算土方工程量 $\frac{35\,000-25\,000}{25\,000}$=40%＞15% 土方单价应进行调整。

(3)　超出 15%的土方量为：35 000−25 000×115%=6250(m^3)

(4)　土方工程的总费用为：

$$25000\times115\%\times19+6250\times17=65.25(万元)$$

2. 施工机械闲置补偿计算

(1) 不增加 N 工作的原计划机械闲置时间，如图 7-3 所示。

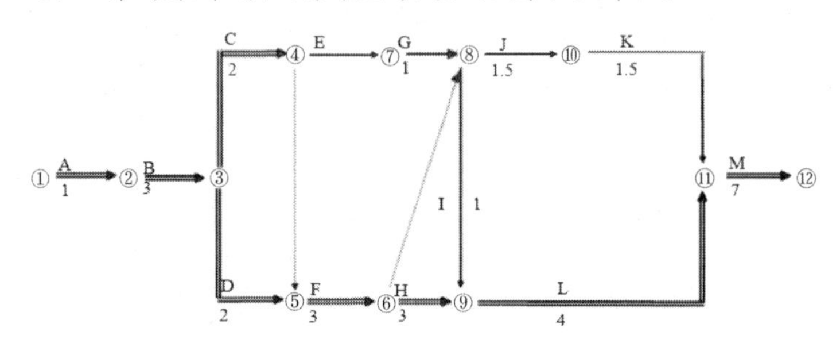

图 7-3 不增加 N 工作机械闲置时间

因 E、G 工作的时间为 3 个月，与 F 工作时间相等，所以安排挖土机按 C→F→J 顺序施工可使机械不闲置。

(2) 增加了土方工作 N 后机械的闲置时间。

在图 7-4 中安排挖土机 C→F→N→J 按顺序施工，由于 N 工作完成后到 J 工作的开始，中间还需施工 G 工作，所以造成机械闲置 1 个月。

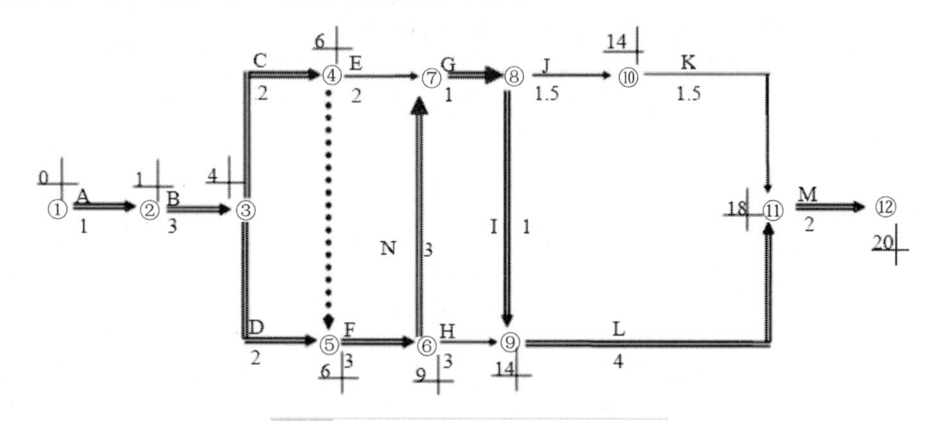

图 7-4 增加 N 后工作机械闲置时间图

(3) 应给予承包工程施工机械闲置补偿费为：

$$30\times800=2.4(\text{万元})$$

3. 工期延长时间

根据图 7-4 中节点最早时间的计算，增加 N 工作后工期由原来的 18 个月延长到 20 个月，所以应给承包方顺延工期 2 个月。

【案例 2】

工程承包人与业主签订一份建筑施工合同。双方签字盖章并在公证处进行了公证。合同约定工期为 12 个月，合同固定总价为 2000 万元。2010 年 2 月 1 日开工，目前工程进行 4 个月，工程师于 2010 年 6 月 2 日自主决定，要求承包人于 2011 年 12 月 1 日竣工，承包人不予理睬，至 2011 年 6 月 21 日仍不作出书面答复。2011 年 6 月 30 日，业主以承包人的工程质量不可靠和工程不能如期竣工为由发文通知该施工企业：“本公司决定解除原施工合同，望贵公司予以谅解和支持”。同时限期承包人拆除脚手架，致使承包人无法继续履行原合同义务，承包人由此损失的费用为702万元，该承包人于2011年7月25日向人民法院提起诉讼，要求业主承担违约责任。

注：经法院委托专业权威单位调查鉴定，确认承包人有能力按合同的约定保证施工质量，并如期竣工。

1. 合同效力方面

判断：该合同属有效经济合同。(　　)

答案：正确

选择：合同的有效条件为(　　)

A. 主体资格合格

B. 内容合法

C. 订立合同的形式合法

D .合同草案必须送建设行政主管部门或其授权机构审查

E. 订立合同的程序合法

答案：ABCE

2. 合同履行方面

判断：

(1) 监理工程师是建筑施工合同的当事人。(　　)

答案：错误

(2) 未经业主授权，监理单位不得擅自变更与承建单位签订的承包合同。(　　)

答案：正确

3. 合同违约方面

判断：发包方应承担违约责任。(　　)

答案：正确

选择：承担违约责任的形式有(　　)

A. 继续违约　　B. 赔偿金　　C. 没收抵押物

D. 变卖留置物　　E. 违约金

答案：BE

4. 合同解除方面

选择：单方提出变更，解除合同的法律条件是(　　)

A. 由于不可抗力致使合同的全部义务不能履行

B. 由于一方在合同约定的期限没有履行义务

C. 由于承包人的保证人的法人地位被取消

D. 由于承包人的保证人失去民事权利能力和民事行为能力

E. 由于承包人的法人代表已经更换

答案：AB

【案例3】

某工程建筑面积17 600m^2，地下1层，地上5层，为框架结构，箱型基础，基槽深7.4m。在西侧工地围墙外，离基槽约7m有一处民用高压线路，高度约7m，施工单位考虑到此高压线路距本工地的距离在安全距离之外，又处于土方施工阶段，所以没有搭设线架子。在土方工程即将结束时，进场一个臂长 8m 的铲运机，铲运机在向运土车上装土时碰断了高压线，造成当地居民大面积停电，也造成了一些施工电器的损坏，没有人员受伤。

【问题】

1. 试分析这起事故的原因。
2. 项目经理应该怎么处理此事故。
3. 项目安全控制方针是什么。
4. 建筑企业常见的主要危险因素有哪些？可能导致哪些事故的发生？

【答案】

1. 这起事故的直接原因是施工人员操作不当造成的。
2. 经理可以采取以下措施。

(1) 保护现场，划分安全区域，保证行人安全通过；

(2) 及时通知供电局进行抢修；

(3) 向上级主管部门汇报；

(4) 成立专门的善后小组，走访受损居民，进行赔偿，减少负面影响。

3. 项目控制安全方针一般是“安全第一，预防为主”。
4. 建筑企业常见的主要危险因素及可能导致的事故。

(1) 洞口防护不到位、其他安全防护缺陷、违章操作，可导致高处坠落、物体打击等；

(2) 用电危险，违章操作，可导致触电、火灾；

(3) 大模板不按规范存放等违章操作，可导致物体打击等；

(4) 化学危险品未按规定正确存放、违章作业，可导致火灾爆炸等；

(5) 架子搭设作业不规范，可导致高空坠落、物体打击等。

本章小结

通过对本章的学习，读者可以了解到建设施工合同的履约概念以及对建设施工合同的进度管理的概念、内容和程序。了解到建筑施工的质量的严重性，对建设施工要严格地执行规范，了解为什么要提高管理层人才的整体素质和专业技术水平，通过管理和学习处理风险的方法懂得如何互赢互利，降低风险达到最大盈利目标。

招投标总承包动画 1.avi

招投标总承包动画 2.avi

招投标总承包动画 3.avi

招投标总承包动画 4.avi

实训练习

一、单选题

1. 在某施工合同履行中，由于监理工程师指令错误给施工单位造成了18万元的损失，该向施工单位赔偿的是(   )。

A. 监理工程师　　B. 监理单位　　C. 项目经理　　D. 建设单位

2. 根据我国《建设施工合同文本》的规定，设计变更后，承包人提出变更工程价款报告的时间限额为工程设计变更确定后(   )天内。

A. 20　　B. 7　　C. 14　　D. 32

3. 由于合同缺陷导致工期延长或成本增加的损失，正确的处理方法是(   )。

A. 发包人应给予承包人赔偿　　B. 承包人自己承担损失

C. 承包人给予赔偿　　D. 按一定比例双方共同分担

4. 在FIDIC合同条件中，由于公共当局引起的延误，承包人可获得补偿包括(   )。

A. 工期　　B. 费用　　C. 工期和费用　　D. 工期、费用和利润

5. 已知某施工合同总价为240万元，合同工期为1年。现因为发包人原因造成额外增加工程量80万元，则承包人可索赔工期为(   )年。

A. 3　　B. 6　　C. 4　　D. 2

6. 可以进行索赔的费用不包括(   )。

A. 人工费　　B. 预付费　　C. 利润　　D. 管理费

7. 由于承包人的原因使监理单位增加了监理服务时间，此项工作属于(   )。

A. 附加工作　　B. 额外工作　　C. 意外工作　　D. 正常工作

二、多选题

1. 在委托监理合同中，属委托人应履行的义务有(   )。

A. 开展监理业务前向监理人支付预付款

B. 负责建设工程所有外部关系的协调，为监理工作创造外部条件

C. 免费向监理人提供开展监理工作所需的工程资料

D. 与监理人协商一致，选定项目的勘察设计单位

E. 将授予监理人的监理权利在与第二方签订的合同中予以明确

2. 设计合同承包方对所承担设计任务的建设项目应配合施工(   )。

A. 负责设计变更　　B. 负责修改预算　　C. 参加隐蔽工程验收

D. 参与施工组织　　E. 参加工程竣工验收

3. 施工合同示范文本规定，在施工合同履行过程中，承包人承担违约责任的方式有(   )。

A. 支付违约金　　B. 赔偿损失　　C. 顺延工期

D. 继续履行　　E. 采取补救措施

4. 监理工程师对设备采购合同的管理主要包括(   )。

A. 对合同及时编号、统一管理　　B. 签发到货质量证明
C. 分析合同的执行情况　　D. 监督合同的履行
E. 按合同约定的价格和结算条款办理结算

5. 公开招标条件下，所发布的招标公告主要内容包括(　　)。
A. 工程概况　　B. 项目资金来源　　C. 投标须知
D. 评标方法　　E. 招标范围

6. 根据《中华人民共和国合同法》规定，生效的要约可因一定事由的发生而失效，这些事由包括(　　)。
A. 要约人依法撤回要约　　B. 要约人依法撤销要约
C. 拒绝要约的通知到达要约人　　D. 受要约人对要约内容作出变更
E. 承诺期限届满，受要约人未作出承诺

三、简答题

1. 建设施工合同的履行原则有哪些？
2. 简述施工合同质量管理的依据。
3. 建设施工合同风险处理的方法有哪些？

第 7 章　课后答案.pdf

实训工作单一

班级		姓名		日期	
教学项目	建设施工合同的管理				
任务	建设施工合同的质量管理		案例分析	1.掌握施工合同质量管理内容 2.分析质量缺陷的工程合同案例	
相关知识	建设工程合同管理相关知识				
其他要求					
学习和案例分析过程记录					
评语			指导老师		

实训工作单二

<table>
<tr><td>班级</td><td></td><td>姓名</td><td></td><td>日期</td><td></td></tr>
<tr><td>教学项目</td><td colspan="5">建设施工合同的管理</td></tr>
<tr><td>任务</td><td colspan="2">建设施工合同的安全和风险管理</td><td>案例分析</td><td colspan="2">1.建设工程合同的安全合同案例
2.建设工程合同的风险案例</td></tr>
<tr><td>相关知识</td><td colspan="5">建设工程合同管理相关知识</td></tr>
<tr><td>其他要求</td><td colspan="5"></td></tr>
<tr><td colspan="6">学习和案例分析过程记录</td></tr>
<tr><td>评语</td><td colspan="2"></td><td>指导老师</td><td colspan="2"></td></tr>
</table>

第8章　建筑工程索赔及反索赔.pdf

第8章　建设工程索赔及反索赔　08

第8章　建设工程索赔及反索赔.avi

【学习目标】

1. 了解索赔的概念
2. 熟悉索赔的原因、依据和程序
3. 掌握工期索赔和费用索赔
4. 掌握反索赔的相关知识

【教学要求】

本章要点	掌握层次	相关知识点
工程索赔的分类	1. 了解按照干扰事件的性质分类 2. 掌握按合同类型分类	建设工程索赔概述
工程索赔的依据	掌握索赔的依据	工程索赔的分析
反索赔的作用	掌握反索赔的作用	反索赔

【项目案例导入】

某建筑公司(乙方)于某年4月20日与某厂(甲方)签订了修建建筑面积为3000m^{2}工业厂房(带地下室)的施工合同。乙方编制的施工方案和进度计划已获得监理工程师批准。该工程的基坑施工方案规定：土方工程采用租赁一台斗容量为1m^{3}的反铲挖掘机施工。甲、乙双方合同约定于5月11日开工，5月20日完工。在实际施工中发生如下几项事件。

① 因租赁的挖掘机大修，晚开工2天，造成人员窝工10个工日。

② 基坑开挖后，因遇软土层，接到监理工程师5月15日停工的指令，进行地质复查，配合用工15个工日。

③ 5月19日接到监理工程师于5月20日复工令，5月20日～5月22日，因罕见的大雨迫使基坑开挖暂停，造成人员窝工10个工日。

④ 5月23日用30个工日修复冲坏的永久道路，5月24日恢复正常挖掘工作，最终基坑于5月30日挖坑完毕。

【项目问题导入】

(1) 简述工程施工索赔的程序。

(2) 建筑公司对上述哪些事件可以向厂方要求索赔，哪些事件不可以要求索赔，并说明原因。

(3) 每项事件工期索赔各是多少天？总计工期索赔是多少天？

8.1 建设工程索赔概述

建设工程规模大、工期长、技术含量高且复杂，在实施过程中还会受到水文气象、地质条件、规划变更和其他一些人为因素的影响和干扰，超出合同约定的条件和相关事项的事情时有发生，当事人尤其是承包人经常会遭到意料之外的损失，所以，在工程建设领域中，工期索赔是经常发生的一种普遍的现象，特别是在国际工程市场上，工程索赔已是合同当事人保护自己正当权益、弥补工程损失、提高经济效益的有效手段。

8.1.1 工程索赔

索赔的概念.mp3

1. 索赔的概念

随着改革开放的进一步深入，市场经济体制逐步建立和完善，建筑行业规范化和法制化进程大大加快，工程项目也逐渐按国际惯例进行管理，在选择合理低价中标的经营策略下，承包人要提高工程的经济效益，就必须增强索赔意识。企业进入国际市场后，施工项目索赔管理将成为施工企业工程承包合同管理工作的一项重要内容。

索赔是目前我国工程项目管理最薄弱的环节之一，由此造成的直接经济损失十分巨大，有时甚至危及企业的正常生产活动。这不仅是技术与理论上的不足，也是由许多问题，诸如法律、经济、文化等多种因素牵连造成的。施工索赔是指双方中的一方提出投诉和要求，目的是维护一定权利，使合约条件得到合理调整或进一步解释，使付款问题获得解决或工期能够延长，或使合约其他条款的争议得到裁决。

我国《建设工程施工合同示范文本》(GF—2017—0201)中规定索赔是双向的，既包括承包人向发包人的索赔，也包括发包人向承包人的索赔。但在工程实践中，发包人索赔数量较小，而且可以通过冲账、扣拨工程款、扣保证金等实现对承包人的索赔；而承包人对发包人的索赔则比较困难。通常情况下，索赔是指承包人在合同实施过程中，对非自身原因造成的工程延期、费用增加而要求发包人给予补偿损失的一种权利要求。索赔是一种合法的正当权利要求，是一种经济补偿行为。

索赔是在工程承包合同履行中，当事人一方由于另一方未履行合同所规定的义务而遭受损失时，向另一方提出赔偿要求的行为。在工程承包市场上，一般称工程承包方提出的索赔为施工索赔，即由于业主或其他方面的原因，致使承包方在项目施工中付出了额外的费用或造成了损失，承包方通过合法途径和程序，通过谈判、诉讼或仲裁，要求业主偿还其在施工中的费用损失的过程。

工程建设中出现索赔是很正常的，合同条款将索赔视为一种正常的业务，规定了索赔的程序，以及有关条款中涉及索赔事项的具体措施，使索赔成为合同双方维护自身权益、解决不可预见事项的途径，从而保证合同的顺利履行。

合同中写入索赔条款体现了风险分摊的原则，保证了承包人在不是由于自身的原因或责任而遭受损失时，可以得到补偿的权利，也可以使承包人在投标时提出一个中肯的报价。反之，如果合同规定不允许索赔，意味着承包人将承担全部风险，这明显是不合理的。另一方面，它也使承包人在投标时会普遍抬高报价，以应付可能发生的各种风险。在中标后会设法降低成本借以补偿所遭受的损失，而使质量受到影响，这对发包人也是不利的。所以，合同中写入索赔条款不仅是公平合理的，而且也是对双方都有利的。

索赔是一种正当的权利或要求，是合情、合理、合法的行为，它是在正确履行合同的基础上争取合理的偿付，不是无中生有，无理争利。索赔同守约、合作并不矛盾和对立，索赔本身就是市场经济中合作的一部分，只要是符合有关规定的、合法的或者符合有关惯例的，就应该主动地要求对方索赔。大部分索赔都可以通过协商谈判和调解等方式获得解决，只有在双方坚持己见而无法达成一致时，才会提交仲裁或诉诸法院求得解决，即使诉诸法律，也应当被看成是遵法守约的正当行为。

2. 索赔的意义

索赔的意义.mp3

1)　索赔是合同管理的重要环节

索赔和合同管理有直接的关系，合同是索赔的依据。整个索赔处理的过程就是执行合同的过程，从项目开工后，合同人员就必须将每日的实施合同的情况与原合同对比分析，若出现索赔事件，就应当研究是否要提出索赔。日常合同管理的证据是索赔的依据，要想索赔就必须加强合同管理。

2)　索赔有利于建设单位、施工单位双方自身素质和管理水平的提高

工程建设索赔直接关系到建设单位和施工单位的双方利益，索赔和处理索赔的过程实质是双方管理水平的综合体现。作为建设单位为使工程顺利进行、如期完工、早日投产取得收益，就必须加强自身管理，做好资金、技术等各项有关工作，保证工程中各项问题及时解决；作为施工单位要实现合同目标，取得索赔，争取自己应得利益，就必须加强各项基础管理工作，对工程的质量、进度、变更等进行更严格、更细致的管理，进而推动建筑行业管理的加强与提高。

3)　索赔是合同双方利益的体现

从某种意义上讲，索赔是一种风险费用的转移或再分配，如果施工单位利用索赔的方法使自己的损失尽可能得到补偿，就会降低工程报价中的风险费用，从而使建设单位得到相对较低的报价。当工程施工中发生这种费用时可以按实际支出给予补偿，也使工程造价更趋于合理。作为施工单位，要取得索赔，保证自己应得的利益，就必须做到自己不违约，

全力保证工程质量和进度，实现合同目标。同样，作为建设单位，也要通过索赔的处理和解决，保证工程顺利进行，使建设项目按期完工，早日投产取得经济收益。

4) 索赔是挽回成本损失的重要手段

在合同实施过程中，由于建设项目的主观条件发生了与原合同不一致的情况，使施工单位实际工程成本增加，施工单位为了挽回损失，可以通过索赔加以解决。但索赔是以赔偿实际损失为原则的，施工单位必须准确地提供整个工程成本的分析报告，以便确定挽回损失的数量。

5) 索赔有利于国内工程建设管理与国际惯例接轨

索赔是国际工程建设中非常普遍的做法，尽快学习并掌握运用国际上工程建设管理的通行做法，不仅有利于我国企业工程建设管理水平的提高，而且对我国企业顺利参与国际工程承包，国外工程建设都有着重要意义。

8.1.2 工程索赔的分类

工程索赔从不同的角度，按不同的标准，可有如下几种分类方法。

1. 按照干扰事件的性质分类

按照干扰事件的性质，索赔可以分为如下几类。

1) 工期拖延索赔

由于业主未能按合同规定提供施工条件，如未及时交付设计图纸、技术资料、场地、道路等；或非承包商原因业主指令停止工程实施；或其他不可抗力因素作用等原因，造成工程中断，或工程进度放慢，使工期拖延，承包商对此提出索赔。

2) 不可预见的外部障碍或条件索赔

如在施工期间，承包商在现场遇到一个有经验的承包商通常不能预见到的外界障碍或条件，例如地质与预计的(业主提供的资料)不同、出现未预见到的岩石、淤泥或地下水等。

3) 工程变更索赔

由于业主或工程师指令修改设计、增加或减少工程量、增加或删除部分工程、修改实施计划、变更施工次序，造成工期延长和费用损失。

4) 工程终止索赔

由于某种原因，如不可抗力因素影响，业主违约，使工程被迫在竣工前停止施工，并不再继续进行，使承包商蒙受经济损失，因此提出索赔。

5) 其他索赔

如货币贬值、汇率变化、物价、工资上涨、政策法令变化、业主推迟支付工程款等原因引起的索赔。

2. 按合同类型分类

按所签订合同的类型，索赔可以分为如下几种。

(1) 总承包合同索赔，即承包人和业主之间的索赔；

(2) 分包合同索赔，即总承包人和分包商之间的索赔；

按合同类型分类.mp3

(3) 联营合同索赔，即联营成员之间的索赔；
(4) 劳务合同索赔，即承包人与劳务供应商之间的索赔；
(5) 其他合同索赔，如承包人与设备材料供应商、与保险公司、与银行等之间的索赔。

3. 按索赔要求分类

按索赔要求分类，索赔可分为如下两种。
(1) 工期索赔，即要求业主延长工期，推迟竣工日期；
(2) 费用索赔，即要求业主补偿费用损失，调整合同价格。

4. 按索赔的起因分类

索赔的起因是指引起索赔事件的原因，通常有如下几类。

(1) 业主违约，包括业主和监理工程师没有履行合同责任：如没有正确地行使合同赋予的权利、工程管理失误、不按合同支付工程款等。一般情况下，造成工程迟迟未能正式开工的原因大多是由于该工程的施工许可证手续未能完善等原因造成的，而通常这种局面是因为一些应由建设单位提供的证件材料不全(如因建设用地开发商改变而导致的土地产权转移手续未办好等)造成的。而施工单位在这段时间发生的临时用水、临时用电、进驻人员的工资费用也是一笔不小的数目。对于此类因建设单位造成的非正常支出，施工单位应把每天的费用开支清单详细列出，并发文建设单位予以确认(注意这里只是对每天的费用予以确认，至于计费的时限就以建设单位与施工单位签订的场地移交书的日期开始至本工程开工报告正式签订日期为止)。

(2) 合同缺陷，如合同条文不全、错误、矛盾、有二义性，设计图纸、技术规范错误等。

(3) 合同变更，如双方签订新的变更协议、备忘录、修正案，业主下达工程变更指令等。在施工过程中，如果遇到建设单位指令增加附加工程项目，要求施工单位提供合同以外的服务项目时，由于合同中有索赔有效期的规定，在实际工作中，合同变更必须与提出索赔同步进行，甚至先进行索赔谈判，待达成一致后，再进行合同变更。

(4) 工程环境变化，包括法律、市场物价、货币兑换率、自然条件的变化等。因自然灾害影响或业主方面的原因导致没能如期向承包人移交合格的、可以直接进行施工的现场，承包人可以提出将工期顺延的工期索赔或由于窝工而直接提出经济索赔。例如：甲方提供的施工场地条件与合同条款约定出入较大，使乙方重新布置施工平面，场地的变化改变了原提供的施工运输通道，新提供的运输通道需要搭设隔离栏挡板，以保证周围居民的安全，甲方应承该项措施费用。

(5) 不可抗力因素，如恶劣的气候条件、地震、洪水、战争状态、禁运等。不可抗力发生后，应在合理的期限内，提供有关机构的证明，以证明不可抗力事件发生及其影响当事人履行合同的具体情况，这种证明应当采用书面形式。

5. 按索赔所依据的理由分类

按所依据的理由索赔可分如下几种。
1) 合同内索赔
合同内索赔即发生了合同规定给承包人以补偿的干扰事件，承包人根据合同规定提出索赔要求。

2) 合同外索赔

合同外索赔指工程施工过程中发生的干扰事件的性质已经超过合同范围，在合同中找不出具体的依据，一般必须根据适用于合同关系的法律解决索赔问题。例如工程施工过程中发生重大的民事侵权行为造成承包人损失。

3) 道义索赔

承包人索赔没有合同理由，例如对干扰事件业主没有违约，或业主不应承担责任。可能是由于承包人失误(如报价失误、环境调查失误等)，或发生承包人应负责的风险，造成承包人重大的损失。这将极大地影响承包人的财务能力、履约积极性、履约能力甚至危及承包企业的生存。承包人提出要求，希望业主从道义，或从工程整体利益的角度给予一定的补偿。

8.1.3 工程索赔的特征

索赔的特征.mp3

1. 索赔是双向的

索赔作为一种合同赋予双方具有法律意义的权利主张，其主体是双向的。在工程施工合同中，发包人与承包人存在相互索赔的可能性，承包人可向发包人提出索赔，发包人也可向承包人提出索赔。施工实际中发生的索赔，多数是承包人向发包人提出的索赔，由于发包人向承包人的索赔，一般无须经过繁琐的索赔程序，其遭受的损失可以从发包人向承包人的支付款中扣除或从履约保函中兑取，所以合同条款多数是只规定承包人向业主索赔的处理程序和方法。

2. 索赔必须以法律或合同为根据

工程索赔中，只有一方有违反合同约定或有违法事实，受损害方才能向违约或违法方提出索赔。

3. 索赔必须建立在损害后果已客观存在的基础上

只有实际发生了经济损失或权利损害，受损害一方才能向对方索赔。不论是经济损失还是时间损失，没有损失的事实而提出索赔是不能成立的。经济损失是指因对方因素造成合同外的额外支出，如人工费、材料费、机械费、管理费等；权利损害是指虽然没有经济上的损失，但造成了一方权利上的损害，如由于恶劣气候条件对工程进度的不利影响，承包人有权要求工期延长等。因此发生了实际的经济损失或权利损害，应是一方提出索赔的一个基本前提条件。

有时上述两者同时存在，如发包人未及时交付合格的施工现场，既造成承包人的经济损失，又侵犯了承包人的工期权利，因此，承包人既可以要求经济赔偿，也可以要求工期延长；有时两者则可单独存在，如恶劣气候条件影响、不可抗力事件等，承包人根据合同规定或惯例只能要求工期延长，不应要求经济补偿。

4. 索赔是一种未经对方确认的单方行为

索赔与我们通常所说的工程签证不同。在施工过程中签证是承发包双方就额外费用补偿或工期延长等达成一致的书面证明材料和补充协议，它可以直接作为工程款结算或最终增减工程造价的依据，而索赔则是单方面行为，对对方尚未形成约束力，这种索赔要求能否得到最终实现，必须要通过双方确认(如双方协商、谈判、调解或仲裁、诉讼)后才能认定。

5. 索赔应采用明示的方式

索赔应该有书面文件，索赔的内容和要求应该明确而肯定。

6. 索赔结果

索赔的结果是索赔方应获得经济赔偿或其他赔偿。

8.2　建设工程索赔的分析

8.2.1　工程索赔的原因

工程索赔有以下几方面原因。

1. 因施工合同缺陷产生的索赔

从理论上讲，合同是承发包双方发生纠纷时解决问题的依据。但是，这种作为依据的合同本身却很可能具有很多缺陷。

首先，合同不可避免地具有不完全性，即一份合同无论规定得多么详尽，仍然无法涵盖合同履行过程中可能遇到的所有问题。其次，在目前的工程建设领域，由于承发包双方对合同的重视程度远远不够，在这种心态和理念下签订的合同其可操作性与完备性也有很多漏洞。再次，由于建设工程涉及到的专业分工以及其他范围太广，再加上合同相关人员客观能力与主观疏忽等多方面的原因，合同的各个条款之间、不同的协议之间以及图纸与施工技术规范之间都是可能出现矛盾的地方。

此外，工程建设与法律都是专业性很强的学科，往往是“懂技术的不懂法律，懂法律的不懂技术”，这样的合同很容易导致与现实情况脱节，从而引发合同纠纷。由于工程合同条款多，其中的矛盾和二义性常常是难免的。尤其是在国际工程中，由于不同语言的翻译和不同国家的工程惯例，常常会对同一条款产生不同的理解。

按照一般原则，承包人对合同的理解负责，即由于自己理解错误造成报价、施工方案错误，由承包人负责。因此，承包人应对合同中意义不清、标准不明确或前后矛盾之处向业主提出征询意见。

2. 设计方面原因产生的索赔

项目施工过程中，很容易出现如施工图与现场实际的地质、环境等方面的差异，或设计图纸对规范要求、施工说明等表达不严谨，对设备、材料的名称、规格型号表达不清楚等漏洞和缺陷，这些漏洞和缺陷都会给工程项目的建设带来诸多不利因素，使工程项目的建设费用发生变化，从而不可避免地产生工期、人工、材料等方面的索赔。

3. 因不可抗力事件产生的索赔

不可抗力事件可分为自然事件和社会事件。

自然事件主要是不利的自然条件和客观障碍，如在施工过程中，发生了如地震、放射性污染、核危害等人力不可抗拒的自然灾害和风险，或出现流砂泥、地质断层、地下文物或构筑物等因素，都可能使工程造价发生变化而引起施工索赔。土建工程施工与地质条件密切相关，如地下水、断层、溶洞、地下文物遗址等。社会事件则包括国家政策、法律的变更、战争等。这些施工条件的变化即使是有经验的承包人也无法事前预料。因此施工条件的异常变化必然会引起施工索赔。

4. 由于物价上涨、货币及汇率变化产生的索赔

因为物价上涨的因素，带来了人工费、材料费、甚至施工机械费的不断增长，导致工程成本大幅度上升，承包人的利润受到严重影响，也会引起承包人提出索赔要求。如果在投标截止日期前的 28 天以后，工程施工所在国政府或其授权机构对支付合同价格的一种或几种货币实行限制或货币汇兑限制，业主应补偿承包人因此而受到的损失。

5. 因拖欠支付工程款产生的索赔

一般合同中都有支付工程款的时间限制及延期付款计息的利率要求。如果业主不按时支付中期工程进度款或最终工程款，承包商可据此规定，向业主索赔拖欠的工程款并索赔利息，督促业主迅速偿付。对于严重拖欠工程款，导致承包人资金周转困难，影响工程进度，甚至引起终止合同的严重结果，承包人必须严肃地提出索赔，甚至诉讼。

6. 工期拖欠的索赔

施工过程中，由于受天气、地质等因素影响，经常出现工期拖延。如果工期拖延的责任在业主方面，承包人就实际支出的计划外施工费提出索赔；如果责任在承包人方面，则应自费采取赶工措施，抢回延误的工期，否则应承担误期损害赔偿费。

7. 工程变更的索赔

承包人施工时完成的工程量超过或少于工程量表中所列工程量的 15%以上时，或者在施工过程中，工程师指令增加新的工作、更换建筑材料、暂停或加速施工等变更必然引起新的施工费用，或需要延长工期。所有这些情况，承包人都可提出索赔要求，以弥补自己不应承担的经济损失。

【案例 8-1】 某工程基坑开挖后发现地下情况和发包人提供的地质资料不符，有古河道，需将河道中的淤泥清除并对地基进行二次处理。为此，施工单位停工了 10 天，同时为确保之后继续施工，发包人要求工人、施工机械等不要撤离施工现场，试分析施工单位可以提出哪些索赔？

8. 不依法履行施工合同产生的索赔

在履行施工合同的过程中，往往因为一些意见分歧和经济利益的驱动等人为因素，使合同双方都不严格执行合同文件。尤其是在建筑市场竞争激烈的情况下，承包商不考虑影

响工程的其他因素，采取“低价夺标、索赔盈利”的策略，而业主也不考虑投标者的中标价是否合理，将建设项目承包给中标价低的施工企业。

但是在具体施工中，不合理的中标往往会使工程项目不能按质按量如期交付使用，还会引起垫支、拖欠工程款、银行利息、工期、质量等原因造成的工程纠纷和施工索赔。还有由于合同文件中的错误、矛盾或遗漏，引起支付工程款时纠纷的，需要由工程师做出解释。但是，如果承包人按此解释施工时引起成本增加或工期拖延时，则属于业主方面的责任，承包人有权提出索赔。

综上所述，工程索赔产生的原因是多方面的，我们在处理工程索赔时，必须以合同为依据，按照相应的程序及时、合理地处理索赔，同时做好配合协调工作，尽力不因此原因造成更大的损失和矛盾，甚至停工，从而影响下一步工作的开展。

8.2.2 工程索赔的依据

索赔的依据.mp3

为了达到索赔的目的，承包人要进行大量的索赔论证工作，来证明自己拥有索赔的权利，而且所提出的索赔款额要准确，依据要充分。即论证索赔权和索赔款额。索赔的依据主要有以下几个方面：

(1) 招标文件、工程合同及附件，业主认可的施工组织设计、工程图纸、技术规范等。招标文件是工程项目合同文件的基础，包括通用条件、专用条件、施工技术规程、工程量表、工程范围说明、现场水文地质资料等文本，都是工程成本的基础资料。它们不仅是承包商投标报价的依据，也是索赔时计算附加成本的重要依据。

(2) 投标报价文件。在投标报价文件中，承包商对各主要工种的施工单价进行分析计算，对各主要工程量的施工效率和进度进行分析，对施工所需的设备和材料列出数量和价值，对施工过程中各阶段所需的资金数额提出要求等。所有这些文件，在中标及签订施工协议书以后，都成为正式合同文件的组成部分，也成为施工索赔的基本依据。

(3) 施工协议书及其附属文件。在签订施工协议书以前合同双方对于中标价格、施工计划合同条件等问题的讨论纪要文件中，如果对招标文件中的某个合同条款作了修改或解释，则这个纪要就是将来索赔计价的依据。其他的还包括工程各项有关设计交底记录，变更图纸，变更施工指令等。

(4) 工程往来信件、指令、信函、通知答复等(往来书信也可)。工程来往信件主要包括：工程师(或业主)的工程变更指令、口头变更确认函、加速施工指令、施工单价变更通知、对承包商问题的书面回答等等，这些信函(包括电传、传真资料)都具有与合同文件同等的效力，是结算和索赔的依据资料。

(5) 工程会议纪要。工程会议纪要在索赔中也十分重要。它包括标前会议纪要、施工协调会议纪要、施工进度变更会议纪要、施工技术讨论会议纪要、索赔会议纪要等。会议纪要要有台账，对于重要的会议纪要，要建立审阅制度，即由作纪要的一方写好纪要稿后，送交对方传阅核签，如有不同意见，可在纪要稿上修改，也可规定一个核签期限(如 7d)，如纪要稿送出后 7d 内不返回核签意见，即认为同意。这对会议纪要稿的合法性是很必要的。

(6) 施工计划及现场实施情况记录。

(7) 施工现场记录。施工现场记录主要包括施工日志、施工检查记录、工时记录、质量检查记录、设备或材料使用记录、录像、施工进度记录或者工程照片等。对于重要记录，如质量检查、验收记录，还应该有工程师派遣的现场监理或现场监理员签名。

(8) 工程送水送电、道路开通、封闭的日期及数量记录。

(9) 工程预付款、进度款拨付情况。

(10) 工程有关的施工照片及录像等。

(11) 施工现场气候记录情况等。许多的工期拖延索赔都与气象条件有关。施工现场应注意记录和收集气象资料，如每月降水量、风力、气温、河水位、河水流量、洪水位、基坑地下水状况等等。必要时还需要提供气象部门的资料作依据。

(12) 工程验收报告及技术鉴定报告等。

(13) 工程材料采购、订货、运输、进场、验收、使用的等方面的凭据。对于大中型土建工程，一般工期长达数年，对物价变动等报道资料，应系统地收集整理，这对于工程款的调价计算是必不可少的，对索赔亦同等重要。如工程所在国官方出版的物价报道(包括主管部门的材料价格信息)、外汇兑换率行情、工人工资调整文件等。

(14) 工程财务资料。主要是记录工程进度款每月支付申请表，工人劳动计时卡和工资单，设备、材料和零配件采购单、付款收据，工程开支月报等等。在索赔计价工作中，财务单证十分重要。

(15) 国家、省、市有关工程造价与工期的文件及规定等。

8.2.3 工程索赔的程序

业主未能按合同约定履行自己的各项义务或发生错误以及应由业主承担责任的其他情况，造成工期延误和(或)承包人不能及时得到合同价款及承包人的其他经济损失，承包人可按下列程序以书面形式向业主索赔。

(1) 承包人应在知道或应当知道索赔事件发生后 28 天内，向发包人提交索赔意向通知书，说明发生索赔事件的事由。承包人逾期未发出索赔意向通知书的，丧失索赔的权利。

(2) 承包人应在发出索赔意向通知书后 28 天内，向发包人正式提交索赔通知书。索赔通知书应详细说明索赔理由和要求，并附必要的记录和证明材料。

(3) 索赔事件具有连续影响的，承包人应继续提交延续索赔通知，说明连续影响的实际情况和记录。

面对承包人的索赔，发包人应按下列程序进行处理.mp3

(4) 在索赔事件影响结束后的 28 天内，承包人应向发包人提交最终索赔通知书，说明最终索赔要求，并附必要的记录和证明材料。

面对承包人的索赔，发包人应按下列程序进行处理。

(1) 发包人收到承包人的索赔通知书后，应及时查验承包人的记录和证明材料。

(2) 发包人应在收到索赔通知书或有关索赔的进一步证明材料后的 28 天内，将索赔处理结果答复承包人，如果发包人逾期未作出答复，视为承包人索赔要求已被发包人认可。

(3) 承包人接受索赔处理结果的，索赔款项作为增加合同价款，在当期进度款中进行支付；承包人不接受索赔处理结果的，按合同约定的争议解决方式办理。

承包人未能按合同约定履行自己的各项义务或发生错误，给业主造成经济损失，业主也可按以上的时限向承包人提出索赔。双方在合同中对索赔的时限有约定的遵从其约定，无约定的协商处理。

8.2.4 工期索赔

在工程施工过程中，往往会发生一些未能预见的干扰事件使施工不能顺利进行，使预定的施工计划受到干扰，因而造成工期延误。对于并非承包人自身原因所引起的工程延误，承包人有权提出工期索赔，工程师应在与发包人和承包人协商一致后，决定竣工期延长的时间。

1. 工期延误

工期延误.mp3

工期延误是指工程建设的实际进度落后于计划进度。因承包人导致的工期延误，承包人应当支付工期延误的违约金或者赔偿发包人损失；因发包人导致的工期延误，应当顺延工期，补偿承包人停工、窝工的损失。但是，不是所有工期延误的情况，承包人都可以提出工期顺延和费用索赔。按照形成工期延误的原因，工期延误可分为以下六种情况。

(1) 甲方原因；

(2) 甲方风险；

(3) 工期变更；

(4) 自然风险；

(5) 第三方风险；

(6) 乙方原因。

其中前五种情况的工期延误承包人可以要求顺延工期，前三种情况承包人可以获得费用索赔，只有第一种情况，承包人可以获得利润索赔。

甲方原因是指甲方违反合同约定或者法定义务造成的工期延误，包括如下几种。

(1) 发包人逾期支付工程预付款、进度款；

(2) 发包人拖延提供施工条件、拖延提供场地和图纸等；

(3) 发包人逾期提供甲供材料；

(4) 发包人未办理建设行政审批手续，导致建设行政主管部门勒令停工的。

以上前三种情况，必须达到了导致承包人无法施工的程度。但是，如果发包人逾期支付工程款，虽然达到了无法施工的程度，但是，承包人没有实施停工，而是垫资继续施工的，法院未必同意工期顺延。甲方违约，未造成全面停工的，要对工期顺延及费用索赔进行合理分析。

【案例 8-2】 发包人与某建筑承包公司于 2015 年 6 月签订了一份土地平整工程合同。合同约定：承包人为发包人平整土地工程，工程造价为 40.8 万元，交工日期是 2015 年 9 月底。在合同履行中因发包人未解决征用土地问题，承包人施工时被当地居民阻拦，使承包人 5 台推土机无法进入施工场地，导致开工日期推迟 20 天。请结合所学内容，分析这是属于谁的责任？如需索赔需要索赔什么？

2. 工期索赔的处理原则

1) 不同类型工程拖期的处理原则

工程拖期可以分为“可原谅的拖期”和“不可原谅的拖期”。可原谅的拖期是由于非承包商原因造成的工程拖期，不可原谅的拖期一般是承包商的原因而造成的工程拖期。这两类工程拖期的处理原则及结果均不同。

2) 共同延误下的工期索赔的处理原则

在实际施工过程中，工期拖期很少是只由一方造成的，往往是两三种原因同时发生(或相互作用)而形成的，故称为“共同延误”。在这种情况下，要具体分析哪一种情况延误是有效的，应依据以下原则：

(1) 首先判断造成拖期的哪一种原因是最先发生的，即确定“初始延误”者，它应对工程拖期负责。在初始延误发生作用期间，其他并发的延误者不承担拖期责任。

(2) 如果初始延误者是业主，则在业主造成的延误期内，承包商既可得到工期延长，又可得到经济补偿。

(3) 如果初始延误者是客观原因，则在客观因素发生影响的时间段内，承包商可以得到工期延长，但很难得到费用补偿。

3. 计算方法

工期索赔的计算主要有网络图分析法和比例分析法两种。

网络分析法是利用进度计划的网络图，分析其关键线路。如果延误的工作为关键工作，则延误的时间为索赔的工期；如果延误的工作为非关键工作，当该工作由于延误超过时限而成为关键时，可以索赔延误时间与时差的差值；若该工作延误后仍为非关键工作，则不存在工期索赔问题。可以看出，网络分析法要求承包人切实使用网络技术进行进度控制，才能依据网络计划提出工期索赔。按照网络分析得出的工期索赔值是科学合理的，容易得到认可。

网络分析法虽然是最科学，也是最合理的，但在实际工程中，干扰事件常常仅影响某些单项工程、单位工程或分部分项工程的工期，分析它们对总工期的影响可以采用更简单的比例分析法，即以某个技术经济指标作为比较基础计算出工期索赔值。比例计算法的公式为：

(1) 对于已知部分工程的延期的时间：

$$\text{工期索赔值}=\frac{\text{受干扰部分工程的合同价}\times\text{该受干扰部分工期拖延合同}}{\text{原合同总价}} \tag{8-1}$$

(2) 对于已知额外增加工程量的价格：

$$\text{工期索赔值}=\frac{\text{额外增加的工程量的价格}\times\text{原合同总合同}}{\text{原合同总价}} \tag{8-2}$$

比例分析法简单方便，但有时不符合实际情况，对变更施工顺序、加速施工、删减工程量等事件的索赔并不适用。

8.2.5 费用索赔

费用索赔.mp3

费用索赔以补偿实际损失为原则，对发包人不具有任何惩罚性质。实际损失包括直接损失和间接损失两个方面。因此，所有干扰事件引起的损失以及这些损失的计算，都应有详细的具体证明，并在索赔报告中出具这些证据。

1. 索赔费用的组成

1) 人工费

对于索赔费用中的人工费部分而言，人工费是指完成合同之外的额外工作所花费的人工费用以及由于非施工单位责任导致的工效降低所增加的人工费用。可以作为承包人人工费索赔的情形主要有：

(1) 承包人因完成合同计划以外的工作所花费的人工费；

(2) 非因承包人的责任造成施工效率降低或工期延误致使人员窝工增加的人工费；

(3) 超过法定工作时间的加班劳动费用；

(4) 法定人工费的增长等。

2) 材料费

索赔费用中的材料费部分包括：由于索赔事项的材料实际用量超过计划用量而增加的材料费；由于客观原因材料价格大幅度上涨；由于非施工单位责任工程延误导致的材料价格上涨和材料超期储存费用等。可以作为承包人材料费的索赔主要有：

(1) 对于实际用量超过计划用量而增加的材料费；

(2) 在可调价格合同中，由于客观原因材料价格大幅上涨的；

(3) 非因承包人责任使工期延长导致材料价格上涨或非因承包人原因致使材料运杂费、材料采购与保管费用的上涨等。

3) 施工机械使用费

索赔费用中的施工机械使用费部分包括：由于完成额外工作增加的机械使用费；非施工单位责任的工效降低增加的机械使用费；由于发包人或监理工程师原因导致机械停工的窝工费等。可以作为承包人施工机械使用费索赔的情形有：

(1) 由于完成工程师指示的超出合同范围的工作所增加的施工机械使用费；

(2) 由于非承包人的责任导致的施工效率低增加的施工机械使用费；

(3) 由于业主或工程师原因导致的机械停工的窝工费。

4) 分包费用

分包费用索赔指的是分包人的索赔费。分包人的索赔应如数列入总承包人的索赔款总额以内。

5) 工地管理费

工地管理费指施工单位完成额外工程、索赔事项工作以及工期延长期间的工地管理费，但如果对部分工人窝工损失索赔时，因其他工程仍然进行，可不予计算工地管理费。

6) 利息

索赔费用中的利息部分包括：拖期付款利息；由于工程变更的工程延误增加投资的利息；索赔款的利息；错误扣款的利息。这些利息的具体利率有这样几种规定，按当时的银行贷款利率；按当时的银行透支利率；按合同双方协议的利率。如非因承包人的原因，工程变更或工期延误，承包人增加投资，或业主拖期支付工程款，都有可能会给承包人造成一定的经济损失，因此在承包人提出给付时也会提出利息的索赔。利息索赔一般包括：

(1) 业主拖期支付工程进度款或索赔款的利息；

(2) 由于工程变更和工期延长所增加投资的利息；

(3) 业主错误扣款的利息。

另外，如果工程分包给分包人的，分包商的索赔款也适用上述各项费用，当分包人提出索赔时，其索赔要求应列入总包人的索赔要求中一并提交。

7) 总部管理费

总部管理费主要指工程延误期间所增加的管理费。

8) 利润

由于工程范围的变更和施工条件变化引起的索赔，承包人可列入利润。索赔利润的款额计算通常是与原报价单中的利润百分率保持一致，即在直接费用的基础上增加原报价单元中的利润率，作为该项索赔的利润。如果是由业主方失误造成承包人损失的，可以索赔利润，但如果是业主方难以预见的事项造成的损失，承包人一般是不能索赔的。在国际咨询工程师联合会(FIDIC)合同条件中，承包人可以得到利润索赔的情形有以下几种。

(1) 工程师或业主提供的施工图或批示错误；

(2) 合同规定或工程师通知的原始基点、基准线、基准标高错误；

(3) 业主未能及时提供施工现场；

(4) 不可预见的自然条件；

(5) 服从工程师的指示进行试验(不包括竣工试验)，或由于雇主应负责的原因对竣工试验的干扰；

(6) 因业主违约，承包人暂停工作及终止合同；

(7) 应属于雇主承担的风险等。

2. 经济索赔的原则

1) 必要原则

必要原则指从索赔费用发生的必要性角度来看，索赔事件所引起的额外费用应该是承包人履行合同所必需的，而索赔费用只在所履行合同的规范范围之内，如果没有该费用支出，就无法合理履行合同，无法使工程达到合同要求。

对于某一个确定的费用项目，若合同没有规定，或规定不准进行费用索赔，承包人就不得以任何理由提出索赔要求。如承包人在施工过程中发现自己在投标时的工程预算有漏项错误，且合同条款中没有对此类情况进行补偿的根据，那么这种漏项将是承包人自身的一种损失，即使承包人提出索赔要求，也不会得到批准。理由如下。

(1) 承包人无法证明其漏项错误究竟是工作疏忽还是故意留有余地；

(2) 此处的漏项错误损失有可能被别处的重项错误所弥补；

(3) 漏项错误使承包人在投标竞争中处于有利地位。

因而，在这种情况下，承包人无从让业主确信其索赔费用是履行合同所必需的，也就无从索赔。

2) 赔偿原则

赔偿原则指从索赔费用的补偿数量角度看，索赔费用应能使承包人的实际损失得到完全弥补，但不应使其因索赔而额外受益。

承包人在履行合同过程中，对非自身原因所引起的实际损失或额外费用向业主提出索赔要求，是承包人维护自身利益的权利。但是，承包人不能企图利用索赔机会来弥补因经营管理不善造成的内部亏损，也不能利用索赔机会谋求不应获得的额外利益。

在实际损失获得全额补偿后，承包人应处于与假定未发生索赔事件情况下合同所确定的状态同等有利或不利的地位。即费用索赔是赔偿性质的，承包人不应因索赔事件的发生而额外受损或受益。换个角度来说，业主也不能因为承包人所遇到的不利问题而获得额外利益，特别是在产生问题的原因与业主或其代理人有关的情况下。

3) 最小原则

指从承包人对索赔事件的处理态度来看，一旦承包人意识到索赔事件的发生，应及时采取有效措施防止事态的扩大和损失的加剧，以将损失费用控制在最低限度。如果没有及时采取适当措施而导致损失扩大，承包人无权就扩大的损失费用提出索赔要求。

按照法律要求及合同条件，承包人负有采取措施将损失控制并减少到最低限度的义务。这种义务包括：保护未完工程、合理及时地重新采购器材、及时取消订货单、重新分配工程资源等等。如某单位工程因业主原因暂停施工时，若承包人可以将该工程的施工力量调往其他工作项目，但因承包人对索赔事件的处理态度消极，没有进行这样的资源优化调整，那么，承包人就不能对因此而闲置的人员和设备的费用损失进行索赔。当然，承包人可以要求业主对其采取减少损失措施本身产生的费用给予补偿。

4) 引证原则

承包人提出的每一项索赔费用都必须伴随有充分、合理的证明材料，以表明承包人对该项费用具有索赔资格且其数额的计算方法和过程准确、合理。没有充分证据的费用索赔项目有可能带有欺骗性，因此将会得到监理工程师的拒绝。

5) 时限原则

在国际上，几乎每一种土木工程合同条件都对索赔的提供时间有明确的要求。例如，FIDIC 合同条件规定承包人在索赔事件第一次发生之后的 28 天内，应将索赔意向通知工程师，同时向业主呈交一份索赔意向的副本。承包人应严格按照适用合同条件的要求或合同协议的规定，在适当时间内提出索赔要求，否则其索赔要求将得到拒绝。

时限原则的另一层含义是指承包商对索赔事件的处理应是发现一件、提出一件、处理一件，而不应采取轻视或拖延的态度。索赔事件的及时处理，既能防止损失的扩大，又能使承包商及时得到费用补偿。这无论对业主还是承包人都是有利的。况且，单项索赔事件若得不到及时处理，常常会和相继发生的其他索赔事件交织在一起，不仅会使索赔事件难以辨识，更会大大增加索赔的处理难度。

3. 索赔费用的计算

1) 基本索赔费用的计算方法

(1) 人工费。

人工费是可索赔费用中的重要组成部分，其计算式为：

可索赔的人工费=人工单价上涨引起的增加费用+人工工时增加引起的费用+劳动生产率降低引起的人工损失费 (8-3)

(2) 材料费。

材料费在工程造价中占据较大比重，也是重要的可索赔费用。材料费的计算式为：

可索赔的材料费=材料用量增加费+材料单价上涨导致的材料费增加+超期储存费 (8-4)

(3) 施工机械设备费。

施工机械设备费包括承包人在施工过程中使用自有施工机械所发生的机械使用费，使用外单位施工机械的租赁费，以及按照规定支付的施工机械进出场费用等。索赔机械设备费的计算式为：

可索赔的施工机械设备费=自有机械工作时间额外增加费用+自有机械台班费率上涨+外来机械租赁费(包括机械进出场费)+机械台班的闲置损失费 (8-5)

(4) 分包费。

分包费用是指分包人的索赔费用，一般包括人工费、材料费、机械使用费的索赔。因业主或工程师责任导致的分包人的索赔费用应如数列入承包人的索赔款额。分包费的索赔计算式：

可索赔的分包费=分包工程增加费用+分包工程增加费用相应的管理费(或相应利润) (8-6)

(5) 利息。

在索赔费用的计算中，经常包括利息。利息索赔额的计算方法可按复利计算法计算，具体利率可采用不同标准，主要有以下三种情况：按承包商在正常情况下的当时银行贷款利率；按当时银行透支利率；按合同双方协议的利率。

(6) 利润。

索赔利润的款额计算通常是与原报价单中的利润百分率保持一致，即在索赔款直接费的基础上，乘以原报价单中的利润率。

(7) 现场管理费。

现场管理费的索赔计算方法一般有两种情况。

① 直接成本的现场管理费索赔。

对于发生直接成本的索赔事件，其现场管理费索赔额一般可按该索赔事件直接费乘以现场管理费费率，而现场管理费费率等于合同工程的现场管理费总额除以该合同工程直接成本总额。

② 工程延期的现场管理费索赔。

如果某项工程延误索赔不涉及直接费的增加，或由于工期延误时间较长，按直接成本的现场管理费索赔方法计算的金额不足以补偿工期延误所造成的实际现场管理费支出，则可按如下方法计算：用实际(或合同)现场管理费总额除以实际(或合同)工期，得到单位时间现场管理费费率，然后用单位时间现场管理费费率乘以可索赔的延期时间，可得到现场管理费索赔额；对于在可索赔延误时间内发生的变更指令或其他索赔中已经支付的现场管理费，应从中扣除。

(8) 总部现场管理费。

总部管理费一般首先在承包人的所有合同工程之间分摊，然后再在每个合同工程的各个具体项目之间分摊。其分摊因素的确定与现场管理费类似，即可以将总部管理费总额除以承包商企业全部工程的直接成本(或合同价)之和，据此比例即可确定每项直接索赔中应包括的总部管理费。目前国际上应用得最多的总部管理费索赔的计算方法是 Eichealy 公式。该公式是在获得工程延期索赔后进一步获得总部管理费索赔的计算方法。对于获得工程成本索赔后，也可参照本公式的计算方法进一步获得总部管理费索赔。

对于已获延期索赔的 Eichealy 公式是根据日费率分摊的办法，其计算步骤如下。

① 延期的合同应分摊的管理费(A)=(被延期合同原价/同期公司所有合同价之和)×同期公司计划总部管理费；

② 单位时间(日或周)总部管理费率(B)=(A)/计划合同工期(日或周)；

③ 总部管理费索赔值(C)=(B)×工程延期索赔(日或周)。

Eichealy 公式在工程拖期后的总部管理索赔的前提条件是，若工程延期，就相当于该工程占用了应调往其他工程合同的施工力量，这样就损失了在该工程合同中应得的总部管理费。也就是说，由于该工程拖期，影响了总部在这一时期内其他合同的收入，总部管理费应该在延期项目中索补。

2) 总费用法

总费用法基本上是在总索赔的情况下才采用的计算索赔款的方法。也就是说，当发生多项索赔事件以后，这些索赔事件的影响相互纠缠，无法区分，则重新计算出该工程项目的实际总费用，再从这个实际的总费用中减去中标合同价中的估算总费用，即得到了要求补偿的索赔总款额。即：

$$\text{总索赔款额}=\text{实际总费用}-\text{合同价中估算的总费用} \tag{8-7}$$

一般采用总费用法，需要以下几个条件：

(1) 在合同实施过程中所发生的总费用是准确的，工程成本核算符合普遍认可的会计原则，实际总成本与合同价中总成本的内容项目是一致的。

(2) 承包商对工程项目的报价是合理的，能反映实际情况。如果报价计算不合理，索赔款额是不能用这种方法计算的，因为这里可能包含有承包商为了中标压低报价的成分，而承包商在报价时压低报价是应该由承包商承担的风险。

(3) 费用损失的责任或者索赔时间责任是属于非承包商的责任，也不是应该由承包商承担的风险。

(4) 由于该项索赔时间或者是几项索赔事件在施工时的特殊性质，不可能逐项精确计算出承包商损失的款额。

在采用总费用法时，要注意管理费的计算，一般要考虑实际损失，所以理论上应该按照实际的管理费率进行计算和核实。但是鉴于具体计算的困难，通常都采用合同价中的管理费率或者双方商定的费率，所以承包商可以在索赔中计算利息支出。

3) 修正的总费用法

这种方法是对总费用法的改进，即在总费用计算的原则上，去掉一些不确定的可能因素，对总费用法进行相应的修改和调整，使其更加合理。其具体做法如下：

(1) 将计算索赔额的时段局限于受到外界影响的时间，而不是整个施工期；

(2) 只计算受影响时段内某项工作所受影响的损失，而不是计算该时段内所有施工所受的损失；

(3) 与该项工作无关的费用不列入总费用中；

(4) 对投标报价费用重新进行核算，按受影响时段内该项工作的实际单价进行核算，乘以实际完成的该项工作的工程量，得出调整后的报价费用。修正的总费用法的计算公式为：

索赔金额=某项工作调整后的实际总费用-该项工作的报价费用 (8-8)

【案例 8-3】 施工单位(乙方)与建设单位(甲方)签订了某建筑物的土方工程与基础工程合同。承包人在合同标明有松软石的地方没有遇到松软石，因而工期提前 1 个月。但在合同中另一未标明有坚硬岩石的地方遇到了一些工程地质勘察没有探明的孤石。由于排除孤石拖延了一定的时间，使得部分施工任务不得不赶在雨期进行。施工过程中遇到数天季节性大雨后又转为特大暴雨引起山洪暴发，造成现场临时道路、管网和施工用房等设施以及已施工的部分基础被冲坏，施工设备损坏，运进现场的部分材料被冲走，乙方数名施工人员受伤，雨后乙方用了很多工时清理现场和恢复施工条件。为此乙方按照索赔程序提出了延长工期和费用补偿要求。读者认为乙方提出的索赔要求能否成立？为什么？

8.3 反 索 赔

8.3.1 反索赔的概念

反索赔，顾名思义就是反驳、反击或者防止对方提出的索赔，不让对方索赔成功或全部成功。

反索赔.mp3

对于反索赔的含义，一般有两种理解。

一是指承包人向业主提出补偿要求即为索赔，而业主向承包人提出补偿要求则是反索赔；二是指索赔是双向的、业主和承包人都可以向对方提出索赔要求，任何一方对对方提出的索赔要求的反驳、反击，则被认为是反索赔。反索赔有工期延误反索赔、施工缺陷索赔等类型，针对一方的索赔要求，反索赔的一方应以事实为依据，以合同为准绳，反驳和拒绝对方的不合理要求或索赔要求中的不合理部分。

8.3.2 反索赔的作用

合同实施过程中，合同双方都在进行合同管理，都在寻找索赔机会。干扰事件发生后合同双方都企图推卸自己的合同责任，并向对方提出索赔，因此不能进行有效的反索赔，

甚至会蒙受经济损失。反索赔与索赔具有同等重要的地位，其作用主要表现在以下几个方面。

(1) 减少或预防损失的发生。由于合同双方利益不一致，索赔与反索赔又是一对相互矛盾的主体，如果不能进行有效的、合理的反索赔，就意味着对方索赔获得成功，则必须满足对方的索赔要求，支付赔偿费用或满足对方延长工期、免于承担误期违约责任等要求。因此有效的反索赔可以预防损失的发生，即使不能全部反击对方的索赔要求，也可能减少对方的索赔值，保护自己正当的经济利益。

(2) 一次有效的反索赔不仅会鼓舞工程管理人员的信心和勇气，有利于整个工程的施工和管理，也会影响对方的索赔工作，使对方的索赔工作受到合理的“打击”。相反地，如果不进行有效的反索赔，则是对对方索赔工作的默认，会使对方索赔人员的“胆量”越来越大，使被索赔者会在心理上处于劣势，丧失工作中的主动权。

(3) 做好反索赔工作不仅可以全部或部分否定对方的索赔要求，使自己免于损失，而且可以从中重新发现索赔机会，找到向对方索赔的理由，有利于自己摆脱被动局面，变守为攻，能达到更好的反索赔效果，并为自己索赔工作的顺利开展提供帮助。

(4) 反索赔工作与索赔一样，也要进行合同分析、事态调查、责任分析、审查对方索赔报告等各项工作，既要有反击对方的合同依据，又要有事实证据，离开了企业平时良好的基础管理工作，反索赔同样也是不能成功的。因此有效的反索赔有赖于企业科学、严格的基础管理；反之，正确开展反索赔工作，也会促进和提高企业的基础管理工作的水平。

8.3.3 反索赔的内容

1. 反索赔的分类

(1) 工期延误反索赔。由于承包人的原因造成工期延误的，业主可要求支付延期竣工违约金，确定违约金的费率时可考虑的因素有：业主营利损失；由于工程延误引起的贷款利息的增加；工程延期带来的附加监理费用及租用其他建筑物时的租赁费。

(2) 施工缺陷反索赔。如工程存在缺陷，承包人在保修期满前(或规定的时限内)未完成应负责的修补工程，业主可据此向承包人索赔，并有权雇用他人来完成工作，发生的费用由承包人承担。

(3) 对超额利润的索赔。如工程量增加很多(超过有效合同价的 15%)，使承包人在不增加任何固定成本的情况下预期收入增大，或由于法规的变化导致实际施工成本降低，业主可向承包人索赔，收回部分超额利润。

(4) 业主合理终止合同或承包人不正当放弃合同的索赔。此时业主有权从承包人手中收回由新承包人完成工程所需的工程款与原合同未付部分的差额。

(5) 由于工伤事故给业主方人员和第三方人员造成的人身或财产损失的索赔，及承包人运送建材、施工机械设备时损坏公路、桥梁或隧道时，道桥管理部门提出的索赔等。

(6) 对指定分包人的付款索赔。在承包人未能提供已向指定分包人付款的合理证明时，业主可根据监理工程师的证明书将承包人未付给指定分包人的所有款项(扣除保留金)付给该分包人，并从应付给承包人的任何款项中扣除。

2. 反索赔的工作内容

反索赔的工作内容包括两个方面：一是防止对方提出索赔；二是反击或反驳对方的索赔要求及索赔报告。

1) 防止对方提出索赔

要成功地防止对方提出索赔，应采取积极防御的策略。首先是自己严格履行合同中规定的各项义务，防止自己违约，并通过加强合同管理，使对方找不到索赔的理由和根据，使自己处于不能被索赔的地位。如果合同双方都能很好地履行合同义务，没有损失发生，也没有合同争议，索赔与反索赔从根本上也就不会产生。

其次，如果在工程实施过程中发生了干扰事件，则应立即着手研究和分析合同依据，收集证据，为提出索赔或反击对手的索赔做好两手准备。

最后，体现积极防御策略的常用手段是先发制人，首先向对方提出索赔。因为在实际工作中干扰事件的产生常常双方均负有责任，原因错综复杂且互相交叉，一时很难分清孰是孰非。首先提出索赔，既可防止自己因超过索赔时限而失去索赔机会，又可争取索赔中的有利地位，打乱对方的工作步骤，争取主动权，并为索赔问题的最终处理留下一定的余地。

2) 反击或反驳对方的索赔要求

如果对方先提出了索赔要求或索赔报告，则自己一方应采取各种措施来反击或反驳对方的索赔要求。常用的措施有：

(1) 抓住对方的失误，直接向对方提出索赔，以对抗或平衡对方的索赔要求，达到最终解决索赔时互作让步或互不支付的目的。如业主常常通过找出工程中的质量问题、工程延期等问题，对承包人处以罚款，以对抗承包人的索赔要求，达到少支付或不支付的目的。

(2) 针对对方的索赔报告，进行仔细、认真的研究和分析，找出理由和证据，证明对方索赔要求或索赔报告不符合实际情况和合同规定、没有合同依据或事实证据、索赔值计算不合理或不准确等问题，反击对方不合理的索赔要求或索赔要求中的不合理部分，推卸或减轻自己的赔偿责任，使自己不受或少受损失。

3) 反击或反驳索赔报告

(1) 索赔报告一般存在的问题。

索赔报告一般存在的问题.mp3

一方向对方提出索赔要求时，由于立场不同，在其索赔报告中一般会存在以下问题：

① 不能清楚、客观地说明索赔事实；

② 不能准确、合理地根据合同及法律规定证明自己的索赔资格；

③ 不能准确计算和解释所要求的索赔金额(时间)，往往夸大索赔值；

④ 希望通过索赔弥补自己的全部损失，包括因自己责任引起的损失；

⑤ 由于自己管理存在问题，不能准确评估双方应负责任范围；

⑥ 期望留有余地与对方讨价还价等。

因此充分研究和反击对方的索赔报告，是反索赔的重要内容之一。

(2) 反击或反驳索赔报告。

反击或反驳索赔报告，即根据双方签订的合同及事实证据，找出对方索赔报告中的漏洞和薄弱环节，以全部或部分否定对方的索赔要求。一般地说，对于任何一份索赔报告，总会存在这样或那样的问题，因为索赔方总是从自己的利益和观点出发，所提出的索赔报告或多或少会存在诸如索赔理由不足、引用对自己有利的合同条款、推卸责任或转移风险、扩大事实根据甚至无中生有、索赔证据不足或没有证据及索赔值计算不合理、漫天要价等问题。如果对这样的索赔要求予以认可，则自己会受到经济损失，也有失公正、公平、合理原则。因此对对方提出的索赔报告必须进行全面系统地研究、分析、评价，找出问题，反驳其中不合理的部分，为索赔及反索赔的合理解决提供依据。对对方索赔报告的反驳或反击，一般可从以下几个方面进行：

① 索赔意向或报告的时限性。审查对方在干扰事件发生后，是否在合同规定的索赔时限内提出了索赔意向或报告，如果对方未能及时提出书面的索赔意向和报告，则将失去索赔的机会和权利，对方提出的索赔则不能成立。

② 索赔事件的真实性。索赔事件必须是真实可靠的，符合工程实际状况，不真实、不肯定或仅是猜测甚至无中生有的事件是不能提出索赔的，索赔当然也就不能成立。

③ 干扰事件原因、责任分析。如果干扰事件确实存在，则要通过对事件的调查，分析事件产生的原因和责任归属。如果事件责任是由于索赔者自己疏忽大意、管理不善、决策失误或因其自身应承担的风险等造成，则应由索赔者自己承担损失，索赔不能成立。如果合同双方都有责任，则应按各自的责任大小分担损失。只有确属是自己一方的责任时，对方的索赔才能成立。在工程承包合同中，业主和承包人都承担着风险，甚至承包人的风险更大些。比如凡属于承包人合同风险内容的索赔要求，如一般性天旱或多雨、一定范围内的物价上涨等，业主一般不会接受。根据国际惯例，凡是遇到偶然事故影响工程施工时，承包人有责任采取力所能及的一切措施，防止事态扩大，尽力挽回损失。如确有事实证明承包人在当时未采取任何措施，业主可拒绝承包人要求的损失补偿。

8.3.4 反索赔的措施

1. 强化管理与降低索赔风险

1) 计划管理

对基建项目的投资、工期和质量要有一个符合实际的计划，推行限额设计(即按照批准的可行性研究报告及投资估算控制初步设计，按照批准的初步设计总概算控制技术设计)，严格控制工程造价，减少结算和付款风险。国家计委规定，自 1991 年起，凡因设计单位错误、漏项或扩大规模和提高标准而导致工程静态投资超支，要扣减设计费 3%～20%。

2) 招投标管理

进一步加强和规范设计、监理和施工过程的招投标，树立全面的招投标理念，把设计和监理推向市场，并对设计进行监理，进一步监督设计的质量和进度。杜绝边施工边设计，不给承包人因为工程变更而获得大量的索赔机会。通过制定招标文件和对承包人进行资格审查，把不合适的承包人和项目经理挡在投标的门外。

3) 合同管理

业主应认真研究合同条款的内涵，签订内容全面、切实可行的合同，要充分考虑到工程在未来建设和结算中的各种可能的风险，把工程建设管理紧扣在合同之内。对索赔费用的结算原则要作明确的规定，以保证索赔部分的利润水平与投标价相当。

4) 监理管理

明确监理的职责范围，对工程材料质量、施工质量、工期进行全面的监督。对施工过程中的签证材料进行严格的审查，分清责任，对于承包人因自己责任造成的一切损失，一律不予签证；应该签证的及时核实和签证，对于无法核实的，超过时限的不予签证；承包人擅自变更的不予签证。

2. 对承包人所提出的索赔要求进行评审和修正

对承包人所提出的索赔要求进行评审和修正时，可以从以下几个方面进行。

(1) 索赔是否具有合同依据，凡是工程项目合同文件中有明文规定的索赔事项，承包人均有索赔权，否则，业主可以拒绝这项索赔；

(2) 索赔报告中引用的索赔证据是否真实全面，是否有法律证明效力；

(3) 索赔事项的发生是否为承包人的责任，属于双方都有一定责任的情况，确定责任的比例；

(4) 在索赔事项初发时，承包人是否采取了控制措施，如果承包人没有采取任何措施防止事态扩大，业主可以拒绝该项损失补偿；

(5) 索赔是否属于承包人的风险范畴，属于承包人合同风险的内容，如一般性天旱或多雨，国内的物价上涨等，业主一般不会接受这些索赔要求；

(6) 承包人是否在合同规定的时限内(一般为发生索赔事件后的 28 天内)向业主和工程师报送索赔意向通知。

8.4 案 例 分 析

【案例 1】

某公司新建一办公楼，建筑面积 15 000m^2，工程按照合同约定顺利开工。在结构工程施工到 1/3 时，甲方与承包人协商并达成如下协议：甲方将该楼外墙的玻璃幕装修项目和室内隔墙砌筑项目，单独发包给专业公司施工，并支付承包人该项目价格的 1.5%作为管理配合费使用，专业公司按承包人管理要求的日期进场，有关工程款由甲方直接支付给专业公司。

承担外墙玻璃幕装修项目和室内隔墙砌筑项目的专业公司根据有关承包人的要求，在规定时间内进场施工，但是在进场后的第 40 天，该专业公司因甲方未按其双方签署的合同约定支付工程款而停工，承包人因外墙装修停工，原计划开始的其他外墙施工项目无法进行。

【问题】

(1) 承包人是否可以因外墙装修项目停工，向发包人提出工期索赔、经济损失索赔？

(2) 发包人是否可以向外墙玻璃幕装修单位因停工提出经济损失的索赔？为什么？

【答案】

(1) 承包人可以向发包人提出工期索赔和经济索赔，因为工期的延长和因工期延长引发的费用增加不是承包人自身原因造成的。

(2) 发包人因自身原因未能按合同约定支付工程款，给外墙玻璃幕装修项目的施工单位造成了经济损失，故不能对该施工单位进行索赔，而且该项目的施工单位可以向发包人提出工期索赔和经济损失索赔。

【案例2】

某建设有限责任公司在深基坑土石方开挖过程中，在合同标明有松软石的地方没有遇到松软石，因此工期提前1个月。但在合同中另一未标明有坚硬岩石的地方遇到更多的坚硬岩石，开挖工作变得更加困难，工期因此拖延了2个月。由于工期拖延，使得施工不得不在雨季进行，又影响工期1个月，为此承包人提出索赔。

【问题】

(1) 该项施工索赔能否成立？为什么？

(2) 在该索赔事件中，应提出的索赔内容包括哪些方面？

(3) 在施工索赔中通常可以作为索赔依据的有哪些？

(4) 在该索赔事件中提供的索赔文件包括哪些？

【答案】

(1) 答：该项施工索赔成立，因为施工中在合同未标明有坚硬岩石的地方遇到更多的坚硬岩石，属于施工现场的施工条件与原来的勘察有很大差异，属于业主的责任范围。

(2) 答：包括费用索赔和工期索赔。

(3) 答：索赔依据有如下几种。

① 招标文件、工程合同及附件，业主认可的施工组织设计、工程图纸、技术规范等；

② 投标报价文件；

③ 施工协议书及其附属文件；

④ 工程往来信件、指令、信函、通知答复等(往来书信也可)；

⑤ 工程会议纪要；

⑥ 施工计划及现场实施情况记录；

⑦ 施工日记及备忘录；

⑧ 工程送水送电、道路开通、封闭的日期及数量记录；

⑨ 工程预付款、进度款拨付情况；

⑩ 工程有关的施工照片及录像等；

⑪ 施工现场气候记录情况等；

⑫ 工程验收报告及技术鉴定报告等；

⑬ 工程材料采购、订货、运输、进场、验收、使用等方面的凭据；

⑭ 工程会计核算资料；

⑮ 国家、省、市有关工程造价、工期的文件、规定等。

(4) 答：索赔文件有：①索赔信；(也可是索赔通知)；②索赔报告；③索赔证据与详细计算书等附件。

本章小结

建筑工程索赔在工程项目管理中占有重要地位，索赔是合同双方利益的体现，通过对本章的学习可以帮助学生了解索赔的相关概念，懂得索赔的依据有哪些，如何进行索赔以及索赔与反索赔的区别等相关知识。

实训练习

一、单选题

1. 承包人在索赔事项发生后的(　　)天以内，应向工程师正式提出索赔意向通知。

A. 14　　B. 7　　C. 28　　D. 21

2. 下列关于索赔和反索赔的说法，正确的是(　　)。

A. 索赔实际上是一种经济惩罚行为

B. 索赔和反索赔具有同时性

C. 只有发包人可以针对承包人的索赔提出反索赔

D. 索赔单指承包人向发包人的索赔

3. 索赔是指在合同的实施过程中，(　　)因对方不履行或未能正确履行合同所规定的义务或未能保证承诺的合同条件实现而遭受损失后，向对方提出的补偿要求。

A. 业主方　　B. 第三方　　C. 承包方　　D. 合同中的一方

4. (　　)是索赔处理的最主要依据。

A. 合同文件　　B. 工程变更　　C. 结算资料　　D. 市场价格

二、多选题

1. 建设工程索赔按所依据的理由不同可分为(　　)。

A. 合同内索赔　　B. 工期索赔　　C. 费用索赔

D. 合同外索赔　　E. 道义索赔

2. 承包人向业主索赔成立的条件包括(　　)。

A. 由于业主原因造成费用增加和工期损失

B. 由于工程师原因造成费用增加和工期损失

C. 由于分包人原因造成费用增加和工期损失

D. 按合同规定的程序提交了索赔意向

E. 提交了索赔报告

3. 承包人可以就下列(　　)事件的发生向业主提出索赔。

A. 施工中遇到地下文物被迫停工　　B. 施工机械大修，误工 3 天

C. 材料供应商延期交货　　D. 业主要求提前竣工，导致工程成本增加

E. 设计图纸错误，造成返工

4. 建设工程反索赔的特点是(　　)。

A. 索赔与反索赔的同时性　　B. 索赔处理的技巧性

C. 索赔处理的预防性　　D. 发包人处于有利地位

E. 承包人处于积极主导地位

5. 建筑工程施工合同反索赔的主要内容包括(　　)。

A. 延迟工期　　B. 工程施工质量缺陷　　C. 合同担保

D. 工程施工事故　　E. 发包人其他损失

三、简答题

1. 工程索赔的特征有哪些？
2. 简述索赔的程序。
3. 反索赔的措施有哪些？

四、案例题

某公司(乙方)根据合同工期要求，冬期继续施工。在施工过程中，该公司为保证施工质量，采取了多项技术措施，由此造成额外的费用开支共 200 万元。在上述事情发生后，该公司及时向发包方(甲方)通报，并恳请发包方以事实为依据，给予工期顺延，同时给予损失补偿。

【问题】

在冬期施工中，乙方依据现场实际情况向甲方提出给予经济补偿，希望甲方能够按实际发生的费用计算并支付技术措施费用，甲方是否可以考虑乙方的这一请求？

第 8 章　课后答案.pdf

实训工作单一

<table>
<tr><td>班级</td><td></td><td>姓名</td><td></td><td>日期</td><td></td></tr>
<tr><td>教学项目</td><td colspan="5">建设工程索赔</td></tr>
<tr><td>任务</td><td colspan="2">掌握建设工程索赔知识</td><td>案例类型</td><td colspan="2">1. 工期索赔案例
2. 费用索赔案例</td></tr>
<tr><td>相关知识</td><td colspan="5">建设工程索赔相关知识</td></tr>
<tr><td>其他要求</td><td colspan="5"></td></tr>
<tr><td colspan="6">案例解析过程记录</td></tr>
<tr><td>评语</td><td colspan="2"></td><td>指导老师</td><td colspan="2"></td></tr>
</table>

实训工作单二

班级		姓名		日期	
教学项目	建设工程索赔				
任务	掌握建设工程反索赔		要求	1. 反索赔的概念和作用 2. 反索赔的内容和措施	
相关知识	建设工程反索赔相关知识				
其他要求					
学习过程记录					
评语			指导老师		

第 9 章　FIDIC
《施工合同条件》.pdf

第 9 章　FIDIC《施工合同条件》 09

第 9 章　FIDIC
《施工合同条件》.avi

【学习目标】

1. 了解 FIDIC 组织的相关知识
2. 熟悉 FIDIC《施工合同条件》相关知识
3. 熟悉《EPC/交钥匙项目合同条件》相关内容

【教学要求】

本章要点	掌握层次	相关知识点
FIDIC 组织	1. 了解 FIDIC 组织的起源和准则 2. 了解 FIDIC 组织的作用和机构	FIDIC 组织简介
FIDIC《施工合同条件》的特点	1. 了解 FIDIC《施工合同条件》的适用范围 2. 掌握 FIDIC《施工合同条件》的特点	FIDIC《施工合同条件》
《EPC/交钥匙项目合同条件》适用范围	1. 了解《EPC/交钥匙项目合同条件》适用范围 2. 掌握《EPC/交钥匙项目合同条款》的特点	《EPC/交钥匙项目合同条件》

【项目案例导入】

某国际工程采用 FIDIC 施工合同条款施工，部分工程已经完工但尚未进行竣工检验，业主为了提前获得运营收益，经承包人同意后便使用了该部分工程。事后承包人要求工程师颁发接收证书及由业主提前使用造成的费用和利润补偿。

【项目问题导入】

(1) 是否能判断业主已经接收该部分工程，为什么？

(2) 该部分工程自业主使用之日起照管责任由谁承担？

(3) 工程师应如何处理承包人的请求？

9.1 FIDIC 组织简介

随着中国加入 WTO 以及全球经济一体化模式的逐步形成，必将有越来越多的外国公司进入中国工程咨询业市场。这预示着我国工程咨询业作为建筑业的服务行业，其市场格局、服务体系、法律法规环境等将会在短时间内发生巨大而深刻的变化。如何完善有关的法律法规，尽快与国际惯例接轨，按照国际工程咨询业的待业规范管理我国的工程咨询公司已成为我国咨询业的当务之急。FIDIC 组织作为业界最大的协会，其影响已遍及世界各地。FIDIC 所制定的通用标准合同条件也在国际上得到了广泛应用和普遍认可。在中国外资贷款项目普遍采用 FIDIC 合同条件，而且可以预测未来在国内采用 FIDIC 合同条件的工程项目将会越来越多。因此业主、承包人和咨询工程师都需要对该组织进行比较全面的了解。下面本章将从 FIDIC 组织的起源、准则、作用、会员和组织机构以及出版物等几个方面对 FIDIC 组织进行概要介绍。

9.1.1 FIDIC 组织的起源

FIDIC(The Federation International Des Ingenieurs Conseils)是国际咨询工程师联合会的简称，成立于 1913 年，最初是由欧洲境内的法国、比利时等三个独立的咨询工程师协会组成。1949 年英国土木工程师协会成为正式代表，并于次年以东道主身份在伦敦主办 FIDIC 代表会议，这次会议成为当代国际咨询工程师联合会的诞生标志。1959 年美国、南非、澳大利亚和加拿大也加入了联合会，FIDIC 从此打破了地域的划分，成为了一个真正的国际组织。

现在 FIDIC 组织在全球范围内已经拥有 67 个成员协会，代表了约 400 000 位独立从事咨询工作的工程师。独立性是该组织的特点之一，也是最重要的特点。在创立之初，FIDIC 组织的最重要的职业道德准则之一，就是咨询工程师的行为必须独立于承包人、制造商和供应商之外，必须以独立的身份向委托人提供工程咨询服务，为委托人的利益尽责，并仅以此获得报酬。

9.1.2 FIDIC 组织的准则

FIDIC 组织认为咨询业对于社会和环境的可持续发展是至关重要的。为了使工作更有效，不仅要求咨询工程师要不断提高自身的知识和技能，同时也要求社会必须尊重咨询工程师的诚实和正直，相信他们判断的准确性并给予合理的报酬，以及要求所有成员协会都把以下几方面当作是他们的行为准则。

1. 对社会和咨询业的责任

(1) 咨询工程师应该认可咨询业对社会的责任；
(2) 寻求适合可持续发展的解决措施；
(3) 在任何时候都维护咨询业的荣誉。

2. 能力

咨询工程师要保证其掌握的知识、技能、技术、法规和管理的发展相一致，并有义务在为顾客提供服务的时候付出足够的技术、勤奋和关注，提供自身能胜任的服务。

3. 正直诚实

咨询工程师的所有行为都应以保护顾客的合法利益为出发点，并以正直、诚实的态度提供服务。

4. 公正

咨询工程师在提供建议、判断和决定的时候应保持公正，将服务过程中有可能产生的任何潜在利益冲突都告知顾客，不接受任何可能影响其独立判断的酬劳。

5. 公正地对待其他工程师

咨询工程师有义务推动“质量决定选择”的概念，无论是无心或故意都不得损害其他方的名誉和利益。对于已经确定工程师人选的工作，其他工程师不得直接或间接试图取代原定人选。在未接到顾客终止原先咨询工程师的书面指令并与该工程师协商之前，其他工程师不得取代该工程师的工作。当被要求对其他工程师的工作进行评价时，咨询工程师应保持行为的恰当。

6. 拒绝腐败

既不提供也不接收任何不恰当的报酬，如果这些报酬旨在影响咨询工程师及顾客作出选择或支付报酬的过程，或试图影响咨询工程师公正判断，工程师不能接受这项报酬。当有合法的研究机构对服务或建筑合同管理情况进行调查时，咨询工程师要进行充分的合作。

9.1.3 FIDIC 组织的作用

FIDIC 组织的作用.mp3

FIDIC 组织自成立以来，一直向国际工程咨询服务业提供有关资源与服务，并根据成员需求提供交流信息，发行出版物，举办咨询业界的会议、培训，建立丰富的调停人、仲裁人和专家资源库，帮助发展中国家咨询业的发展。

9.1.4 FIDIC 的会员和组织机构

1. 会员

FIDIC 的会员分为四种形式，分别是成员协会、会员、长期会员和特派会员。

1) 成员协会

成员协会一般是某个国家内由建造和自然环境方面提供技术咨询服务的公司所组成的国家级的协会。

2) 会员

会员是那些对咨询业感兴趣并被国家级成员协会推荐提名的工程或相关领域的协会、组织、公司或集团。

3) 长期会员

长期会员是指在那些没有 FIDIC 成员协会的国家里，符合联合会会员标准的公司或集团。

4) 特派会员

特派会员指如果某个国家中，没有一家国家级的协会符合 FIDIC 的会员标准，那么那些致力于在该国建立一个符合标准的协会的个人，可以被推选为特派会员。

作为 FIDIC 的会员、长期会员可以享受在文件上使用 FIDIC 的图标、参加年会、购买 FIDIC 所出版的国际咨询工程师名录等待遇。

经过了几十年的发展，FIDIC 成员协会的专业领域已大大超过了过去的定义，其会员也早就不仅限于咨询工程师。很多成员协会实际是代表如建筑师这样的建筑业专业人士，FIDIC 还拥有一系列的诸如律师和保险业者这样的附属会员。目前，美国是拥有最多 FIDIC 会员公司的国家，共有 5500 家会员公司，总计 225000 名雇员。德国紧随其后拥有 3500 家会员公司和 4000 名雇员。中国工程咨询协会是我国在 FIDIC 组织中的成员协会。

2. 组织机构

FIDIC 的组织机构分为四种，分别是执行委员会、委员会、特别小组和论坛。一般性的日常活动是由几个常委会和由执行委员会任命的特别小组来负责组织和管理。

1) 执行委员会

执行委员会职责是处理那些会员大会职权范围所无法涵盖的管理工作；执行会员大会的决议；准备年度报告，修订议事程序，签署年度费用报告；任命常委会和特别小组的人选，审查其职责范畴并监督其行为；根据需要，提名授予某人联络沟通责任；执行 FIDIC 的战略计划(例如对影响咨询业的发展进行连续评估，在适当的时候对 FIDIC 的计划和行动进行重新定位，评价并更新现有的战略计划)；定期评价、更新或根据需要起草新的政策；加强 FIDIC 组织与其他国际组织的交流。执行委员会每年召开三次会议，其中有一次是和会员大会同时召开。委员会中的一名成员(一般是财务主管或主席)负责秘书处的工作。

2) 委员会

(1) 裁决评审委员会。

裁决评审委员会的职责是安排、协商秘书处为那些申请加入争端裁决人名单的人提供培训，并协助选择培训教师。评估申请培训人的资料并进行推荐。与其他委员会联络，组织召开研讨会。

(2) 商业实践委员会。

该委员会的职责条款正在更新中，原有职责为监督《顾客/咨询者模式服务协议》(即白

皮书)《合作与分包咨询协议书》及《指南》的使用情况。帮助执行委员会处理关于咨询从业人员服务事宜，帮助筛选参加研讨班的代表。

(3) 合同委员会。

合同委员会的职责是鉴别那些应由 FIDIC 起草或更新的工程合同条件和其他服从于执行委员会的文件。成立特别小组起草文件并对工作进行指导，负责对文件提交执行委员会批准前的最终审核工作。与秘书处和对 FIDIC 合同条件感兴趣的组织进行交流和联络。协调处理合同文本的翻译工作，组织研讨会并推荐主题和演讲者，与裁决评审委员会密切沟通。

3) 特别小组

特别小组的组成如下。

(1) 建筑容量小组。

确定当地的咨询机构的建筑容量，咨询公司是否由于国际财政金融协会的规定或国外咨询机构的工作无法发挥最优作用。同时本小组还会根据情况推荐解决此类问题的方案。

(2) 诚信管理小组。

与 FIDIC 的国际合作者(如国际财政金融协会、OECD)合作，推动各自的“供方诚信管理程序”的发展。对 FIDIC 战略措施的执行提出建议，监督 FIDIC 组织在各种场合的表现。

(3) 质量管理小组。

向执行委员会提供关于质量方面的建议，准备有关文件：收集、出版咨询业在质量管理方面的经验、信息和培训计划，推广持续改进的概念。在向顾客提供服务的同时，对质量管理的应用提出建议，发展高效可行的工程咨询业，为世界各地的咨询机构提供恰当的国际标准使用指南。

(4) 可持续发展小组。

负责发展和执行可持续发展战略和实施计划，明确符合其他行业特点可能的任务和管理工具，与相关的国际组织进行合作以增强可持续发展能力，向会员单位推荐可持续发展方面的战略以利于实践。

4) 论坛

识别咨询工程业存在的风险，并经执行委员会的许可，组织教授进行有关风险管理的培训，监督全球范围内的职业责任条款和保险情况，定期向会员通报重要的发展趋势，向会员教授风险管理技巧，与其他委员会交流此类事宜。

9.1.5 FIDIC 组织的出版物

FIDIC 的出版物包括各种会议和研讨会的论文集，为咨询工程师、项目业主和国际发展机构提供的信息，标准的资格预审格式，合同条件及应用指南和顾客/咨询工程师服务协议等，除了传统的印刷版之外，FIDIC 还提供加密的电子格式文本和 CD 以供下载和出售。

9.2 FIDIC《施工合同条件》

9.2.1 《施工合同条件》的适用范围

建造合同条件特别适合于传统的“设计-招标-建造”(Design-Bid-Construction)的建设履行方式。该合同条件适用于建设项目规模大，复杂程度高，业主提供设计的项目。新版施工合同条件基本继承了老版本施工合同条件的“风险分担”的原则，即业主愿意承担比较大的风险。因此，业主愿意做几乎全部设计(可能不包括施工图、结构补强等)；雇用工程师作为其代理人管理合同，管理施工以及签证支付；愿意在工程施工的全过程中持续得到全部信息，并能及时作出变更等；希望支付根据工程量清单或通过的工作总价。而承包人仅根据业主提供的图纸资料进行施工，(当然承包人有时要根据要求承担结构、机械和电气部分的设计工作)。因此《施工合同条件》(又称新红皮书)正是此种类型业主所需的合同范本。

施工合同条件的适用范围.mp3

施工合同条件的特点.mp3

9.2.2 《施工合同条件》的特点

1) 框架

新版本的《施工合同条件》中编排格式统一化，通用条件部分均分为 20 条，条款的标题以至部分条款的内容能一致的都尽可能一致。同时，新版条款的内容作了较大的改进和补充，新版本尽可能地在通用条件中作出全面而细致的规定，便于用户在专用条件中自行修改编写。

2) 业主方面

新红皮书对业主的职责、权利、义务有了更严格的要求，如对业主资金安排、支付时间和补偿、业主违约等方面的内容进行了补充和细化。

3) 承包人方面

对承包人的工作提出了更严格的要求，如承包人应将质量保证体系和月进度报告的所有细节都提供给工程师，在何种条件下将没收履约保证金，工程检验维修的期限等。

4) 索赔、仲裁方面

增加了与索赔有关的条款并丰富了细节，加入了争端委员会的工作程序，由三个委员会负责处理那些工程师的裁决不被双方认可的争端。

【案例 9-1】 业主通过公开招标与承包人签订了一份框架结构高层写字楼的施工合同，地下 1 层，地上 16 层，钻孔灌注桩基础。业主希望在工程施工的全过程中能够持续得到工程的全部信息，并能作变更。同时希望根据工程量清单进行价款的支付。而承包人仅需要根据业主提供的图纸资料进行施工。请根据本章内容分析业主适合和承包人签订 FIDIC《施工合同条件》吗？

9.2.3 《施工合同条件》的重要概念

1. 合同文件

《施工合同条件》的条款规定，构成对业主和承包人有约束力的合同文件包括如下内容。

1)　合同协议书

合同协议书是指业主发出中标函的 28 天内，接到承包人提交的有效履约保证后，双方签署的法律性标准化格式文件。为了避免履行合同过程中产生争议，专用条件指南中最好注明接受的合同价格、基准日期和开工日期。

2)　中标函

中标函是业主签署的对投标书的正式接受函，可能包含作为备忘录记载的在合同签订前的谈判过程中可能达成一致并共同签署的补遗文件。

3)　投标函

承包人填写并签字的法律性投标函和投标函附录，包括报价和对招标文件及合同条款的确认文件。

4)　合同专用条件

FIDIC 在编制合同条件时，对建筑安装工程施工的具体情况作了充分而详尽的考察，从中归纳出大量内容具体、详尽的合同条款，组成了通用条件。但仅有这些是不够的，具体到某一工程项目，有些条款应进一步明确，有些条款还必须考虑工程的具体特点和所在地区的情况予以必要的变动，专用条件就是为了实现这一目的而设立的。通用条件与专用条件一起构成了决定一个具体工程项目各方的权利、义务和对工程施工的具体要求的合同条件。

5)　合同通用条件

FIDIC《土木工程施工合同条件》中的通用条件是固定不变的，无论是工业与民用建筑施工、水电工程、路桥工程、港口工程的建筑安装工程施工都适用。通用条件共分 20 大项 247 款。其中 20 大项分别是：一般规定；业主；工程师；承包人；指定分包人；员工；生产设备、材料和工艺；开工、延误和暂停；竣工检验；业主的接收；缺陷责任；测量和估价；变更和调整；合同价格和支付；业主提出终止；承包人提出暂停和终止；风险和责任；保险；不可抗力；索赔、争端和仲裁。

6)　规范

规范是指承包人履行合同义务期间应遵循的准则，也是工程师进行合同管理的依据，即合同管理中通常所称的技术条款。除了工程各主要部位施工应达到的技术标准和规范以外，还可以包括以下方面的内容。

(1)　对承包人文件的要求；

(2)　应由业主获得的许可；

(3)　对基础、结构、工程设备、通行手段的阶段性占有；

(4)　承包人的设计；

(5)　放线的基准点、基准线和参考标高；

(6) 合同涉及的第三方；

(7) 环境限制；

(8) 电、水、气和其他现场供应的设施；

(9) 业主的设备和免费提供的材料；

(10) 指定分包商；

(11) 合同内规定承包人应为业主提供的人员和设施；

(12) 承包人负责采购材料和设备所需要提供的样本；

(13) 制造和施工过程中的检验；

(14) 竣工检验；

(15) 暂列金额等。

7) 图纸

图纸是指合同中包含的工程图纸，及由发包人(或)其他代表按照合同发出的任何补充和修改的图纸。

8) 资料表以及其他构成合同一部分的文件

(1) 资料表——由承包商填写并随投标函一起提交的文件，包括工程量表、数据、表册/费率和(或)单价表等。

(2) 构成合同一部分的其他文件——在合同协议书或中标函中列明范围的文件(包括合同履行过程中构成对双方有约束力的文件)。

2. 合同担保

1) 承包人提供的担保

合同条款中规定，承包人签订合同时应提供履约担保，接受预付款前应提供预付款担保。在范本中给出了担保书的格式，分为企业法人提供的保证书和金融机构提供的保函两类格式。保函均为不需承包人确认违约的无条件担保形式(连带责任保证方式)。

(1) 履约担保的保证期限。履约保函应担保承包人圆满完成施工和保修的义务，而非工程师颁发工程接收证书为止。

(2) 业主凭保函索赔。由于无条件保函对承包人的风险较大，因此通用条件中明确规定了四种情况下业主可以凭履约保函索赔，其他情况则按合同约定的违约责任条款对待。包括情况如下。

① 专用条款内约定的缺陷通知期满后仍未能解除承包人的保修义务时，承包人应延长履约保函有效期而未延长；

② 按照业主索赔或争议、仲裁等决定，承包人未向业主支付相应款项；

③ 缺陷通知期内承包人接到业主修补缺陷通知后 42 天内未派人修补；

④ 由于承包人的严重违约行为业主终止合同。

2) 业主提供的担保

大型工程建设资金的融资可能包括从某些国际援助机构、开发银行等筹集的款项，这些机构往往要求业主应保证履行给承包人付款的义务，因此在专用条件范例中，增加了业主应向承包人提交“支付保函”的可选择使用的条款，并附有保函格式。业主提供的支付保函担保金额可以按总价或分项合同价的某一百分比计算，担保期限至缺陷通知期满后 6

个月，并且为无条件担保。

通用条件的条款中未明确规定业主必须向承包人提供支付保函，具体工程合同内是否包括此条款，取决于业主主动选用或融资机构的强制性规定。

3. 合同履行中涉及的期限

1)　合同工期

合同工期在合同条件中是“竣工时间”的概念，是指所签合同内注明的完成全部工程的时间，加上合同履行过程中因非承包人应负责原因导致变更和索赔事件发生后，经工程师批准顺延的工期之和。如有分部移交工程，也需在专用条件的条款内明确约定。合同内约定的工期是指承包人在投标书附录中承诺的竣工时间。合同工期的时间界限作为衡量承包人是否按合同约定期限履行施工义务的标准。

2)　施工期

(1)　承包人的施工期为工程师按合同约定发布的“开工令”中指明的应开工之日起，至工程接收证书注明的竣工日止的日历天数。

(2)　用施工期与合同工期比较，判定承包人的施工是提前竣工，还是延误竣工。

3)　缺陷通知期

缺陷通知期即国内施工文本所指的工程保修期，缺陷通知期的期限为自工程接收证书中写明的竣工日开始，至工程师颁发履约证书为止的日历天数。尽管工程移交前进行了竣工检验，但只是证明承包人的施工工艺达到了合同规定的标准，设置缺陷通知期的目的是为了考验工程在动态运行条件下是否达到了合同中技术规范的要求。因此，从开工之日起至颁发履约证书日止，承包人都要对工程的施工质量负责。合同工程的缺陷通知期及分阶段移交工程的缺陷通知期，应在专用条件内具体约定。次要部位工程通常为半年，主要工程及设备大多为一年，个别重要设备也可以约定为一年半。

4)　合同有效期

(1)　自合同签字日起至承包人提交给业主的“结清单”生效日止，施工承包合同对业主和承包人均具有法律约束力。

(2)　颁发履约证书只是表示承包人的施工义务终止，合同约定的权利义务并未完全结束，还剩有管理和结算等手续。

(3)　工程结清单生效是指业主已按工程师签发的最终支付证书中的金额付款，并退还承包人的履约保函。工程结清单一经生效，承包人在合同内享有的索赔权利也自行终止。

4. 合同价格

通用条件中分别定义了“接受的合同款额”和“合同价格”的概念。

“接受的合同款额”是指业主在中标函中对实施、完成和修复工程缺陷所接受的金额，来源于承包人的投标报价并对其确认。

“合同价格”则是指按照合同各条款的约定，承包人完成建造和保修任务后，对所有合格工程有权获得的全部工程款。最终结算的合同价可能与中标函中注明接受的合同款额存在差别，究其原因，涉及以下几方面因素的影响。

1)　合同类型特点

《施工合同条件》适用于大型复杂工程采用单价合同的承包方式。为了缩短建设周期，通常在初步设计完成后就开始施工招标，在不影响施工进度的前提下陆续发放施工图。因此，承包人据以报价的工程量清单中，各项工作内容项下的工程量一般为概算工程量。合同履行过程中，承包人实际完成的工程量可能多于或少于清单中的估计量。单价合同的支付原则是，按承包人实际完成工程量乘以清单中相应工作内容的单价，结算该部分工作的工程款。

2) 可调价合同

大型复杂工程的施工期较长，通用条件中包括合同工期内因物价变化对施工成本产生影响后计算调价费用的条款，每次支付工程进度款时均要考虑约定可调价范围内项目当地市场价格的涨落变化。而这笔调价款没有包含在中标价格内，仅在合同条款中约定了调价原则和调价费用的计算方法。

3) 发生应由业主承担责任的事件——合同价格增加

合同履行过程中，可能因业主的行为或业主应承担风险责任的事件发生后，导致承包人增加施工成本，合同相应条款规定应对承包人受到的实际损害给予补偿。

4) 承包人的质量责任——合同价格减少

合同履行过程中，如果承包人没有完全地或正确地履行合同义务，业主可凭工程师出具的证明，从承包人应得工程款内扣减该部分给业主带来损失的款额。

承包人的质量责任如下。

(1) 不合格材料和工程的重复检验费用由承包人承担。若工程师对承包人采购的材料和施工的工程通过检验后发现质量未达到合同规定的标准，承包人应自费改正并在相同条件下进行重复试验，重复检验所发生的额外费用应由承包人承担。

(2) 承包人没有改正忽视质量的行为。当承包人不能在工程师限定的时间内将不合格的材料或设备移出施工现场，以及在限定时间内没有或无力修复缺陷工程，业主可以雇用其他人来完成，该项费用应从承包人处扣回。

(3) 折价接收部分有缺陷工程。某项处于非关键部位的工程施工质量未达到合同规定的标准，如果业主和工程师经过适当考虑后，确信该部分的质量缺陷不会影响总体工程的运行安全，为了保证工程按期发挥效益，可以与承包人协商后折价接收。

5) 承包人延误工期或提前竣工

(1) 因承包人责任的延误竣工——合同价格减少。

签订合同时双方需约定日拖期赔偿额和最高赔偿限额。如果因承包人的原因导致竣工时间迟于合同工期，将按日拖期赔偿额乘以延误天数计算拖期违约赔偿金，但以约定的最高赔偿限额作为赔偿业主延迟发挥工程效益的最高款额。专用条款中的日拖期赔偿额视合同金额的大小，可在 0.03%～0.2%合同价的范围内约定具体数额或百分比，最高赔偿限额一般不超过合同价的 10%。

如果合同内规定有分阶段移交的工程，在整个合同工程竣工日期以前，工程师已对部分分阶段移交的工程颁发了工程接收证书且证书中注明的该部分工程竣工日期未超过约定的分阶段竣工时间，则全部工程剩余部分的日拖期违约赔偿额应相应折减。折减的原则是，以拖延竣工部分的合同金额除以整个合同工程的总金额所得比例乘以日拖期赔偿额，但不影响约定的最高赔偿限额。即：

折减的误期损害赔偿金/天=合同约定的误期损害赔偿金/天

×(拖延竣工部分的合同金额/合同工程的总金额)　　(9-1)

误期损害赔偿总金额=折减的误期损害赔偿金/天×延误天数(≤最高赔偿限额)　　(9-2)

(2) 提前竣工——合同价格增加。

承包人通过自己的努力使工程提前竣工是否应得到奖励，这在施工合同条件中列入了可选择条款一类。业主要看提前竣工的工程或区段是否能让其得到提前使用的收益，而决定该条款的取舍。如果招标工作内容仅为整体工程中的部分工程且这部分工程的提前不能单独发挥效益，则没有必要鼓励承包人提前竣工，可以不设奖励条款。若选用奖励条款，则需在专用条件中具体约定奖金的计算办法。

6) 包含在合同价格之内的暂列金额

(1) 某些项目的工程量清单中包括有“暂列金额”款项，尽管这笔款额计入在合同价格内，但其使用却归工程师控制。

(2) 暂列金额实际上是一笔业主方的备用金，用于招标时对尚未确定或不可预见项目的储备金额。

(3) 施工过程中工程师有权依据工程进展的实际需要，经业主同意后，用于施工或提供物资与设备以及技术服务等内容的开支，同时也可以作为供意外用途的开支。

(4) 工程师可以发布指示，要求承包人或其他人完成暂列金额项内开支的工作，因此，只有当承包人按工程师的指示完成暂列金额项内开支的工作任务后，才能从其中获得相应支付。

5. 指定分包商

1) 指定分包商的概念

(1) 指定分包商是由业主(或工程师)指定或选定，完成某项特定工作内容并与承包人签订分包合同的特殊分包商。

(2) 合同条款规定，业主有权将部分工程项目的施工任务或涉及提供材料、设备、服务等工作内容发包给指定分包商实施。

合同内规定有承担施工任务的指定分包商，大多因业主在招标阶段划分合同包时，考虑到某部分施工的工作内容有较强的专业技术要求，一般承包单位不具备相应的能力，但如果以一个单独的合同对待又限于现场的施工条件或合同管理的复杂性，工程师无法合理地进行协调管理，为避免各独立合同之间的干扰，则只能将这部分工作发包给指定分包商实施。由于指定分包商是与承包人签订分包合同，因而在合同关系和管理关系方面与一般分包商处于同等地位，对其施工过程中的监督、协调工作纳入承包人的管理之中。指定分包工作内容可能包括部分工程的施工；供应工程所需的货物、材料、设备；设计、提供技术服务等。

2) 指定分包商的选择

特殊专项工作的实施要求指定分包商拥有某方面的专业技术或专门的施工设备和独特的施工方法。业主和工程师往往根据所积累的资料、信息，也可能依据以前与之交往的经验，通过议标的方式进行选择。若没有理想的合作者，也可以就这部分工作内容，采用招标方式选择指定分包人。

某项工作将由指定分包人负责实施是招标文件的规定，并已由承包人在投标时认可，因此他不能反对该项工作由指定分包人完成，并负责协调管理工作。但业主必须保护承包人合法利益不受侵害是选择指定分包人的基本原则，因此当承包人有合法理由时，有权拒绝某一单位作为指定分包人。为了保证工程施工的顺利进行，业主选择指定分包人应首先征求承包人的意见，不能强行要求承包人接受他有理由反对的，或是拒绝与承包人签订保障承包人利益不受损害的分包合同的指定分包人。

6. 解决合同争议的方式

任何合同争议均交由仲裁或诉讼解决，一方面会导致合同关系的破裂，另一方面解决起来费时、费钱且对双方的信誉有不利影响。为了解决上述情形，故在通用条件中增加了“争端裁决委员会”处理合同争议的程序。

1) 解决合同争议的程序

(1) 提交工程师决定。FIDIC 编制施工合同条件的基本出发点之一，是合同履行过程中建立以工程师为核心的项目管理模式，因此无论是承包人的索赔还是业主的索赔均应首先提交给工程师。任何一方要求工程师作出决定时，工程师均应与双方协商尽力达成一致。如果未能达成一致，则应按照合同规定并适当考虑有关情况后作出公平的决定。

(2) 提交争端裁决委员会决定。双方起因于合同的任何争端，包括对工程师签发的证书、作出的决定、指示、意见或估价不同意接受时，可将争议提交合同争端裁决委员会，并将副本送交对方和工程师。裁决委员会在收到提交的争议文件后 84 天内作出合理的裁决。若作出裁决后的 28 天内，任何一方未提出不满意裁决的通知，此裁决即为最终的决定。

(3) 双方协商。任何一方对裁决委员会的裁决不满意，或裁决委员会在 84 天内未能作出裁决，在此期限后的 28 天内应将争议提交仲裁。仲裁机构在收到申请后的 56 天才开始审理，这一时间要求双方尽力以友好的方式解决合同争议。

(4) 仲裁。如果双方仍未能通过协商解决争议，则只能由合同约定的仲裁机构最终解决。

2) 争端裁决委员会

(1) 争端裁决委员会的组成。

签订合同时，业主与承包人通过协商组成裁决委员会。裁决委员会可选定为 1 名或 3 名成员，一般由 3 名成员组成，合同每一方应提名 1 位成员，由对方批准。双方应与这两名成员共同并商定第三位成员，第三人作为主席。

成员应满足以下要求：

① 对承包合同的履行有经验；

② 在合同的解释方面有经验；

③ 能流利地使用合同中规定的交流语言。

(2) 争端裁决委员会的性质。

争端裁决委员会的裁决属于非强制性但具有法律效力的行为，相当于我国法律中解决合同争议的调解，但其性质则属于个人委托。

(3) 工作。

由于裁决委员会的主要任务是解决合同争议，因此与工程师不同，裁决委员会成员不需要常驻工地。

① 平时工作。

裁决委员会的成员对工程的实施定期进行考察现场，了解施工进度和实际潜在的问题。一般在关键施工作业期间到现场考察，但两次考察的间隔时间不得少于 140 天，离开现场前，应向业主和承包人提交考察报告。

② 解决合同争议的工作。

裁决委员会在接到任何一方申请后，在工地或其他选定的地点处理争议的有关问题。

③ 报酬。

付给委员的酬金分为月聘酬金和日酬金两部分，由业主与承包人平均负担。裁决委员会到现场考察和处理合同争议的时间按日酬金计算，相当于咨询费。

④ 成员的义务

保证公正处理合同争议是其最基本义务，虽然当事人双方各提名一位成员，但他不能代表任何一方的单方利益，因此合同规定：

A. 在业主与承包人双方同意的任何时候，他们可以共同将相关事宜提交给争端裁决委员会，请他们提出意见。没有另一方的同意，任一方不得就任何事宜向争端裁决委员会征求建议；

B. 裁决委员会或其中的任何成员不应从业主、承包人或工程师处单方获得任何经济利益或其他利益；

C. 不得在业主、承包人或工程师处担任咨询顾问或其他职务；

D. 合同争议提交仲裁时，不能被任命为仲裁人，只能作为证人向仲裁提供争端证据。

3) 争端裁决程序

(1) 接到业主或承包人任何一方的请求后，裁决委员会确定会议的时间和地点。解决争议的地点可以在工地或其他地点进行；

(2) 裁决委员会成员审阅各方提交的材料；

(3) 召开听证会，充分听取各方的陈述，审阅证明材料；

(4) 调解合同争议并作出决定。

9.3 《EPC/交钥匙项目合同条件》

9.3.1 《EPC/交钥匙项目合同条件》的适用范围

《EPC/交钥匙项目合同条件》是一种现代新型的建设工程合同履行方式。该合同范本适用于建设项目规模大、复杂程度高、承包人提供设计、承包人承担绝大部分风险的情况。与其他三个合同范本的最大区别在于，在《EPC/交钥匙项目合同条件》下业主只承担工程项目的很小风险，而将绝大部分风险转移给承包人。

交钥匙合同条件的适用范围.mp3

这是由于作为这些项目(特别是私人投资的商业项目)投资方的业主在投资前关心的是工程的最终价格和最终工期，以便他们能够准确地预测在该项目上投资的经济可行性。所以，他们希望少承担项目实施过程中的风险，以避免追加费用和延长工期。因此，当业主希望以下几种方式时，可以采用《EPC/交钥匙项目合同范本》(银皮书)。

(1) 承包人承担全部设计责任，合同价格的高度确定性，以及时间不允许逾期；

(2) 不卷入每天的项目工作中去；

(3) 多支付承包人建造费用，但作为条件承包人须承担额外的工程总价及工期的风险；

(4) 项目的管理严格采用双方当事人的方式。

另外，使用 EPC 合同的项目需要在招标阶段给予承包人充分的时间和资料使其全面了解业主的要求，并进行前期规划与风险评估的估价。业主不得过度干预承包人的工作，业主的付款方式应按照合同支付，而无需像新红皮书和新黄皮书里规定的工程师核查工程量并签认支付证书后才付款。

《EPC/交钥匙项目合同条件》特别适宜于下列项目类型。

(1) 民间主动融资 PFI(Private Finance Initiate)，或公共/民间伙伴 PPP(Public/PrivatePartnership)，或 BOT(Built Operate Transfer)及其他特许经营合同的项目；

(2) 发电厂或工厂且业主期望以固定价格的交钥匙方式来履行项目；

(3) 基础设计项目(如公路、铁路、桥、水或污水处理石、水坝等)或类似项目，业主提供资金并希望以固定价格的交钥匙方式来履行项目；

(4) 民用项目且业主希望采纳固定价格的“交钥匙”方式来履行项目，通常项目的完成包括所有家具、调试和设备。

9.3.2 《EPC/交钥匙项目合同》范本的特点

交钥匙项目合同范本的特点.mp3

1. 风险

EPC 合同明确划分了业主和承包人的风险，特别是承包人要独自承担发生最为频繁的“外部自然力”这一风险。

2. 管理方式

由于业主承担的风险已大大减少，因此，业主就没有必要专门聘请工程师来代表他对工程进行全面细致的管理。EPC 合同中规定，业主或业主委派代表直接对项目进行管理，其人选的更迭不需经过承包人同意，业主或业主代表对设计的管理比黄皮书宽松，但是对工期和费用索赔管理是极为严格的，这也是 EPC 合同订立的初衷。

【案例 9-2】 上海环球金融中心是日本森大厦株式会社投资 83 亿元人民币建造的以办公为主，集商贸、宾馆、观光、会议等功能于一体的综合性“垂直花园都市”大厦。由于建设项目规模大、复杂程度高，所以在签订合同过程中选择了《EPC/交钥匙项目合同》范本。

本章小结

FIDIC 是国际上最有权威的、被世界银行认可的咨询工程师组织。本章主要介绍了

FIDIC组织、FIDIC《施工合同条件》以及《EPC/交钥匙项目合同条件》等内容，以此来帮助学生简单了解FIDIC组织的有关知识。

实 训 练 习

一、填空题

1. FIDIC组织认为咨询业对于____________________的可持续发展是至关重要的。
2. ____________是FIDIC组织的特点之一，也是最重要的特点。
3. 在EPC合同中，____________要独自承担发生最为频繁的“外部自然力”这一风险。

二、单选题

1. FIDIC成员一般规定一个国家能有(　　)成员协会。

A. 一个　　B. 两个　　C. 三个　　D. 四个

2. 《EPC/交钥匙项目合同条件》与其他三个合同范本的最大区别在于(　　)只承担工程项目的很小风险。

A. 业主　　B. 承包人　　C. 分包人　　D. 监理方

3. 根据FIDIC《施工合同条件》的要求，建筑工程一切险的投保人一般是(　　)。

A. 业主　　B. 建设工程的所有人　　C. 分包人　　D. 承包人

4. 按照FIDIC《施工合同条件》规定，由于业主原因使分包人受到损失，分包人向承包人提出索赔时，承包人(　　)。

A. 可以拒绝索赔　　B. 应承担全部责任

C. 先行赔偿再向业主追索　　D. 代替分包人向工程师递交索赔报告

5. FIDIC《施工合同条件》规定，预付款又称动员预付款，是业主为了帮助(　　)解决施工前期开展工作时的资金短缺，从未来的工程款中提前支付的一笔款项。

A. 承包人　　B. 分包人　　C. 工程师　　D. 指定分包人

三、多选题

1. 依据FIDIC《施工合同条件》规定，指定分包人的特点表现为(　　)。

A. 由业主指定，并与其签订合同

B. 工作内容不属于合同约定由承包人应完成工作范围

C. 对其付款从暂列金额内开支

D. 承包人负责对其施工进行协调管理

E. 对其违约行为承包人承担连带责任

2. 采用FIDIC《施工合同条件》签订的合同，承包人最终结算的合同价格与中标价不一致，可能的原因有(　　)。

A. 工程量清单中的工程量不准确　　B. 承包人的投标报价漏缺

C. 合同内有调价条款　　D. 施工中发生工程变更

E. 承包人拖期竣工的赔偿

3. 在 FIDIC 《施工合同条件》中，指定分包商与一般分包商的差异体现在(　　)。

A. 是否由承包人选定　　B. 是否与承包人订立合同
C. 是否可能由业主直接付款　　D. 承包人是否收取管理费
E. 是否属于合同约定应由承包人必须完成范围之内的工作

4. 按照 FIDIC《施工合同条件》规定，对承包人索赔同时给予工期、费用补偿的情况包括(　　)。

A. 延误移交施工现场　　B. 不可预见的外界条件
C. 异常不利的气候导致的停工　　D. 业主提前占用工程
E. 不可抗力事件造成损失

5. FIDIC《施工合同条件》中雇主承担的风险有(　　)。

A. 价格与支付方面的风险　　B. 工程变更的风险
C. 通货膨胀方面的风险　　D. 工程设备采购方面的风险
E. 不可抗力风险

四、简答题

1. 请简单介绍下 FIDIC 组织的作用有哪些？
2. 简述《施工合同条件》的特点。
3. 《EPC/交钥匙项目合同条件》适用于哪些范围？

第 9 章　课后答案.pdf

实训工作单

<table>
<tr><td>班级</td><td></td><td>姓名</td><td></td><td>日期</td><td></td></tr>
<tr><td>教学项目</td><td colspan="5">FIDIC《施工合同条件》</td></tr>
<tr><td>任务</td><td colspan="2">掌握 FIDIC《施工合同条件》</td><td>要求</td><td colspan="2">1.FIDIC《施工合同条件》的范围
2.FIDIC《施工合同条件》的特点</td></tr>
<tr><td>相关知识</td><td colspan="5">FIDIC《施工合同条件》相关知识点</td></tr>
<tr><td>其他要求</td><td colspan="5"></td></tr>
<tr><td colspan="6">学习过程记录</td></tr>
<tr><td>评语</td><td colspan="3"></td><td>指导老师</td><td></td></tr>
</table>

参 考 文 献

[1] 全国造价工程师执业资格考试教材编审委员会，工程造价计价与控制[M]. 北京：中国计划出版社，2006.

[2] 全国造价工程师执业资格考试培训教材编审委员会，工程造价案例分析[M]. 北京：中国城市出版社，2006.

[3] 建设工程工程量清单计价规范(GB 50500—2008). 北京：中国计划出版社，2008.

[4] 杨志中. 建设工程招投标与合同管理[M]. 北京：机械工业出版社，2008.

[5] 田恒久. 工程招投标与合同管理[M]. 北京：中国电力出版社，2002.

[6] 杨树清，武育秦. 工程招投标与合同管理[M]. 重庆：重庆大学出版社，2003.

[7] 梅阳春，邹辉霞. 建设工程招投标与合同管理[M]. 武汉：武汉大学出版社，2004.

[8] 何佰洲,刘禹. 工程建设合同与合同管理[M]. 大连：东北财经大学出版社，2004.

[9] 王俊安. 招投标与合同管理[M]. 北京：中国建筑工业出版社，2003.

[10] 林密. 工程项目招投标与合同管理[M]. 北京：中国建筑工业出版社，2004.

[11] 危道军. 招投标与合同管理实务[M]. 北京：高等教育出版社，2005.

[12] 刘钦. 工程招投标与合同管理[M]. 北京：高等教育出版社，2003.

[13] 王利明，房绍坤，王轶. 合同法[M]. 北京：中国人民大学出版社，2003.